先进的数据驱动
全局优化方法与应用

董华超　王　鹏　著

科学出版社

北京

内 容 简 介

本书是作者及所在课题组近年来关于数据驱动全局优化方法研究成果的总结。先介绍数据驱动优化方法的发展现状、关键技术及常用的测试函数，然后介绍基于空间缩减的全局优化方法、基于混合代理模型的全局优化方法、基于多代理模型全局优化方法、代理模型辅助的约束全局优化方法及离散全局优化方法、代理模型辅助的高维全局优化方法。本书介绍的数据驱动全局优化方法优化效率高，新颖性和先进性强，可广泛用于解决工程优化问题。

本书可供复杂机电系统设计领域的科研人员和技术人员参考，也可作为高等院校工程优化设计等专业的研究生教材。

图书在版编目（CIP）数据

先进的数据驱动全局优化方法与应用 / 董华超，王鹏著. —北京：科学出版社，2022.3

ISBN 978-7-03-071041-3

Ⅰ. ①先⋯ Ⅱ. ①董⋯ ②王⋯ Ⅲ. ①最优化算法-研究 Ⅳ. ①O242.23

中国版本图书馆 CIP 数据核字（2021）第 261875 号

责任编辑：杨 丹 / 责任校对：崔向琳
责任印制：赵 博 / 封面设计：陈 敬

科 学 出 版 社 出版

北京东黄城根北街 16 号
邮政编码：100717
http://www.sciencep.com

北京中石油彩色印刷有限责任公司印刷
科学出版社发行 各地新华书店经销
*

2022 年 3 月第 一 版 开本：720 × 1000 1/16
2024 年 6 月第三次印刷 印张：16 3/4
字数：334 000

定价：145.00 元
（如有印装质量问题，我社负责调换）

前　言

随着工业产品对高精度制造的需求以及高性能计算机的出现，仿真计算成为现代工程设计不可或缺的手段，其能有效解决结构复杂的贵重黑箱模型的设计和生产。黑箱模型是指只清楚其输入输出而无法了解内部运算规律的模型，而贵重黑箱模型则是指由一组输入得到一组输出需要大量计算的模型，如结构碰撞、流体仿真、外形设计以及结构稳定性分析等。对这些贵重的黑箱仿真进行计算，少则需要十几分钟，多则若干小时。设计者若想在设计空间中寻求一组可行设计参数，通常需要很大的计算代价。基于此，数据驱动优化技术应运而生。

数据驱动优化技术可以有效学习与挖掘历史数据、构造代理模型、预测潜在有益样本、加速探索设计空间、大幅减少耗时仿真模型的调用次数。数据驱动优化技术可分为离线数据驱动优化与在线数据驱动优化两种方式。离线方式通常一次性产生大量数据样本，直接构造满足精度的代理模型，且在优化过程中不再更新代理模型。这种方式虽然操作简单，易于在系统优化过程中实施，但自适应性不强，过于依赖初始样本点，且在最优位置处的局部近似精度不高，不适用于全局优化。在线方式是指在迭代过程中利用某种采样策略，自动更新数据库及代理模型。在线方式通常可以使最优位置附近的预测精度逐步提高，能够以更少的计算代价得到精确的最优解。

现有数据驱动优化方法通常使用单点采样策略，会在优化过程中产生大量的迭代次数，不利于并行计算的实施。未来的优化发展趋势是在迭代过程中并行执行贵重的仿真计算，因此多点采样策略的发展尤为重要。单个代理模型往往在某类问题上表现突出，但在其他问题上会产生较大的预测误差。例如，多项式响应面模型会精确近似多项式类型的问题，但难以处理某些三角函数类型的问题。因此，发展混合代理模型采样方法或多源预测优化技术必不可少。另外，考虑到实际结构加工过程中的误差精度问题，离散优化得到的最优解往往更符合真实生产情况。因此，开展面向离散数据驱动的全局优化技术研究十分重要。

针对该领域的发展现状和存在的不足，作者及课题组开展了大量相关方向的研究工作。本书将近年来课题组提出的数据驱动全局优化方法进行了归纳和介绍，具体章节安排如下：第 1 章介绍先进数据驱动优化方法的发展现状；第 2 章介绍数据驱动优化技术的背景知识；第3章给出数据驱动优化方法验证中常用的测试函数；第4章介绍基于克里金的多起点空间缩减方法；第5章介绍基于克里金与多项式响应面的混合代理模型全局优化方法；第6章介绍基于径向基函数与克里金的混合代理模型全局优化方法；第7章介绍基于打分机制的多代理模型全局优化方法；第8章介绍基于空间缩减的代理模型约束全局优化方法；第9章介绍克里金辅助的教与学约束优化方法；第10章介绍克里金辅助的离散全局优化方法；第11章介绍代理模型辅助的高维全局优化方法。

　　本书研究工作得到了国家自然科学基金青年项目"考虑仿真单元时耗差异的系统多保真度全局优化方法研究"(项目号：51805436)、国家自然科学基金面上项目"基于多属性空间分割的高维代理模型全局优化方法研究"(项目号：51875466)以及中央高校基本科研业务费(3102020HHZY030003)的支持。感谢西北工业大学精品学术著作培育项目(项目号：0603021GH030801)对本书出版的资助。黎程山、陈旭、杨旭博、陈才华、孙思卿、付崇博、李靖璐、王文鑫、龙文义等为本书做出了贡献，在此一并表示感谢！

　　数据驱动的全局优化是一个较新的研究领域，目前仍处于蓬勃发展阶段。由于作者水平有限，书中难免存在不足之处，欢迎读者批评指正。

目　　录

第1章 绪 论

1.1 概 述

计算机技术的快速发展与工业产品的高精度需求,使仿真计算成为现代工程设计不可或缺的工具。机械电子领域中存在许多结构复杂的贵重黑箱模型[1-5]。黑箱模型(black-box models)是指只清楚其输入输出而无法了解内部运算规律的模型[6-7]。贵重黑箱模型是指由一组输入得到一组输出需要大量计算的模型,如汽车碰撞仿真[8-9]、飞机外形流体动力计算[10]、水下航行器外形设计以及结构稳定性分析等[11-14]。每次实验仿真少则需要十几分钟,多则若干小时。对于贵重黑箱模型的概念设计,若想在设计空间中寻求一组可行设计参数,通常需要很大的计算代价[15]。为解决这一问题,数据驱动优化(data-driven optimization, DDO)技术应运而生。由于数据驱动优化中通常需要用到代理模型技术,机械设计[16-18]或航空航天[19-21]领域也称数据驱动优化为代理模型优化(surrogate-based optimization, SBO)。图 1.1 展示了翼身融合水下滑翔机计算耗时的仿真系统。

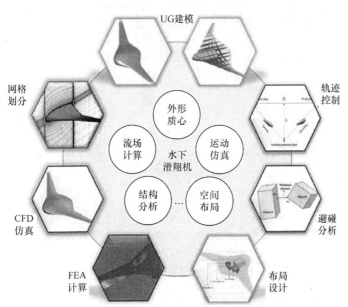

图 1.1 翼身融合水下滑翔机计算耗时的仿真系统

近年来，计算机辅助设计(computer-aided design, CAD)[22-23]蓬勃发展。复杂的计算模型以及计算耗时的仿真常被用来模拟系统行为，以提高设计质量。据报道，福特公司进行一次汽车碰撞仿真需要 36～160h[24-29]。考虑一个二维优化问题，假设一次优化需要 50 步迭代，每一步迭代需要执行一次碰撞仿真，那么总计算时间将达 75 天到 11 个月。因此，传统的优化求解器对于复杂黑箱模型的求解变得不可行。降低调用复杂黑箱模型的次数，是减少计算代价的关键。传统的全局优化方法如遗传算法(genetic algorithm, GA)，在设计空间随机进行探索并更新种群，通过成百上千次调用目标及约束函数后，可以找到最优解，但是过于依赖目标函数分析的特性，使 GA 等无法处理计算贵重的仿真优化问题。

1989 年 Sacks 等[30]提出了计算机实验设计与分析(design and analysis of computer experiments, DACE)的概念。图 1.2 展示了 DACE 在工程设计中的应用流程。通常，多组计算机实验仿真需要重复运行计算代码，而每次执行计算代码又需要大量的时间消耗，这种过程耗时的计算仿真被称为"贵重仿真"。一组输入经过贵

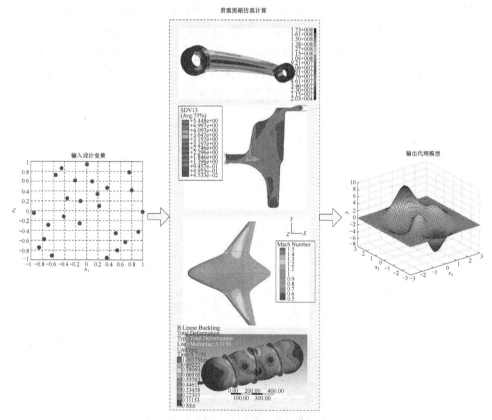

图 1.2 DACE 在工程设计中的应用流程

重仿真计算求得一组输出, 输出值作为响应可以构成优化问题中的目标或者约束函数。当执行优化程序时, 计算成本会随着迭代大大增加。为了减少计算成本, 利用仿真实验得到的输入值与输出值构造一个较为 "廉价" 的代理模型(也称为近似模型), 该模型替代原有复杂的系统来预测未知输入的输出值。直到现在, 许多学者还在沿着代理模型优化这个思路探索。

2007 年 Wang 和 Shan[31]指出, 计算集中的设计问题在工业界逐渐变得常见, 计算负载的产生通常是为了接近真实物理测试结果而开展的贵重仿真分析或复杂仿真处理。2008 年 Simpson 等[32]指出, 过去二十年, 代理模型技术在实验分析设计领域取得了显著的成绩, 基于代理模型的表现, 未来应重点研究多保真度代理模型及代理模型在商业软件中使用的可行性。2009 年 Forrester 和 Keane[33]指出, 航空设计计算需要长时间的运行以及贵重计算机仿真, 这促进了代理模型在航空设计优化领域的应用。2010 年 Younis 和 Dong[34]指出, 计算集中的仿真分析支撑起了现代工程设计, 而代理模型可以有效减少贵重目标与约束仿真模型的调用次数。2015 年 Tabatabaei 等[35]指出, 通过真实的计算实验得到目标函数以及约束函数需要高昂的计算代价, 如热力学分析、结构分析、流体动力学分析以及包含微分方程的复杂模拟。解决这种耗时问题的基本思想是建立一个计算廉价的代理模型替代真实实验。2017 年 Bartz-Beielstein 等[36]指出, 在建模仿真与优化过程中, 基于代理模型的优化扮演了越来越重要的角色。此外, 代理模型优化技术也可以有效地解决现实世界中具有离散设计域的复杂优化问题。2018 年 Liu 等[37]指出, 代理模型作为一种受欢迎的技术, 可以减少仿真计算次数, 而自适应的代理模型技术由于可以学习已有数据与模型的经验, 受到广大学者的青睐。

如图 1.3 所示, 传统的优化方法通常直接将复杂黑箱分析模型与优化求解器连接进行迭代计算, 一般需要较多的迭代次数来达到最优结果, 如果分析模型为贵重黑箱模型, 计算量会急剧增大。例如, 遗传算法如果调用 1000 次复杂黑箱模型来求得最优解, 每次迭代花 1min 求得输出, 共需要 1000min, 计算量的大幅提高势必要求降低分析模型的计算次数[38]。

如图 1.4 所示, 通过有规律地进行多次试验分析, 得到多组对应的输入输出, 将输入输出结合起来, 可以构造一个 "廉价预测模型", 即代理模型。经典的优化算法可以直接作用到代理模型上, 通过多次迭代求得最优解, 该解是一个预测 "最优解", 其精确度取决于实验分析方法以及测试次数。如何既减少计算代价又得到满意结果还需要一些智能的策略, 这些会在后文详细介绍。

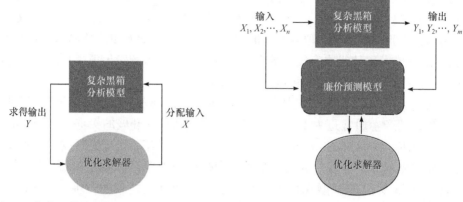

图 1.3 复杂黑箱分析模型与优化求解器连接   图 1.4 复杂黑箱分析模型借助代理模型与优
进行迭代计算   化求解器连接进行迭代计算

总的来说，代理模型优化是基于代理模型的一种优化策略。图 1.4 只简单阐释了复杂黑箱分析模型、廉价预测模型、优化求解器以及输入输出之间的一般关系。然而，在实际问题中想要得到最优解，还需要在迭代过程中不断更新代理模型，使其预测精度自适应性提高。同时，算法需要智能选择较优的预测结果，以此来平衡计算代价和计算精度。

20 世纪 90 年代开始，基于代理的分析(surrogate-based analysis, SBA)技术逐渐被运用于工程设计中。由于其强大的预测能力，现如今，SBA 技术已拓展至结构设计、流体动力外形设计、多学科优化设计及电子系统仿真设计等领域[39]。弗吉尼亚理工大学、圣母大学、仁斯利尔理工大学、兰利研究中心等，均利用 SBA 技术解决工程中存在的优化设计问题[40-49]。

有限元分析(finite element analysis, FEA)常用于结构仿真设计。直接将 FEA 与一般优化求解器结合寻求最优解会产生高额的计算代价。较早的做法是利用一阶灵敏度分析[30]构造一个近似的经验公式，优化过程在该经验公式上顺序执行。Pedersen 等[50]运用序列线性规划(sequential linear programming, SLP)法解决结构优化问题；Fleury 和 Braibant[51]提出了一种凸线性化(convex linearization, CONLIN)法；Svanberg[52]提出了一种移动渐近线法(method of moving asymptotes, MMA)。以上方法都提取了设计空间当前点的响应以及一阶灵敏度信息，因此可以统称为单点近似(single-point approximation)法。随后，Haftka 等[53]和 Fadel 等[54]利用当前点和先前点的值与导数信息发展出两点近似(two-point approximation)法。Rasmussen[55]进一步提出一种累积近似技术(accumulated approximation technique)，该技术不仅利用当前点的值和梯度，还提取了之前所有已获得点的值和导数信息。Toropov[56]总结性地提出了多点近似(multipoint approximations, MA)的思路。MA 可以在每个迭代步利用回归分析预测当前点处的响应，依据前面若干步已知的解信息，在当前被认为有效的子区域内进行优化，以减少 FEA 的次数。

NASA 曾资助了一批关于响应面方法的研究，催生了一系列基于响应面 (response surface, RS)法的重要理论[57-61]。响应面法通常利用多项式作为基函数，用最小二乘法来拟合构造一个预测模型[62]。弗吉尼亚理工大学开发了一种变复杂度响应面建模(variable complexity response surface modeling, VCRSM)[63-64]方法。VCRSM 利用不同保真度的信息缩减设计空间，只在最有可能出现优化解的区域补充贵重样本，减少了计算代价。圣母大学开发了一种多学科协同子空间优化(concurrent sub space optimization, CSSO)方法[65-67]，并将该方法用于多学科优化设计(multidisciplinary design optimization, MDO)中来协调各个子空间的优化。Haftka 等[68]和 Hardy[69]也在机械和航空工程领域开展了大量关于响应面法的研究工作。

近年来，研究人员将视线从多项式响应面法转移到代理模型方法，包括径向基函数(radial basis functions, RBF)[70]、克里金(Kriging)[71]、支持向量回归(support vector regression, SVR)[72]、人工神经网络(artificial neural network, ANN)等[73]。之后，提出了基于代理模型的优化方法，并将其运用于工程设计领域。在航空航天领域，SBO 方法被用于高速民用运输机设计[74]、机翼外形优化[75]、扩压器外形优化[76]、超音速涡轮机设计等[77]。Andrés-Pérez 等[78]提出了一种基于 SVR 的 SBO 方法来优化空气动力学外形。该方法结合进化算法(evolutionary algorithm, EA)和一种智能评估学习的取样策略(intelligent estimation search with sequential learning, IES-SL)在设计空间进行高效探索，其中 SVR 构造的代理模型替代计算流体力学(computational fluid dynamics, CFD)来计算似然函数值，最终在减少计算代价的情况下获得全局最优的空气动力外形。Iuliano[79]提出了一种代理模型方法实现了空气动力流场的本征正交分解(proper orthogonal decomposition)以及在未知设计点用 RBF 重新构造空气动力流场。此外，为了实现全局优化的功能，该方法被耦合到 EA 中，并给出基于目标提升及预测误差减少的两种采样填充策略，最终仅调用了 100 次流体计算仿真便得到了全局最优解。Ulaganathan 和 Asproulis[80]认为航空航天系统发展的主要挑战在于对系统行为的理解。虽然高精度计算为高规格的设计以及增强系统响应的认识方面提供了有价值的信息，但伴随着的高额计算代价也限制了其在全范围系统上的应用。他们建议了一种基于 Kriging 和哈默斯利序列采样(Hammersley sequence sampling)的 SBA 方法精确地预测空气动力，并利用遗传算法在代理模型上进行全局寻优，最终在大量减少计算代价的同时获得了满意的气动效率。Glaz 等[81]比较了 Kriging、RBF 和 RS 三种代理模型方法在直升机震动问题上的预测精度，并没有探讨如何搜寻设计空间来捕获全局最优解，而是着眼于代理模型方法对于震动减弱问题的适应性上，最终发现

Kriging 的平均精确度在这个问题上表现最优。

1.2　数据驱动优化技术在仿真系统中的应用

随着仿真技术的发展与现代产品设计复杂度的提高，仿真分析频繁应用于系统设计与优化，达到精确分析的同时也产生了高昂计算代价。因此，数据驱动优化技术成为解决耗时仿真系统优化的关键技术[82]。数据驱动优化中常用的代理模型方法包括多项式响应面(polynomial response surface, PRS)、克里金、径向基函数、支持向量回归等[83]。

系统优化设计时，数据驱动优化可以有效减少耗时仿真单元的调用次数。文献[84]利用一种两层多学科优化方法设计复杂卫星系统，通过建立满足精度要求的二次响应面(quadratic response surface, QRS)模型，直接替代系统中的耗时仿真单元，以减少调用次数。相似地，文献[85]提出一种新型系统优化方法并应用于锂离子电池热管理系统设计优化中，通过代理模型替代温度、压力变化量等贵重响应，大大提高了计算效率。Wang 等[86]介绍了一种改进的协同优化算法，并用于汽车结构总体设计。通过构造 QRS 模型，有效减少了有限元分析带来的巨大计算量，并获得了满意的结果。以上方法虽然不同程度地降低了耗时仿真系统优化的计算代价，但是均采用离线数据驱动优化方法，即通过大量样本构造满足精度的代理模型用于优化，且在优化过程中不再更新代理模型。离线数据驱动优化方法虽然操作简单，易于在系统优化过程中实施，但自适应性不强，过于依赖初始样本点，且在最优位置处的局部近似精度不高，不适用于全局优化。

在线数据驱动优化方法是指在迭代过程中利用某种采样策略进行样本采集和自动更新代理模型的方法，这一动态过程通常可以使最优位置附近的预测精度逐渐提高，能够以较少的计算代价得到精确的最优解。同时，现有研究也逐渐将在线数据驱动优化方法应用于系统优化流程中。文献[87]对机翼防撞系统进行了总体设计优化，并对线性静态与显式动力学两个耗时的分析单元分别构造 Kriging 模型。整个优化过程的实施基于局部信赖域方法，Kriging 随着迭代不断更新，最终以较少的计算代价确定最优解。文献[88]利用基于 RBF 的进化算法最小化一个复杂热力系统的总费用，其中对计算耗时的目标构造 RBF 模型。在每次迭代中，进化算法搜寻 RBF 预测的最优样本，同时迭代更新，直至找到满意解。Yao 等[89]结合多学科可行性方法与协同子空间优化策略提出一种新方法。该方法利用代理模型对计算耗时的状态量、目标、约束进行近似，并将每次优化得到的预测最优解补充到数据集中来更新代理模型，以快速得到真实最优目标。以上在线数据驱动优化方法虽然可以使样本针对性地集中在预测最优区域，但是难以处理大范围非线性高的仿真系统。如果想要实现全局寻优,还需要更加智能的采样策略,自适应地平衡"代理模型的利用"与"空间有效探索"。

1.3 数据驱动全局优化技术的发展

在数据驱动全局优化(data-driven global optimization, DDGO)方面许多学者做了大量研究工作。Jones 等[90]提出了高效全局优化(efficient global optimization, EGO)算法,利用 Kriging 构造一个期望增加函数,通过最大化该函数来获取更新样本点。Regis 和 Shoemaker[91]提出一种随机响应面方法,同时考虑空间填充性与预测最优值两种因素选择补充候选点。近年来,国内学者也对 DDGO 进行了广泛研究,Long 等[92]利用一种空间智能探索策略加速自适应响应面的优化收敛速度,在多种测试函数以及翼板结构设计中进行了可行性验证。Jie 等[93]提出多代理模型全局优化算法,构建了一个由 Kriging 与 RBF 组成的新模型,通过内部参数自适应地调整来平衡全局与局部探索。Gu 等[94]同时利用三种代理模型开发出一种混合自适应优化方法(hybrid adaptive optimization method,HAOM),该方法将候选点分成若干子集,根据不同子集的重要度,选择不同数量的样本来更新代理模型,并应用在汽车碰撞实例中。

Haftka 等[83]指出,多点采样能力(并行能力)的提高是 DDGO 的当务之急,每次迭代采集多个样本点并行执行仿真分析,能够大大缩短设计周期。国内外学者相继对 DDGO 的多点采样技术开展研究,并开拓了新的方法。例如,Shoemaker团队[95]采用基于非支配排序的方法寻找单目标优化问题的补充样本;Zhan 等[96]捕获最大期望函数的多个极值点作为补充样本集;Li 等[97]在 EGO 算法的基础上提出一种新的区域分解技术以提升多点采样能力等。

现有数据驱动优化方法大部分利用单点采样策略,如经典的改善期望(expectation of improvement, EI)或者最小化预测(minimize prediction, MP),这些采样策略会在优化过程中产生大量的迭代次数,不利于并行计算的实施。正如 Haftka 所说,未来的优化发展应该是在迭代过程中并行执行计算贵重仿真,因此多点采样策略的发展尤为重要。另外,单个代理模型往往会在某类问题上表现突出,但在其他问题上产生较大的预测误差。例如,多项式响应面模型会在多项式类型的问题上产生精确的近似,但很难在某些三角函数类型的问题上有精确表达。因而,发展混合代理模型优化方法或多源预测优化技术可以得到更加稳健的效果。除此之外,考虑到实际结构加工过程中的误差精度问题,离散优化得到的最优解往往更符合真实的生产情况。因此,开展面向离散数据驱动的全局优化技术研究十分重要。

1.4　本章小结

　　本章对先进的数据驱动优化方法进行了概述，介绍了数据驱动优化技术的发展和在实际仿真系统中的应用情况，表明了数据驱动优化方法在处理计算贵重黑箱问题方面有着明显优势，可以有效学习与挖掘历史数据、构造代理模型、预测潜在有益样本、加速探索设计空间、大幅减少耗时仿真模型的调用次数，对基于仿真的产品设计与优化有重要意义。

参 考 文 献

[1] 鲍诺, 王春洁, 赵军鹏, 等. 基于响应面法的结构动力学模型修正[J]. 振动与冲击, 2013, 32(16): 54-58.

[2] 姜蕴萍, 陈文亮, 王珉, 等. 单向压紧制孔工艺的自适应响应面优化方法[J]. 中国机械工程, 2015, 26(23): 3156-3161.

[3] 曹长强, 蔡晋生, 段焰辉. 超声速翼型气动优化设计[J]. 航空学报, 2015, 36(12): 3774-3784.

[4] STEER M B, BANDLER J W, SNOWDEN C M. Computer-aided design of RF and microwave circuits and systems[J]. IEEE Transactions on Microwave Theory&Techniques, 2002, 50(3): 996-1005.

[5] MILLER W, SMITH C W, EVANS K E. Honeycomb cores with enhanced buckling strength [J]. Composite Structures, 2011, 93: 1072-1077.

[6] BUNGE M A. General black-box theory [J]. Philosophy of Science, 1963, 30(4): 346-358.

[7] GLANVILLE R. Black boxes [J]. Cybernetics and Human Knowing, 2009: 153-167.

[8] 崔杰, 张维刚, 常伟波, 等. 基于双响应面模型的碰撞安全性稳健性优化设计[J]. 机械工程学报, 2011, 47(24): 97-103.

[9] 郝亮. 基于代理模型的车身吸能结构抗撞性优化[D]. 长春: 吉林大学, 2013.

[10] 刘俊, 宋文萍, 韩忠华. 基于代理模型的飞翼多目标气动优化设计[J]. 航空计算技术, 2015, 45(2): 1-9.

[11] LIEBECK R H. Design of the blended wing body subsonic transport[J]. Journal of Aircraft, 2004, 41(1): 10-25.

[12] QIN N, VAVALLE A, MOIGNE A, et al. Aerodynamic considerations of blended wing body aircraft[J]. Progress in Aerospace Sciences, 2004, 40(6): 321-343.

[13] 宋保维, 董华超, 王鹏. 水下航行器全动舵可靠性优化设计[J]. 兵工学报, 2013, 34(5): 605-610.

[14] 董华超, 宋保维, 王鹏. 水下航行器壳体结构多目标优化设计研究[J]. 兵工学报, 2014, 35(3): 392-397.

[15] 郦琦, 刘鹏寅. 采用 Kriging 代理模型的蜗壳优化设计[J]. 矿冶工程, 2014, 34(6): 144-148.

[16] 喻高远, 肖文生, 刘健, 等. 海洋大功率往复式压缩机曲轴优化设计[J]. 石油机械, 2016, 44(1): 62-66.

[17] 张东阁, 卓仁善, 李耀彬. 反射镜轴向支撑位置优化的代理模型方法[J]. 红外与激光工程, 2012, 41(2): 409-414.

[18] 黎凯, 杨旭静, 郑娟. 基于参数和代理模型不确定性的冲压稳健性设计优化[J]. 中国机械工程, 2015, 26(23): 3234-3239.

[19] 孙奕捷, 申功璋. 飞翼布局飞机控制/气动/隐身多学科优化设计[J]. 北京航空航天大学学报, 2009, 35(11): 1357-1360.

[20] 高海洋, 冯咬齐, 岳志勇, 等. 基于代理模型的航天器振动夹具优化方法[J]. 航天器环境工程, 2016, 33(1): 65-71.

[21] 许展鹏, 陈琪锋, 余翔. 基于代理模型的升力式再入飞行器组网优化[J]. 计算机仿真, 2014, 31(12): 45-48.

[22] 李哲. 基于代理模型和 DE 算法的天线优化设计[J]. 舰船电子对抗, 2015, 38(2): 88-92.

[23] 张博文, 吴光强, 黄焕军. 基于迭代更新近似模型的车内噪声优化[J]. 计算力学学报, 2016, 33(1): 33-38.

[24] 王国春, 成艾国, 顾纪超, 等. 基于混合近似模型的汽车正面碰撞耐撞性优化设计[J]. 中国机械工程, 2011,

22(17): 2136-2141.

[25] 赵静, 周鋐, 梁映珍, 等. 车身板件振动声学贡献分析与优化[J]. 机械工程学报, 2010, 46(24) :96-100.

[26] ZHANG Y, ZHU P, CHEN G, et al. Study on structural lightweight design of automotive front side rail based on response surface method[J]. Journal of Mechanical Design, 2007, 129(5): 1982-1987.

[27] ANTOINE N E, KROO I M. Framework for aircraft conceptual design and environmental performance studies[J]. AIAA Journal, 2005, 43(10): 2100-2109.

[28] GUR O, BHATIA M, SCHETZ J A, et al. Design optimization of a truss-braced-wing transonic transport aircraft[J]. Journal of Aircraft, 2010, 47(6): 1907-1917.

[29] GU L. A comparison of polynomial based regression models in vehicle safety analysis [C]. ASME 2001 International Design Engineering Technical Conferences and Computers and Information in Engineering Conference, Pittsburgh, 2001.

[30] SACKS J, WELCH W J, MITCHELL T J, et al. Design and analysis of computer experiments [J]. Statistical Science, 1989, 4(4): 409-435.

[31] WANG G G, SHAN S. Review of metamodeling techniques in support of engineering design optimization [J]. ASME Journal of Mechanical Design, 2007, 129(4): 370-380.

[32] SIMPSON T W, TOROPOV V, BALABANOV V, et al. Design and analysis of computer experiments in multidisciplinary design optimization: A review of how far we have come or not [C]. 12th AIAA/ISSMO Multidisciplinary Analysis and Optimization Conference, Victoria, BC, Canada, 2008.

[33] FORRESTER A I J, KEANE A J. Recent advances in surrogate-based optimization [J]. Progress in Aerospace Sciences, 2009, 45(1-3): 50-79.

[34] YOUNIS A, DONG Z. Metamodelling and search using space exploration and unimodal region elimination for design optimization[J]. Engineering Optimization, 2010, 42(6): 517-533.

[35] TABATABAEI M, HAKANEN J, HARTIKAINEN M, et al. A survey on handling computationally expensive multi-objective optimization problems using surrogates: Non-nature inspired methods [J]. Structural and Multidisciplinary Optimization, 2015, 52:1-25.

[36] BARTZ-BEIELSTEIN T, ZAEFFERER M. Model-based methods for continuous and discrete global optimiza-tion[J]. Applied Soft Computing, 2017, 55: 154-167.

[37] LIU H, ONG Y S, CAI J. A survey of adaptive sampling for global metamodeling in support of simulation-based complex engineering design[J]. Structural and Multidisciplinary Optimization, 2018, 57(1): 393-416.

[38] YOUNIS A, DONG Z. Trends, features, and tests of common and recently introduced global optimization methods[J]. Engineering Optimization, 2010, 42(8): 691-718.

[39] 谢蓉, 郝苜婷, 金伟楠, 等. 基于近似模型核主泵模型泵水力模型优化设计[J]. 工程热物理学报, 2016, 37(7): 1427-1431.

[40] 顾纪超, 许东阳, 李光耀, 等. 基于多组混合元模型方法的汽车轻量化设计[J]. 中国机械工程, 2016, 27(14): 1982-1987.

[41] 白俊强, 王丹, 何小龙, 等. 改进的 RBF 神经网络在翼梢小翼优化设计中的应用[J]. 航空学报, 2014, 35(7): 1865-1873.

[42] 柯贤斌, 刘红卫, 游海龙. 基于梯度法的高效全局优化算法[J]. 吉林大学学报(理学版), 2016, 54(1): 40-54.

[43] 夏露, 王丹, 张阳, 等. 基于自适应代理模型的气动优化方法[J]. 空气动力学学报, 2016, 34(4): 434-440.

[44] SUN G, LI G, ZHOU S, et al. Multi-fidelity optimization for sheet metal forming process[J]. Structural and Multidisciplinary Optimization, 2011, 44: 111-124.

[45] BALABANOV V O, VENTER G. Multi-fidelity optimization with high-fidelity analysis and low-fidelity gradients[C]. 10th AIAA/ISSMO Multidisciplinary Analysis and Optimization Conference, Albany, New York, 2004.

[46] YAMAZAKI W, MAVRIPLIS D J. Derivative-enhanced variable fidelity surrogate modeling for aerodynamic functions[J]. AIAA Journal, 2013, 51(1): 126-137.

[47] YAMAZAKI W. Efficient robust design optimization by variable fidelity kriging model [C]. 53rd AIAA/ASME/ASCE/AHS/ASC Structures, Structural Dynamics and Materials Conference 20th AIAA/ASME/AHS

Adaptive Structures Conference 14th AIAA, Honolulu, Hawaii, 2012: 1926.

[48] STANFORD B, BERAN P, KOBAYASHI M. Simultaneous topology optimization of membrane wings and their compliant flapping mechanisms[J]. AIAA Journal, 2013, 51(6): 1431-1441.

[49] SCHMIT L A J, FARSHI B. Some Approximation concepts for structural synthesis[J]. AIAA Journal, 1974, 12(5): 692-699.

[50] PEDERSEN P, HAUG E J, CEA J E. The integrated approach of FEM-SLP for solving problems of optimal design[J]. Optimization of Distributed Parameter Structures, 1981, 49: 739-756.

[51] FLEURY C, BRAIBANT V. Structural optimization: A new dual method using mixed variables[J]. International Journal of Numerical Methods in Engineering, 1986, 23(3): 409-428.

[52] SVANBERG K. The method of moving asymptotes—A new method for structural optimization[J]. International Journal of Numerical Methods in Engineering, 1987, 24(2): 359-373.

[53] HAFTKA R T, NACHLAS J A, WATSON L T, et al. Two-point constraint approximation in structural optimization[J]. Computational Methods in Applied Mechanics and Engineering, 1987, 60(3): 289-301.

[54] FADEL G M, RILEY M F, BARTHELEMY J M. Two point exponential approximation method for structural optimization[J]. Structural Optimization, 1990, 2: 117-124.

[55] RASMUSSEN J. Accumulated Approximation-A new method for structural optimization by iterative improvement[C]. 3rd Air Force/NASA Symposium on Recent Advances in Multidisciplinary Analysis and Optimization, San Francisco, CA, 1990.

[56] TOROPOV V V. Simulation approach to structural optimization[J]. Structural Optimization, 1989, 1(1): 37-46.

[57] COX D D, JOHN S. SDO: A statistical method for global optimization[C]. Proceedings of the ICASE/NASA Langley Workshop on Multidisciplinary Optimization, Hampton, VA, SIAM, 1995.

[58] DENNIS J E, TORCZON V. Managing approximation models in optimization[C]. Proceedings of the ICASE/NASA Langley Workshop on Multidisciplinary Optimization, Hampton, VA, SIAM, 1995.

[59] GIUNTA A A, BALABANOV V, KAUFMANN M, et al. Variable-complexity response surface design of an HSCT configuration[C]. Proceedings of the ICASE/NASA Langley Workshop on Multidisciplinary Optimization, Hampton, VA, SIAM, 1995.

[60] OTTO J, PARASCHIVOIU M, YESILYURT S, et al. Bayesian-validated computer-simulation surrogates for optimization and design[C]. Proceedings of the ICASE/NASA Langley Workshop on Multidisciplinary Optimization, Hampton, VA, SIAM, 1995.

[61] WUJEK B A, RENAUD J E, BATILL S M. A concurrent engineering approach for multidisciplinary design in a distributed computing environment[C]. Proceedings of the ICASE/NASA Langley Workshop on Multidisciplinary Optimization, Hampton, VA, SIAM, 1995.

[62] BOX G E P, WILSON K B. On the experimental attainment of optimum conditions[J]. Journal of the Royal Statistics Society, 1951, 13(1): 1-45.

[63] DAN H, GROSSMAN B, MASON W, et al. Wing design for a high-speed civil transport using a design of experiments methodology[C]. 6th Symposium on Multidisciplinary Analysis and Optimization, Bellevue, WA 1996.

[64] PALKAR R R, SHILAPURAM V. Detailed parametric design methodology for hydrodynamics of liquid-solid circulating fluidized bed using design of experiments[J]. Particuology, 2017, 31: 59-68.

[65] RENAUD J E, GABRIELE G A. Approximation in nonhierarchic system optimization[J]. AIAA Journal, 1994, 32(1): 198-205.

[66] RENAUD J E, GABRIELE G A. Sequential global approximation in non-hierarchic system decomposition and optimization[C]. International Design Engineering Technical Conferences and Computers and Information in Engineering Conference, Miami, Florida, 1991: 191-200.

[67] WUJEK B, RENAUD J E, BATILL S M, et al. Concurrent subspace optimization using design variable sharing in a distributed computing environment[J]. Concurrent Engineering: Research and Applications, 1996, 4(4): 361-378.

[68] HAFTKA R T, SCOTT E P, CRUZ J R. Optimization and experiments: A survey [J]. Applied Mechanics Review, 1998, 51(7): 435-448.

[69] HARDY R L. Multiquadric equations of topography and other irregular surfaces[J]. Journal of Geophysical Research, 1971, 76(8): 1905-1915.

[70] DYN N, LEVIN D, RIPPA S. Numerical procedures for surface fitting of scattered data by radial functions[J]. SIAM Journal of Scientific and Statistical Computing, 1986, 7(2): 639-659.

[71] CRESSIE N. Spatial prediction and ordinary Kriging[J]. Mathematical Geology, 1988, 20(4): 405-421.

[72] 彭磊, 刘莉, 龙腾. 基于动态径向基函数代理模型的优化策略[J]. 机械工程学报, 2011, 47(7): 164-170.

[73] 解来卿, 王良曦, 李云超. 基于 ANN 的汽车磁力悬架系统参数优化[J]. 车辆与动力技术, 2005(3): 164-170.

[74] BOOKER A J, DENNIS J E, FRANK P D, et al. Optimization using surrogate objectives on a helicopter test example[M]. Boston: Birkhauser, 1998.

[75] RAI M M, MADAVAN N K. Aerodynamic design using neural networks[J]. AIAA Journal, 2000, 38(1): 173-182.

[76] MADSEN J I, SHYY W, HAFTKA R T. Response surface techniques for diffuser shape optimization[J]. AIAA Journal, 2000, 38(9): 1512-1518.

[77] PAPILA N, SHYY W, GRIFFIN L, et al. Shape optimization of supersonic turbines using global approximation methods[J]. Journal of Propulsion and Power, 2002, 18(3): 509-518.

[78] ANDRÉS-PÉREZ E, CARRO-CALVO L, SALCEDO-SANZ S, et al. Application of Surrogate-based Global Optimization to Aerodynamic Design-aerodynamic Shape Design by Evolutionary Optimization and Support Vector Machines[M]. New York: Springer, 2016: 1-24.

[79] IULIANO E. Application of Surrogate-based Global Optimization to Aerodynamic Design-adaptive Sampling Strategies for Surrogate-based Aerodynamic Optimization[M]. New York: Springer, 2016: 25-46.

[80] ULAGANATHAN S, ASPROULIS N. Surrogate-based Modeling and Optimization-surrogate Models for Aerodynamic Shape Optimization[M]. New York: Springer, 2013: 285-312.

[81] GLAZ B, FRIEDMANN P P, LIU L. Surrogate based optimization of helicopter rotor blades for vibration reduction in forward flight[J]. Structural and Multidisciplinary Optimization, 2008, 35(4): 341-363.

[82] 龙腾, 刘建, WANG G G, 等. 基于计算试验设计与代理模型的飞行器近似优化策略探讨[J]. 机械工程学报, 2016, 52(14): 79-105.

[83] HAFTKA R T, VILLANUEVA D, CHAUDHURI A. Parallel surrogate-assisted global optimization with expensive functions—A survey[J]. Structural and Multidisciplinary Optimization, 2016, 54(1): 3-13.

[84] MOHAMMAD ZADEH P, SADAT SHIRAZI M. Multidisciplinary design optimization architecture to concurrent design of satellite systems[J]. Proceedings of the Institution of Mechanical Engineers, Part G: Journal of Aerospace Engineering, 2017, 231(10): 1898-1916.

[85] WANG X, LI M, LIU Y, et al. Surrogate based multidisciplinary design optimization of lithium-ion battery thermal management system in electric vehicles[J]. Structural and Multidisciplinary Optimization, 2017, 56(6): 1555-1570.

[86] WANG W, GAO F, CHENG Y, et al. Multidisciplinary design optimization for front structure of an electric car body-in-white based on improved collaborative optimization method[J]. International Journal of Automotive Technology, 2017, 18(6): 1007-1015.

[87] OLLAR J, JONES R, TOROPOV V. Subspace metamodel-based multidisciplinary optimization of an aircraft wing subjected to bird strike[C]. 58th AIAA/ASCE/AHS/ASC Structures, Structural Dynamics, and Materials Conference, Grapevine, Texas, 2017.

[88] PIRES T S, CRUZ M E, COLAÇO M J. Response surface method applied to the thermo economic optimization of a complex cogeneration system modeled in a process simulator[J]. Energy, 2013, 52: 44-54.

[89] YAO W, CHEN X, OUYANG Q, et al. A surrogate based multistage-multilevel optimization procedure for multidisciplinary design optimization[J]. Structural and Multidisciplinary Optimization, 2012, 45(4): 559-574.

[90] JONES D R, SCHONLAU M, WELCH W J. Efficient global optimization of expensive black-box functions[J]. Journal of Global optimization, 1998, 13(4): 455-492.

[91] REGIS R G, SHOEMAKER C A. A stochastic radial basis function method for the global optimization of expensive functions[J]. INFORMS Journal on Computing, 2007, 19(4): 497-509.

[92] LONG T, WU D, GUO X, et al. Efficient adaptive response surface method using intelligent space exploration

strategy[J]. Structural and Multidisciplinary Optimization, 2015, 51(6): 1335-1362.

[93] JIE H, WU Y, DING J. An adaptive metamodel-based global optimization algorithm for black-box type problems[J]. Engineering optimization, 2015, 47(11): 1459-1480.

[94] GU J, LI G Y, DONG Z. Hybrid and adaptive meta-model-based global optimization[J]. Engineering Optimization, 2012, 44(1): 87-104.

[95] KRITYAKIERNE T, AKHTAR T, SHOEMAKER C A. SOP: Parallel surrogate global optimization with Pareto center selection for computationally expensive single objective problems[J]. Journal of Global Optimization, 2016, 66(3): 417-437.

[96] ZHAN D, QIAN J, CHENG Y. Balancing global and local search in parallel efficient global optimization algorithms[J]. Journal of Global Optimization, 2016, 67(4): 873-892.

[97] LI Z, RUAN S, GU J, et al. Investigation on parallel algorithms in efficient global optimization based on multiple points infill criterion and domain decomposition[J]. Structural and Multidisciplinary Optimization, 2016, 54(4): 747-773.

第 2 章　数据驱动优化构建过程

2.1　初始数据采样方法

数据驱动优化首先需要利用实验设计(deign of experiment, DOE)方法进行初始数据采样。DOE 方法是一种安排实验和分析实验的数理统计方法[1]，主要对实验进行合理安排，以较小的实验次数、较短的实验周期以及较低的实验成本获得理想的实验结果。

2.1.1　传统实验设计方法

传统实验设计方法包括全因子设计(full factorial design)、部分因子设计(fractional factorial design)、中心复合设计(central composite design, CCD)[2]、本肯箱设计(box-Behnken design, BBD)等。全因子设计往往考虑所有设计因子和水平的组合。这里，因子可以理解为设计因素或设计变量，水平指在设计空间某一因子处给定某一值。全因子设计的最大优点是可以获得充足的信息，能够较好地估计各设计变量对响应值的主效应，以及各设计变量之间的交互影响。但缺点也显而易见，即所需实验次数较多，耗费更多的人力物力。部分因子设计的目的是从全因子设计中选取部分更有价值的信息，更加高效地设计实验。一个部分因子设计也可以理解为一次全因子设计的子集。

BBD 由 Box 于 1960 年提出[3]，主要应用于多项式响应面设计。BBD 是一种独立的二次项设计，其中并不包含嵌入的部分因子设计。BBD 选取设计空间边界的中间点以及整个设计的中心点，通常在每一维度选取三个设计水平。BBD 可以解决设计变量与响应值为非线性关系的问题。与 BBD 相似，CCD 同样适用于非线性问题并且主要应用于多项式响应面设计。不同之处在于，CCD 往往需要补充轴向点。图 2.1 和图 2.2 分别给出了三维空间中 BBD 和 CCD 的采样方式，能够看出这两种 DOE 方法均能较好地覆盖整个设计区域。

网格采样(grid sampling, GS)法和全因子设计极为相似。GS 法将每一维平均分割成若干等份，整个设计空间交叉得到的所有网格节点被当作设计点。值得注意的是，每一维至少选取两个节点。式(2.1)给出了 GS 法生成设计点数 m 与维度 n 的关系，其中 $q(i)$ 指第 i 维设计节点数。

$$m = \prod_{i=1}^{n} q(i) \tag{2.1}$$

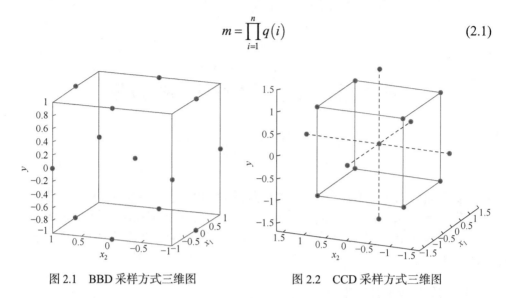

图 2.1　BBD 采样方式三维图　　　　图 2.2　CCD 采样方式三维图

选择一种合适的实验设计方法通常要考虑以下几点：①单次实验成本有多高；②设计空间有多大；③设计者需要构造一个怎样的代理模型。

实验成本如果较高，最好选择可以产生较少样本点的 DOE 策略；实验成本如果较低，可以考虑扩大样本量，也可以选择全因子设计或 GS 法。设计空间大，即设计维度太高，则不能利用样本点个数与维度相关的 DOE 方法。不同的代理模型方法适合不同的 DOE 策略，如多项式响应面常常结合 CCD 方法取样构造近似模型等。总的来说，实验设计方法是 DDO 框架中的第一步，它的选择要基于整体的设计流程。

2.1.2　优化拉丁超立方实验设计方法

拉丁超立方采样(Latin hypercube sampling, LHS)是一种被广泛应用的统计采样方法[4]。图 2.3 显示了拉丁超立方采样的 25 个样本点，图 2.4 作为对比给出网格采样的 25 个样本点。在统计采样过程中，每行和每列的方格网中只能有一个样本点。其中，拉丁超立方是指一个正方形，它的每一行和每一列单位方格中不能出现相同元素。图 2.5 形象地展示了拉丁超立方及拉丁超立方采样。

图 2.5(a)给出了四个字母"L、H、S、D"在拉丁超立方中的一种排列方式。从图中可以看出，每一行和每一列都是"L、H、S、D"四个字母无重复的排列组合，这保证了每个字母能单独地占有矩阵的一行和一列。图 2.5(b)、图 2.5(c)、图 2.5(d)给出了拉丁超立方采样取四个点时的三种随机情况。

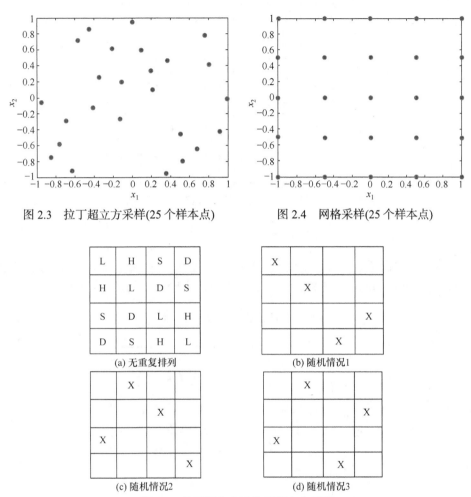

图 2.3　拉丁超立方采样(25 个样本点)　　　图 2.4　网格采样(25 个样本点)

图 2.5　拉丁超立方及拉丁超立方采样

结合图 2.3 和图 2.5 可以清楚的发现，LHS 具有随机性，且同时能够较好地覆盖整个设计区域。对于连续的设计问题，LHS 根据所需的实验点数 m，将空间的每一维分成 m 等份(考虑两维空间)，设计点在 $m \times m$ 个网格区域内随机落入。

如前所述，网格采样能够均匀覆盖设计空间，但会导致实验次数大幅增加。图 2.6 显示了网格采样取得的 225 个样本点，每一维 15 个设计水平。如果 225 个样本点全部执行会导致计算时间增加，如何有效减少样本点，同时保留有利信息是采样策略研究的重点。通常当实际问题中已获得一个庞大的样本集，往往需要一种筛选策略来得到一组少量且高效的子集。这里介绍一种较为成熟的采样策略——最大最小准则。其中，最小是指所有样本点和样本点间的最小距离；最大是指使这个最小距离最大化。

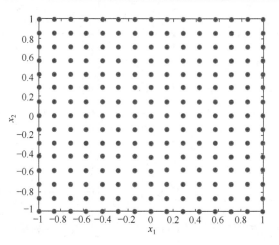

图 2.6 网格采样(255 个样本点)

式(2.2)给出了最大最小准则的计算公式。图 2.7、图 2.8、图 2.9 分别给出迭代次数为 100、1000、10000 情况下，最大最小准则选出的最优结果。

$$\text{Max}\left[\underset{i \neq j}{\text{Min}}\left(\text{dis}_{ij} = \| P_i - P_j \|\right)\right] \tag{2.2}$$

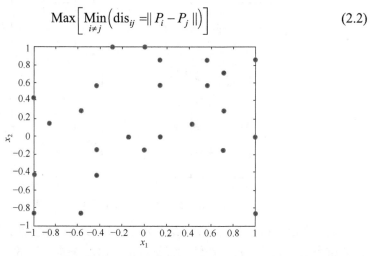

图 2.7 用最大最小准则经 100 次迭代所得结果

假设需要从 225 个样本点中选取 25 个点，P_i 与 P_j 分别代表 25 个样本点中任意两个不同点。最小化过程是求得一组 25 个点中任意两点间距离最小的值；最大化过程是通过调整 25 个点的组合使上述最小距离达到最大。为了实现这一过程，通常需要内外两个循环迭代，内部是最小化循环，外部是最大化循环。很容易看出，随着迭代次数增加，样本点越来越均匀地填充整个设计域。

现如今，全局 SBO 方法更倾向于采用基于改进的 LHS 作为 DOE 过程获得初始样本点。改进的 LHS 通常保留了 LHS 的随机性，同时更均匀地填充设计空

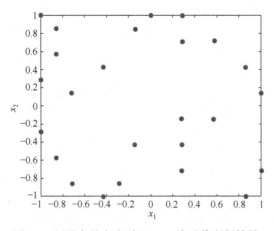

图 2.8　用最大最小准则经 1000 次迭代所得结果

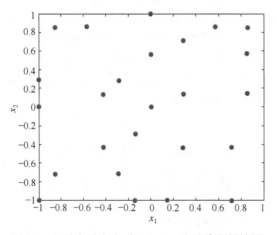

图 2.9　用最大最小准则经 10000 次迭代所得结果

间。对称拉丁超立方采样(symmetric Latin hypercube sampling, SLHS)[5]是一种较受欢迎的采样方法，是 LHS 产生的所有随机结果中较优的结果。对称，是空间中任意一点关于中心位置对称。以二维空间为例，假设需要 6 个设计样本，将每一维分成 6 等份，第一维按照顺序给出 1、2、3、4、5、6 个水平；第二维随机给出 1~3 的数列，这里随机给出 3、1、2，剩下的 3 个数分别为(6+1-2)、(6+1-1)、(6+1-3)，同时有 50%的随机概率使得这一列的前 3 个数中的任意一个和后 3 个中与之对应的数进行交换，随机地将第 2 个数和第 5 个数交换，最终第二维给出数列为：3、(6+1-1)、2、(6+1-2)、1、(6+1-3)。图 2.10(a)给出了 6 个样本点时对称拉丁超立方在二维空间的最终结果。当所需点数为奇数时，中心点被选取，剩下的样本关于中心对称，图 2.10(b)给出 7 个样本点时的情况。

　　同理，优化的拉丁超立方采样(optimal Latin hypercube sampling, OLHS)也被广

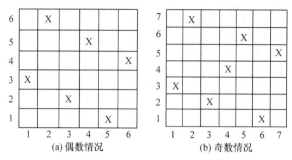

图 2.10　对称拉丁超立方采样

泛采用，如基于遗传算法的优化拉丁超立方采样(genetic algorithm-optimal Latin hypercube sampling, GA-OLHS)以及基于增强统计进化算法(enhanced stochastic evolutionary algorithm, ESEA)的优化拉丁超立方采样(ESEA-OLHS)[6]等。为使设计样本点均匀填充设计空间，OLHS 通常利用全局优化求解器求得一个最优标准，如最大最小准则标准、熵原理标准和中心 L_2 矛盾标准等。

　　Shannon[7]用熵量化信息量，熵值越低意味着信息越精确。最小化"后验熵"等同于寻找一组拥有最少信息量的实验设计点。Koehler 和 Owen[8]更进一步地说明了熵原理标准等价于如下最小化表达式：

$$-\lg|\boldsymbol{R}| \tag{2.3}$$

式中，$\boldsymbol{R}$ 为一个相关性矩阵，该矩阵的元素如式(2.4)所示。

$$\boldsymbol{R}_{ij} = \exp\left(\sum_{k=1}^{m}\theta_k\left|x_{ik}-x_{jk}\right|^t\right), \quad 1 \leqslant i,j \leqslant n, 1 \leqslant t \leqslant 2 \tag{2.4}$$

式中，$\theta_k\left(k=1,\cdots,m\right)$ 为相关性系数。

　　中心 L_2 矛盾标准是一种测量方法，描述实验设计的经验积累分布函数和均匀积累分布函数的差值，换言之，L_2 用来表示一个实验设计的不均匀程度。Hickernell[9]给出了关于 L_2 的三个建议公式，其中，中心 L_2 公式是最具表达性的。

$$
\begin{aligned}
\left[L_2\left(\boldsymbol{X}\right)\right]^2 =& \left(\frac{13}{12}\right)^2 - \frac{2}{n}\sum_{i=1}^{n}\prod_{k=1}^{m}\left(1+\frac{1}{2}\left|x_{ik}-0.5\right|-\frac{1}{2}\left|x_{ik}-0.5\right|^2\right) \\
&+ \frac{1}{n^2}\sum_{i=1}^{n}\sum_{j=1}^{n}\prod_{k=1}^{m}\left(1+\frac{1}{2}\left|x_{ik}-0.5\right|-\frac{1}{2}\left|x_{jk}-0.5\right|-\frac{1}{2}\left|x_{ik}-x_{jk}\right|\right)
\end{aligned}
\tag{2.5}
$$

最小化式(2.5)，使得实验设计不均匀性达到最小。

　　为了方便和其他 DOE 方法进行比较，图 2.11 给出了对称拉丁超立方采样的 25 个样本点，图 2.12 给出了优化拉丁超立方采样的 25 个样本点，可以很清楚地看出，SLHS 表现较好，但 OLHS 的空间分布更均匀。

　　与 LHS 对比可以发现，OLHS 得到的结果空间填充性最好，同时保留了 LHS

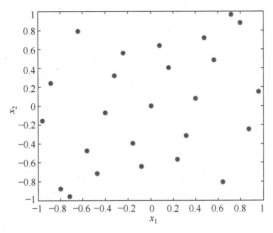

图 2.11   对称拉丁超立方采样(25 个样本点)

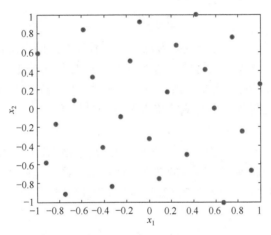

图 2.12   优化拉丁超立方采样(25 个样本点)

随机性的特点。

2.2   代理模型构造

常见的代理模型方法有多项式响应面(PRS)、径向基函数(RBF)、克里金 (Kriging)、支持向量回归(SVR)等。这些方法包含了插值与回归的思想,PRS 是 利用多项式最小二乘法的回归分析,RBF 和 Kriging 是两个常用的插值方法,SVR 是来自机器分类学习的回归分析法。

1) 多项式响应面

PRS 已被广泛应用于工程设计中,可以精确地表达凸函数问题,其近似表达 式通过最小二乘法求得。PRS 的一阶和二阶多项式函数如式(2.6)和式(2.7)所示。

$$\hat{y}(\boldsymbol{x}) = \beta_0 + \sum_{i=1}^{n} \beta_i x_i \qquad (2.6)$$

$$\hat{y}(\boldsymbol{x}) = \beta_0 + \sum_{i=1}^{n} \beta_i x_i + \sum_{i=1}^{n} \beta_{ii} x_i^2 + \sum_{i=1}^{n} \sum_{j=1}^{n} \beta_{ij} x_i x_j \qquad (2.7)$$

$$N_{\text{sampling}} > \frac{1}{2} d^2 + \frac{3}{2} d + 1 \qquad (2.8)$$

式中，n 表示设计变量个数；β_i 表示单变量多项式系数；β_{ii} 表示双变量平方项系数；β_{ij} 表示双变量交叉项系数；$\hat{y}(\boldsymbol{x})$ 是真实函数 $y(x)$ 的近似表达式；N_{sampling} 表示样本的数量。一般来说，如果式(2.8)不成立，则 PRS 模型将具有较大的预测误差。

已知样本点和响应值，根据式(2.9)求得多项式参数。

$$\beta = \left[X'X \right]^{-1} X'y \qquad (2.9)$$

式中，X 为样本点的设计矩阵；y 为包含了所有样本点的响应值。PRS 很容易构建，而且其函数连续光滑的特性有助于有噪声的优化问题快速收敛。但由于它的简单特性，很难在非线性问题上精确地预测表达。PRS 被广泛的应用于稳健优化、多学科优化、全局优化的自适应策略以及制造分析等。

2) 径向基函数

RBF 最初被 Hardy 作为一种插值策略提出。后来 Dyn 使 RBF 更加实用，在数据曲线光顺的同时保留了插值的功能。RBF 用一系列基函数的权重和表达总体的近似函数，其中的基函数基于已知样本点间或已知样本点与待测样本点间的欧式距离提出。

考虑一组样本点 $\boldsymbol{X} = \left\{ x^{(1)}, x^{(2)}, \cdots, x^{(n)} \right\}^{\text{T}}$，对应产生的真实响应值为 $\boldsymbol{y} = \left\{ y^{(1)}, y^{(2)}, \cdots, y^{(n)} \right\}^{\text{T}}$，式(2.10)给出近似表达式：

$$\hat{y}(\boldsymbol{x}) = \boldsymbol{w}^{\text{T}} \boldsymbol{\psi} = \sum_{i=1}^{n_c} w_i \psi \left(\left\| \boldsymbol{x} - \boldsymbol{c}(i) \right\| \right) \qquad (2.10)$$

式中，$c(i)$ 表示第 i 个基函数的中心；$\psi(\cdot)$ 表示基函数；$\boldsymbol{x}$ 表示待测位置；w_i 表示权重因子。通常基函数有多种形式，如下所示。

线性形式：

$$\psi(r) = r \qquad (2.11)$$

立方函数形式：

$$\psi(r) = r^3 \qquad (2.12)$$

薄板样条函数形式：

$$\psi(r) = r^2 \ln r \tag{2.13}$$

高斯函数形式：

$$\psi(r) = e^{-r^2/2\sigma^2} \tag{2.14}$$

多面函数形式：

$$\psi(r) = \left(r^2 + \sigma^2\right)^{1/2} \tag{2.15}$$

反多面函数形式：

$$\psi(r) = \left(r^2 + \sigma^2\right)^{-1/2} \tag{2.16}$$

式(2.10)中的权重因子可以通过插值条件求得：

$$\hat{y}(\boldsymbol{x}_j) = \boldsymbol{w}^{\mathrm{T}}\boldsymbol{\psi} = \sum_{i=1}^{n_c} w_i \psi\left(\left\|\boldsymbol{x}_j - \boldsymbol{c}_i\right\|\right), \quad j = 1, \cdots, n \tag{2.17}$$

式(2.10)和式(2.17)中的 $n_c = n$ 且 $\boldsymbol{x}_j = \boldsymbol{c}_i$，这样克拉姆矩阵可以表示为

$$\boldsymbol{\psi}_{ij} = \psi\left(\left\|\boldsymbol{x}_i - \boldsymbol{x}_j\right\|\right) \tag{2.18}$$

此时，可以求出权重因子矩阵：

$$\boldsymbol{w} = \boldsymbol{\psi}^{-1}\boldsymbol{y} \tag{2.19}$$

通过式(2.10)～式(2.19)可以发现，RBF 和人工神经网络极其相似，可以说 RBF 是一种简单的单层神经网络。

3) 克里金

在统计学中，尤其是在地质统计学中，Kriging 又称高斯过程回归(Gaussian process regression)，是一种与分段多项式样条(piecewise-polynomial spline)方法截然相反的插值策略。可通过高斯过程的内插值建模得到，并受先验协方差的影响。在合适的先验假设条件下，Kriging 给出了内插值的最优线性无偏预测(best linear unbiased prediction)，使其广泛地应用在统计科学领域中。另外，工程中将确定性的计算机仿真输出响应结果作为插值对象。这种情况下，Kriging 被用作代理模型工具解决黑箱问题[10-14]。许多工程设计问题中，一次仿真分析可能持续数个小时甚至几天。因此，Kriging 插值法可以快速预测输入的响应结果，使计算机贵重仿真次数大大降低。

Kriging 代理模型因其解决非线性问题的卓越能力而被广泛应用。构造一个函数 $f(\boldsymbol{x})$ 的 Kriging 模型，其中 $\boldsymbol{x}$ 是一个 n 维的向量，函数 $F(\boldsymbol{x})$ 被定义来实现 $f(\boldsymbol{x})$ 的确定性响应，具体表达式如下：

$$F(\boldsymbol{x}) = \mu + Z(\boldsymbol{x}) \tag{2.20}$$

式中，μ 被定义为一个常数；$Z(\boldsymbol{x})$ 为一个随机过程且具有以下的统计行为：

$$\begin{cases} E[Z(\boldsymbol{x})] = 0 \\ \mathrm{Cov}[Z(\boldsymbol{x}), Z(\boldsymbol{x}')] = \sigma^2 R(\Theta, \boldsymbol{x}, \boldsymbol{x}') \\ R(\Theta, \boldsymbol{x}, \boldsymbol{x}') = \prod_{j=1}^{n} R_j(\theta_j, x_j - x_j') \end{cases} \tag{2.21}$$

式中，σ^2 为响应值的过程方差；$R(\Theta, \boldsymbol{x}, \boldsymbol{x}')$ 为任意两点 $\boldsymbol{x}$ 和 $\boldsymbol{x}'$ 的相关数学模型；$\Theta = \{\theta_1, \theta_2, \cdots, \theta_n\}$ 为决定 $R(\Theta, \boldsymbol{x}, \boldsymbol{x}')$ 梯度的参数集。本书利用高斯相关函数进行建模：

$$R(\theta_j, x_j, x_j') = \exp(-\theta_j \,|\, x_j - x_j' \,|^2) \tag{2.22}$$

接下来，假设有 N 个样本点 $\boldsymbol{x}^{(1)}, \boldsymbol{x}^{(2)}, \cdots, \boldsymbol{x}^{(N)}$，分别计算其关于函数 $f(\boldsymbol{x})$ 的响应值，根据式(2.20)，Kriging 模型表示为

$$f(\boldsymbol{x}^{(i)}) = F(\boldsymbol{x}^{(i)}) = \mu + Z(\boldsymbol{x}^{(i)}) \tag{2.23}$$

在 Kriging 模型中三个参数 μ、σ^2、Θ 通过最大似然估计(maximum likelihood estimation, MLE)获得：

$$\begin{cases} \hat{\mu} = \dfrac{\mathbf{1}^{\mathrm{T}} \boldsymbol{R}^{-1} \boldsymbol{f}}{\mathbf{1}^{\mathrm{T}} \boldsymbol{R}^{-1} \mathbf{1}} \\[3mm] \hat{\sigma}^2 = \dfrac{(\boldsymbol{f} - \mathbf{1}\hat{\mu})^{\mathrm{T}} \boldsymbol{R}^{-1} (\boldsymbol{f} - \mathbf{1}\hat{\mu})}{N} \\[3mm] \mathrm{Ln}(\Theta) = -\dfrac{N}{2}\ln(2\pi) - \dfrac{N}{2}\ln\hat{\sigma}^2 - \dfrac{1}{2}\ln|\boldsymbol{R}| \end{cases} \tag{2.24}$$

式中，$\boldsymbol{f} = [f(\boldsymbol{x}^{(1)}), f(\boldsymbol{x}^{(2)}), \cdots, f(\boldsymbol{x}^{(N)})]^{\mathrm{T}}$；$\boldsymbol{R}$ 为一个 $N \times N$ 的协方差矩阵，第 i 行的第 j 列是 $R(\Theta, \boldsymbol{x}^{(i)}, \boldsymbol{x}^{(j)})$。

最后，最小化均方误差(mean square error，MSE)：

$$\hat{s}^2(\boldsymbol{x}) = \mathrm{Var}[\hat{f}(\boldsymbol{x}) - F(\boldsymbol{x})] \tag{2.25}$$

同时满足以下的非贝叶斯约束：

$$E[\hat{f}(\boldsymbol{x})] = E[F(\boldsymbol{x})] \tag{2.26}$$

通过最好线性无偏估计得到预测函数 $\hat{f}(\boldsymbol{x})$，表示为

$$\hat{f}(\boldsymbol{x}) = \hat{\mu} + \boldsymbol{r}^{\mathrm{T}}(\boldsymbol{x}) \boldsymbol{R}^{-1} (\boldsymbol{f} - \mathbf{1}\hat{\mu}) \tag{2.27}$$

式中，$\boldsymbol{r}(\boldsymbol{x})$ 为一个 N 维的向量，第 i 个元素是 $R(\Theta, \boldsymbol{x}, \boldsymbol{x}^{(i)})$；$\boldsymbol{x}$ 为任意需要预测的

样本点。估计的 MSE 最终形式为

$$\hat{s}^2(\boldsymbol{x}) = \hat{\sigma}^2 \left\{ 1 - \boldsymbol{r}^{\mathrm{T}}(\boldsymbol{x})\boldsymbol{R}^{-1}\boldsymbol{r}(\boldsymbol{x}) + \frac{[1 - \mathbf{1}^{\mathrm{T}}\boldsymbol{R}^{-1}\boldsymbol{r}(\boldsymbol{x})]^2}{\mathbf{1}^{\mathrm{T}}\boldsymbol{R}^{-1}\mathbf{1}} \right\} \tag{2.28}$$

图 2.13 在一维算例上展示了 Kriging 的预测示意图。其中圆点是已知的样本，曲线表示预测函数值，曲线周围区域表示预测的不确定性。从图中可以看出，在已知样本点处不确定性接近 0，距离已知样本点位置越远不确定性越强。

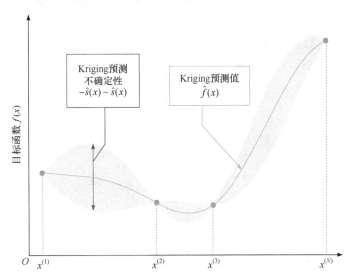

图 2.13　一维算例上的 Kriging 预测示意图

2.3　动态采样技术

通常情况下，利用已知样本数据构建代理模型，如果仅在该代理模型上进行优化得到最优解，则这个最优解通常并不是最终想要的真实最优解。因为代理模型是基于已知信息构建出来的模型，具有预测功能，但不能百分百准确。为了提高代理模型的精度，一种思路是增加初始样本量，如在初始实验设计过程中增加样本点的个数，使代理模型利用的真实信息更加充足，但是会使计算代价急剧增加。另一种思路是构造一个粗糙但是能反映原模型大致趋势的代理模型，这种模型一般不需要太多的样本。随后在该代理模型上寻找有意义的区域重新选择样本点，之前的样本存储在一个数据库中，新的样本随着迭代的进行被用来更新数据库，代理模型也随之更新，最终会在某一偏好位置处变得越来越精确。后一种思路避免了初期大规模盲目的取样，采用边优化边增加新样本的策略，从而能够大大降低计算代价。

1) 最小化预测策略

最小化预测(MP)策略是比较常用的更新策略[15]，如图 2.14 所示。假设代理模型是充分精确的，调用一个稳健的优化求解器寻找这个代理模型的最小值，经过大量的迭代后，总是会得到全局最优解，此时在该预测最优解处进行高精度计算仿真，得到的高精度响应与来自代理模型的预测响应往往会有偏差。随后将该组高精度结果补充到原数据库，重新构建代理模型，多次循环使预测值与真实值偏差越来越小，最终得到真实的最小值。MP 策略是一种较为简单且直观的样本更新策略，优点是只需将预测的最优解或其附近解作为更新样本，缺点是在寻优过程中会陷入局部最优区域而无法跳出。建立目标函数和约束函数的代理模型后，求解式(2.29)所示优化问题，其中 n 为约束函数的个数。

$$\begin{cases} \text{Minimize } \hat{y}(X) \\ \text{s.t. } \hat{g}_i \leqslant 0, \quad i=1,2,\cdots,n \end{cases} \tag{2.29}$$

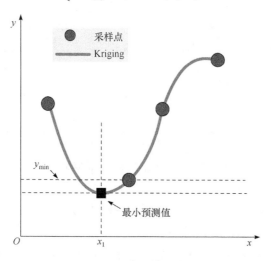

图 2.14　MP 策略示意图

当目标是一个光滑连续的函数时，MP 策略至少会找到一个代理模型的局部最优解，但是收敛速度取决于函数性质。

2) 最大改善概率准则

最大改善概率准则(maximum improvement probability criterion，MIPC)在搜索下一个样本点位置时，期望找到改善当前最优观测值 $y_{\min}$ 概率最大的点 x，并将该点作为下一个更新点的位置。假设一个随机变量 $Y \sim N[\hat{y}(x),s^2(x)]$，计算得到在 $y_{\min}$ 之上的改善概率为 $I = y_{\min} - Y(x)$，因此，预测的目标值优于当前最优目标值的概率为

$$P\left[Y < y_{\min}\right] = \Phi\left(\frac{y_{\min} - \hat{y}(x)}{s(x)}\right) \tag{2.30}$$

$$P\left[I(x)\right] = \frac{1}{\hat{s}\sqrt{2\pi}} \int_{-\infty}^{0} e^{-[I-\hat{y}(x)]^2/(2s^2)} dI \tag{2.31}$$

图 2.15 给出了对式(2.30)的图形解释，同时还在垂直方向给出了均值为 $\hat{y}(x)$、方差为 $s^2(x)$ 的高斯正态分布。该高斯正态分布表示了预测结果 $\hat{y}(x)$ 的不确定性，虚线以下的部分表征了当前最优值得到改善的可能性，黑色阴影面积是改善概率。

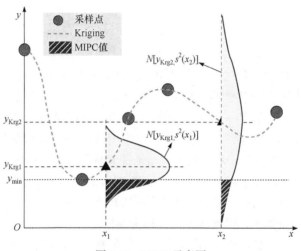

图 2.15　MIPC 示意图

3) 最大改善期望准则

最大改善期望准则(maximum improvement expectation criterion, MIEC)是指在未进行测试的点 x 上实现改善。假设随机变量 $Y \sim N[\hat{y}(x), s^2(x)]$，其中 $\hat{y}(x)$ 是代理模型的预测值，$s^2(x)$ 是 MSE。在给定 $\hat{y}(x)$ 和 $s^2(x)$ 的情况下，除了能计算其改善的概率，还能计算出改善量的期望值。令 $y_{\min}$ 为当前最优目标值，改善量可以表示为 $I = y_{\min} - Y(x) > 0$，则改善期望计算如式(2.32)所示。

$$E\left[I(x)\right] = \begin{cases} [y_{\min} - \hat{y}(x)]\Phi\left[\dfrac{y_{\min} - \hat{y}(x)}{s^2(x)}\right] + s\phi\left[\dfrac{y_{\min} - \hat{y}(x)}{s^2(x)}\right], & s > 0 \\ 0, & s = 0 \end{cases} \tag{2.32}$$

式中，$\Phi(\cdot)$ 和 $\phi(\cdot)$ 分别为标准正态累积分布函数和标准正态概率密度函数。

图 2.16 中，改善期望可以直观理解为：在当前最优值下方所围的区域，高斯分布函数对概率密度的积分平均值。当 $\hat{s}^2(x) = 0$ 时，$P[I(x)] = E[I(x)] = 0$。

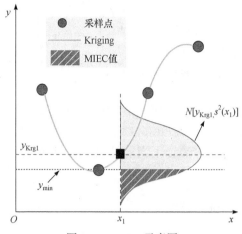

图 2.16　MIEC 示意图

除此之外，还有一种较为经典的更新方法——信赖域(trust-region, TR)法。Alexandrov 等[16]通过严格的收敛证明，TR 无论从哪个起点开始最终都会收敛到一个最优解附近，但是有一个前提条件，即需要利用插值点处真实模型的梯度信息。TR 法也可以通过一阶尺度法[17]或二阶尺度法[18]来匹配目标函数的梯度。总的来说，TR 和 MP 都属于利用代理模型来探索真实设计空间的策略，通常称为基于开采的加密标准(exploitation-based infill criteria)。MP 在处理非线性较强的问题时，很容易错过真实的全局最优解。尽管 TR 可以保证从任意一点位置开始能搜索到一个局部最优解，但无法保证找到全局最优。

为了确定全局最优的位置，需要引入一个新的元素，即空间探索(exploration)。纯粹的设计空间探索，本质上可以看作是在已知设计点的间隙中补充新样本。最简单的实施方式是序列空间样本填充计划，如 Sobol 序列[19-20]，但它在样本较少的情况下表现很差。新的样本点也可以通过最大最小准则确定位置。如果代理模型的残差估计可用，那么选择残差最大的位置补充新的样本也是可行的策略。纯粹的空间探索有时会比较浪费时间，因为设计者其实并不太关心整体代理模型的精度如何，而只关心全局优化位置处的精度。

2.4　本 章 小 结

本章对数据驱动优化构建过程进行了概述，介绍了数据驱动优化过程所需初始数据采样技术、代理建模技术和动态采样技术。其中初始数据采样技术作为数据驱动优化的基础，决定了初始样本的分布；代理建模技术作为数据驱动优化的关键，保证了模型预测的精度；动态采样技术作为数据驱动优化的核心，确保了设计空间的充分探索。

参 考 文 献

[1] MYERS R H, MONTGOMERY D. Response Surface Methodology: Process and Product Optimization Using Designed Experiments [M]. Toronto: John Wiley and Sons, 1995.

[2] CHEN W. A robust concept exploration method for configuring complex system [D]. Atlanta: Georgia Institute of Technology, 1995.

[3] BOX G E P, BEHNKEN D W. Some new three level designs for the study of quantitative variables[J]. Technometrics, 1960, 2(4): 455-475.

[4] IMAN R L. Latin hypercube sampling. Encyclopedia of quantitative risk analysis and assessment[M]. New York: John Wiley, 2008.

[5] YE K Q, LI W, SUDJIANTO A. Algorithm construction of optimal symmetric latin hypercube designs[J]. Journal of Statistical Planning and Inference, 2000, 90(1): 145-159.

[6] JIN R, CHEN W, SUDJIANTO A. An efficient algorithm for constructing optimal design of computer experiments[J]. Journal of Statistical Planning and Inference, 2005, 134: 268-287.

[7] SHANNON C E. A mathematical theory of communication[J]. Bell System Technical Journal, 1948, 27(3): 623-656.

[8] KOEHLER J R, OWEN A B. Computer experiments-handbook of statistics[M]. New York: Elsevier Science, 1996: 261-308.

[9] HICKERNELL F J. A Generalized discrepancy and quadrature error bound[J]. Mathematics of Computation, 1998, 67: 299-322.

[10] 应雪, 姜杰, 邹益胜, 等. 基于 Kriging 代理模型的高速列车悬挂参数的区间优化[J]. 兰州交通大学学报, 2015, 34(1): 104-108.

[11] 段胜秋, 杨昌明, 王国成. 基于流固耦合及 Kriging 模型的离心泵叶轮优化[J]. 人民长江, 2016, 47(6): 61-64.

[12] 宋超, 杨旭东, 宋文萍. 耦合梯度与分级 Kriging 模型的高效气动优化方法[J]. 航空学报, 2016, 37(7): 2144-2155.

[13] 王晓锋, 席光. 基于 Kriging 模型的翼型气动性能优化设计[J]. 航空学报, 2005, 26(5): 545-549.

[14] 陈晓辉, 裴进明, 郭欣欣, 等. 一种基于多维均匀采样与 Kriging 模型的天线快速优化方法[J]. 电子与信息学报, 2014, 36(12): 3021-3026.

[15] HASTIE T, TIBSHIRANI R, FRIEDMAN J. The Elements of Statistical Learning [M]. New York: Springer, 2001.

[16] ALEXANDROV N, DENNIS J E, LEWIS R M, et al. A trust region framework for managing the use of approximation models in optimization [J]. Structural Optimization, 1998, 15:16-23.

[17] HAFTKA R T. Combing global and local approximations [J]. AIAA Journal,1991, 29(9): 1523-1525.

[18] ELDRED M S, GIUNTA A A, COLLIS S S. Second-order corrections for surrogate-based optimization with model hierarchies [C]. 10th AIAA/ISSMO Multidisciplinary Analysis and Optimization Conference, Albany, New York, 2004.

[19] SOBOL I M. On the Systematic search in a hypercube[J]. SIAM Journal of Numerical Analysis, 1979, 16: 790-793.

[20] STATNIKOV R B, MATUSOV J B. Multicriteria Optimization and Engineering: Theory and Practice[M]. New York: Chapman & Hall, 1995.

第 3 章 数据驱动优化方法基准测试函数

近年来各类优化算法迅速发展，这些算法可以处理传统数值优化方法难以解决的优化问题。基准测试函数是研究人员判断优化算法性能和鲁棒性最常用的方法之一。在本书的后续章节中，为了验证各种优化方法的准确性和高效性，使用了大量基准测试函数，本章主要将其汇总并分类。具体地，介绍单目标优化测试函数和多目标优化测试函数、有约束与无约束优化测试函数、离散优化测试函数与高维优化测试函数。

测试函数中具有多个局部最优的函数称为多峰函数，用于测试算法摆脱局部极小值的能力。如果算法的探索过程设计的不好，则无法有效地搜索全局最优，导致算法陷入局部极小值。对于许多算法，跳出具有许多局部极小值的多峰函数是一大难点。另一难点是对平面函数的算法搜索，因为平坦的函数变化难以为算法提供指导搜索过程的有效信息。任何新的优化算法，都必须进行大量的测试并与现有算法进行比较，以验证其性能。如果一些问题过于简单，那么提出的新算法的优势则不能很好的体现。因此，为了评估一个算法的优劣，必须识别其在哪些问题上表现更优，以助于描述算法适用的问题类型。只有测试函数数量足够大，包含的问题种类足够多时验证算法性能才是可信的，如可同时满足单峰问题、多峰问题、离散问题和多维问题等。

在不失一般性的前提下，本书中的测试函数只研究极小化问题，因为极大化问题可以通过其目标函数的符号变换转化为极小化问题。下面给出本书中所涉及测试函数的数学定义。

3.1 无约束优化算例

3.1.1 无约束低维算例

1）Bukin N.6 函数

Bukin N.6 函数图如图 3.1 所示，数学表达式如式(3.1)所示。

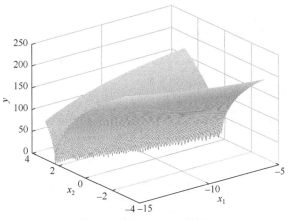

图 3.1　Bukin N.6 函数图

$$\begin{cases} f(\boldsymbol{x}) = 100\sqrt{\left|x_2 - 0.01x_1^2\right|} + 0.01\left|x_1 + 10\right| \\ n = 2, \quad -15 \leqslant x_1 \leqslant -5, \quad -3 \leqslant x_2 \leqslant 3 \end{cases} \tag{3.1}$$

设计目标：单目标。

函数特性：连续函数、单峰。

维度：2 维。

最优值：0。

2) Zakharov 函数

Zakharov(Zakh)函数图如图 3.2 所示，数学表达式如式(3.2)所示。

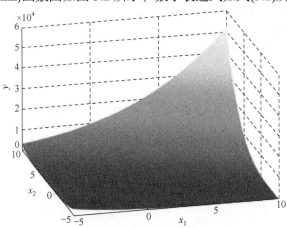

图 3.2　Zakharov 函数图

$$\begin{cases} f(\boldsymbol{x}) = \sum_{i=1}^{2} x_i^2 + \left(\frac{1}{2}\sum_{i=1}^{2} i x_i\right)^2 + \left(\frac{1}{2}\sum_{i=1}^{2} i x_i\right)^4 \\ n = 2, \quad -5 \leqslant x_1 \leqslant 10, \quad -5 \leqslant x_2 \leqslant 10 \end{cases} \tag{3.2}$$

设计目标：单目标。

函数特性：连续函数、单峰。

维度：2维。

最优值：0。

3) Beale 函数

Beale 函数图如图 3.3 所示，数学表达式如式(3.3)所示。

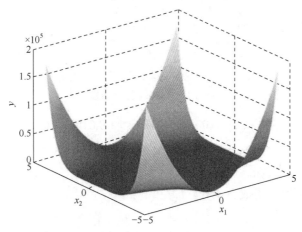

图 3.3　Beale 函数图

$$\begin{cases} f(\boldsymbol{x}) = (1.5 - x_1 + x_1 x_2)^2 + (2.25 - x_1 + x_1 x_2^2)^2 + (2.625 - x_1 + x_1 x_2^3)^2 \\ n = 2, \quad -4.5 \leqslant x_1 \leqslant 4.5, \quad -4.5 \leqslant x_2 \leqslant 4.5 \end{cases} \tag{3.3}$$

设计目标：单目标。

函数特性：连续函数。

维度：2维。

最优值：0。

4) 六峰值驼背函数

六峰值驼背函数(six-hump camel-back function)图如图 3.4 所示，数学表达式如式(3.4)所示。

$$\begin{cases} f(\boldsymbol{x}) = 4x_1^2 - 2.1x_1^4 + \dfrac{1}{3}x_1^6 + x_1 x_2 - 4x_2^2 + 4x_2^4 \\ n = 2, \quad -2 \leqslant x_i \leqslant 2, \quad i = 1, 2 \end{cases} \tag{3.4}$$

设计目标：单目标。

函数特性：连续函数。

维度：2维。

最优值：−1.0320。

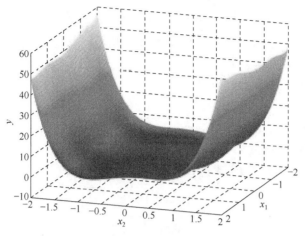

图 3.4　六峰值驼背函数图

5) Branin 函数

Branin 函数的数学表达式如式(3.5)所示。

$$\begin{cases} f(\boldsymbol{x}) = [x_2 - 5.1(x_1/2\pi)^2 + 5x_1/\pi - 6]^2 + 10(1-1/8\pi)\cos x_1 + 10 \\ n = 2, \quad -5 \leqslant x_1 \leqslant 10, \quad 0 \leqslant x_2 \leqslant 15 \end{cases} \tag{3.5}$$

设计目标：单目标。

函数特性：连续函数。

维度：2 维。

最优值：0.397。

6) Leon 函数

Leon 函数图如图 3.5 所示，数学表达式如式(3.6)所示。

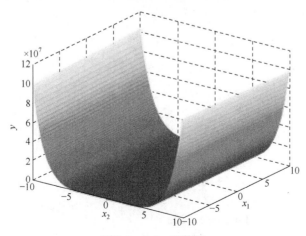

图 3.5　Leon 函数图

$$\begin{cases} f(\boldsymbol{x})=100(x_2 - x_1^3)^2 + (x_1 - 1)^2 \\ n = 2, \quad -10 \leqslant x_i \leqslant 10, \quad i = 1,2 \end{cases} \tag{3.6}$$

设计目标：单目标。

函数特性：连续函数、单峰。

维度：2 维。

最优值：0。

7) Drop-Wave 函数

Drop-Wave 函数的数学表达式如式(3.7)所示。

$$\begin{cases} f(\boldsymbol{x}) = -\dfrac{1 + \cos\left(12\sqrt{x_1^2 + x_2^2}\right)}{0.5\left(x_1^2 + x_2^2\right) + 2} \\ n = 2, \quad -5.12 \leqslant x_i \leqslant 5.12, \quad i = 1,2 \end{cases} \tag{3.7}$$

设计目标：单目标。

函数特性：连续函数、多峰。

维度：2 维。

最优值：−1。

8) Ackley 函数

Ackley 函数图如图 3.6 所示，数学表达式如式(3.8)所示。

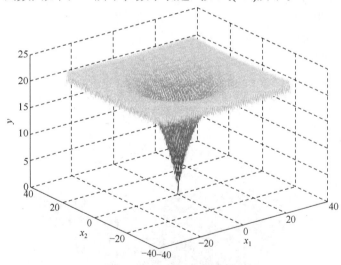

图 3.6　Ackley 函数图

$$\begin{cases} f(\boldsymbol{x}) = 20 + \mathrm{e} - 20\mathrm{e}^{-\frac{1}{5}\sqrt{\frac{1}{n}\sum_{i=1}^{n} x_i^2}} - \mathrm{e}^{\frac{1}{n}\sum_{i=1}^{n}\cos(2\pi x_i)} \\ n = 2, \quad -30 \leqslant x_i \leqslant 30, \quad i = 1,\cdots,n \end{cases} \tag{3.8}$$

设计目标：单目标。

函数特性：连续函数、多峰。

维度：n 维(图中显示其 2 维状态，本书使用 2 维)。

最优值：0。

描述：Ackley 函数上部近乎平坦，中心下凹。该函数具有众多局部极小值。

9) Griewank 函数

Griewank(GW)函数图如图 3.7 所示，数学表达式如式(3.9)所示。

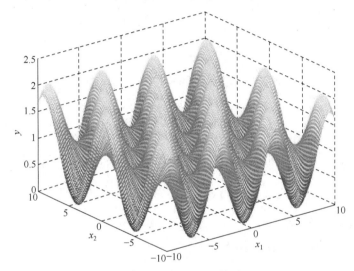

图 3.7 Griewank 函数图

$$\begin{cases} f(\boldsymbol{x}) = \sum_{i=1}^{n} \dfrac{x_i^2}{4000} - \prod_{i=1}^{n} \cos\left(\dfrac{x_i}{\sqrt{i}}\right) + 1 \\ n = 2, \quad -10 \leqslant x_i \leqslant 10, \quad i = 1, \cdots, n \\ n = 10, \quad -600 \leqslant x_i \leqslant 600, \quad i = 1, \cdots, n \end{cases} \tag{3.9}$$

设计目标：单目标。

函数特性：连续函数、多峰。

维度：n 维(图中显示其 2 维状态，本书使用 2 维和 10 维)。

最优值：0。

描述：GW 函数拥有几个局部极小值，尽管只有一个全局最优，但是附近的峰值极其相近，对算法跳出局部最优的能力要求非常高。

10) Peaks 函数

Peaks 函数图如图 3.8 所示，数学表达式如式(3.10)所示。

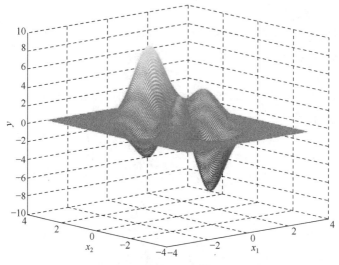

图 3.8　Peaks 函数图

$$\begin{cases} f(\boldsymbol{x}) = 3(1-x_1)^2 \, \mathrm{e}^{-x_1^2-(x_2+1)^2} - 10\left(\dfrac{x_1}{5}-x_1^3-x_2^5\right)\mathrm{e}^{-x_1^2-x_2^2} - \dfrac{1}{3}\mathrm{e}^{-(x_1+1)^2-x_2^2} \\ n=2, \quad -3 \leqslant x_1 \leqslant 3, \quad -4 \leqslant x_2 \leqslant 4 \end{cases} \tag{3.10}$$

设计目标：单目标。

函数特性：连续函数、多峰。

维度：2 维。

最优值：–6.551。

描述：当接近极值点时，各向同性也接近直线。

11) Styblinski-Tang 函数

Styblinski-Tang(ST)函数图如图 3.9 所示，数学表达式如式(3.11)所示。

$$\begin{cases} f(\boldsymbol{x}) = \dfrac{1}{2}\sum_{i=1}^{n}(x_i^4 - 16x_i^2 + 5x_i) \\ n=2, \quad -5 \leqslant x_i \leqslant 5, \quad i=1,\cdots,n \end{cases} \tag{3.11}$$

设计目标：单目标。

函数特性：连续函数、多峰。

维度：n 维(图中显示其 2 维状态，本书使用 2 维和 5 维)。

最优值：–78.332(2 维)；–195.831(5 维)。

12) Eggholder 函数

Eggholder 函数图如图 3.10 所示，数学表达式如式(3.12)所示。

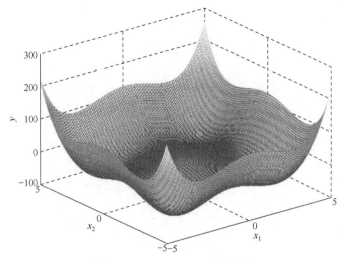

图 3.9　Styblinski-Tang 函数图

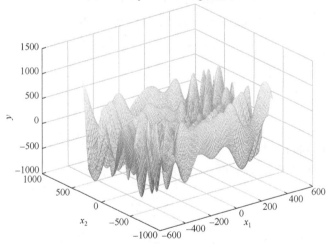

图 3.10　Eggholder 函数图

$$\begin{cases} f(\boldsymbol{x}) = -(x_2 + 47)\sin\left(\sqrt{\left|x_2 + \dfrac{x_1}{2} + 47\right|}\right) - x_1\sin\left(\sqrt{\left|x_1 - (x_2 + 47)\right|}\right) \\ n = 2, \quad -512 \leqslant x_i \leqslant 512, \quad i = 1,2 \end{cases} \quad (3.12)$$

设计目标：单目标。

函数特性：连续函数、多峰。

维度：2 维。

最优值：-959.6407。

13) F1 函数

F1 函数图如图 3.11 所示，数学表达式如式(3.13)所示。

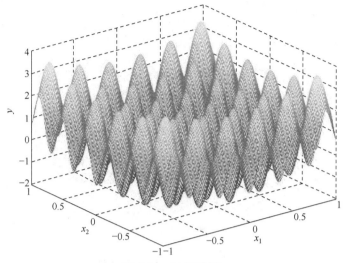

图 3.11　F1 函数图

$$\begin{cases} f(\boldsymbol{x}) = x_1^2 + x_2^2 - \cos(18x_1) - (18x_2) \\ n = 2, \quad -1 \leqslant x_1 \leqslant 1, \quad -1 \leqslant x_2 \leqslant 1 \end{cases} \tag{3.13}$$

设计目标：单目标。

函数特性：连续函数、多峰。

维度：2 维。

最优值：-2。

14) Himmelblau 函数

Himmelblau(HM)函数图如图 3.12 所示，数学表达式如式(3.14)所示。

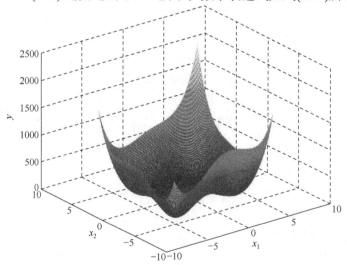

图 3.12　Himmelblau 函数图

$$\begin{cases} f(\boldsymbol{x}) = (x_1^2 + x_2 - 11)^2 + (x_1 + x_2^2 - 7)^2 \\ n = 2, \quad -6 \leqslant x_1 \leqslant 6, \quad -6 \leqslant x_2 \leqslant 6 \end{cases} \tag{3.14}$$

设计目标：单目标。

函数特性：连续函数、多峰。

维度：2 维。

最优值：0。

描述：该函数有四个极值，所有极值均为全局最优点。

15) Shubert 函数

Shubert 函数图如图 3.13 所示，数学表达式如式(3.15)所示。

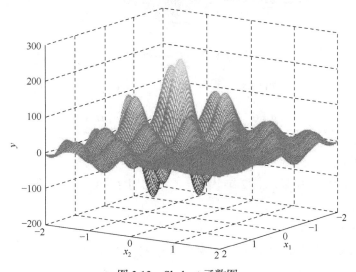

图 3.13　Shubert 函数图

$$\begin{cases} f(\boldsymbol{x}) = \left\{ \sum_{i=1}^{5} i \cos[(i+1)x_1 + i] \right\} \left\{ \sum_{i=1}^{5} i \cos[(i+1)x_2 + i] \right\} \\ n = 2, \quad -2 \leqslant x_1 \leqslant 2, \quad -2 \leqslant x_2 \leqslant 2 \end{cases} \tag{3.15}$$

设计目标：单目标。

函数特性：连续函数、多峰。

维度：2 维。

最优值：−186.7309。

16) Banana 函数

Banana(BA)函数图如图 3.14 所示，数学表达式如式(3.16)所示。

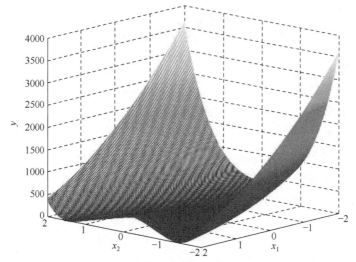

图 3.14 Banana 函数图

$$\begin{cases} f(\boldsymbol{x}) = \sum_{i=1}^{n-1}\Big[100(x_{i+1}-x_i^2)^2+(x_i-1)^2\Big] \\ n=2, \quad -2\leqslant x_i \leqslant 2, \quad i=1,\cdots,n \end{cases} \tag{3.16}$$

设计目标：单目标。

函数特性：连续函数、多峰。

维度：n 维(图中显示其 2 维状态，本书使用 2 维)。

最优值：0。

17) Sasena 函数

Sasena 函数图如图 3.15 所示，数学表达式如式(3.17)所示。

$$\begin{cases} f(\boldsymbol{x}) = 2+0.01(x_2-x_1^2)^2+(1-x_1)^2+2(2-x_2)^2+7\sin(0.5x_1)\sin(0.7x_1x_2) \\ n=2, \quad 0\leqslant x_1 \leqslant 5, \quad 0\leqslant x_2 \leqslant 5 \end{cases} \tag{3.17}$$

设计目标：单目标。

函数特性：连续函数。

维度：2 维。

最优值：-1.457。

18) Goldstein-Price 函数

Goldstein-Price(GP)函数图如图 3.16 所示，数学表达式如式(3.18)所示。

$$\begin{cases} f(\boldsymbol{x}) = \Big[1+(x_1+x_2+1)^2(19-14x_1+3x_1^2-14x_2+6x_1x_2+3x_2^2)\Big] \\ \qquad \times\Big[30+(2x_1-3x_2)^2(18-32x_1+12x_1^2+48x_2-36x_1x_2+27x_2^2)\Big] \\ n=2, \quad -2\leqslant x_1 \leqslant 2, \quad -2\leqslant x_2 \leqslant 2 \end{cases} \tag{3.18}$$

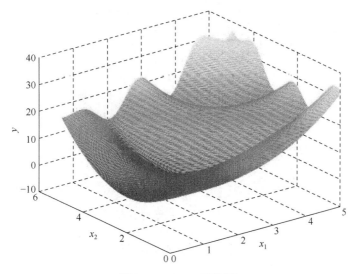

图 3.15　Sasena 函数图

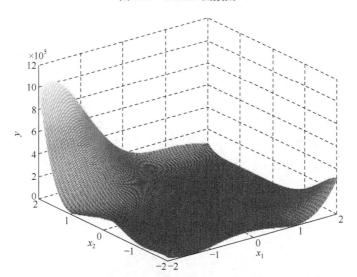

图 3.16　Goldstein-Price 函数图

设计目标：单目标。

函数特性：连续函数、多峰。

维度：2 维。

最优值：3。

19) Rastrigin 函数

Rastrigin(Rast)函数图如图 3.17 所示，数学表达式如式(3.19)所示。

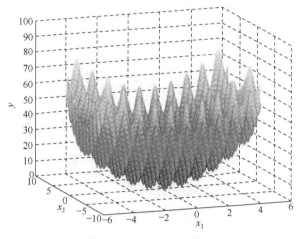

图 3.17　Rastrigin 函数图

$$
\begin{cases}
f(\boldsymbol{x}) = 20 + \sum_{i=1}^{2}[x_i^2 - 10\cos(2\pi x_i)] \\
n = 2, \quad -5.12 \leqslant x_1 \leqslant 5.12, \quad -5.12 \leqslant x_2 \leqslant 5.12
\end{cases} \tag{3.19}
$$

设计目标：单目标。

函数特性：连续函数、多峰。

维度：2 维。

最优值：0。

20) Alpine1 函数

Alpine1 函数图如图 3.18 所示，数学表达式如式(3.20)所示。

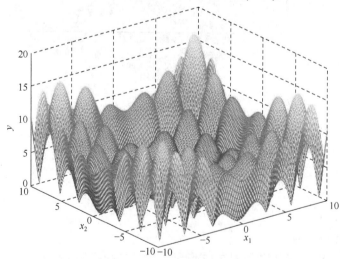

图 3.18　Alpine1 函数图

$$\begin{cases} f(\boldsymbol{x}) = \sum_{i=1}^{2} \left| x_i \sin(x_i) + 0.1x_i \right| \\ n = 2, \quad -10 \leqslant x_1 \leqslant 10, \quad -10 \leqslant x_2 \leqslant 10 \end{cases} \tag{3.20}$$

设计目标：单目标。

函数特性：连续函数、多峰。

维度：2 维。

最优值：0。

21) Alpine2 函数

Alpine2 函数图如图 3.19 所示，数学表达式如式(3.21)所示。

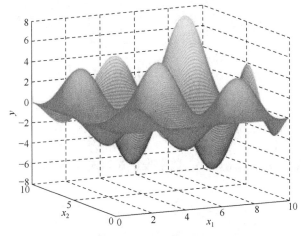

图 3.19　Alpine2 函数图

$$\begin{cases} f(\boldsymbol{x}) = \prod_{i=1}^{2} \sqrt{x_i} \, \sin(x_i) \\ n = 2, \quad 0 \leqslant x_1 \leqslant 10, \quad 0 \leqslant x_2 \leqslant 10 \end{cases} \tag{3.21}$$

设计目标：单目标。

函数特性：连续函数、多峰。

维度：2 维。

最优值：−6.13。

22) Bird 函数

Bird 函数图如图 3.20 所示，数学表达式如式(3.22)所示。

$$\begin{cases} f(\boldsymbol{x}) = \sin(x_1) \mathrm{e}^{[1-\cos(x_2)]^2} + \cos(x_2) \mathrm{e}^{[1-\sin(x_1)]^2} + (x_1 - x_2)^2 \\ n = 2, \quad -2\pi \leqslant x_1 \leqslant 2\pi, \quad -2\pi \leqslant x_2 \leqslant 2\pi \end{cases} \tag{3.22}$$

设计目标：单目标。

函数特性：连续函数、多峰。

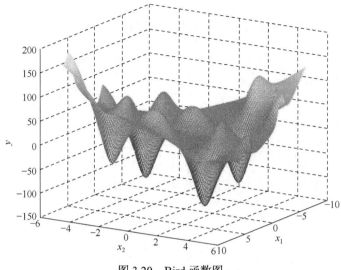

图 3.20　Bird 函数图

维度：2 维。

最优值：−106.76。

23) Easom 函数

Easom 函数图如图 3.21 所示，数学表达式如式(3.23)所示。

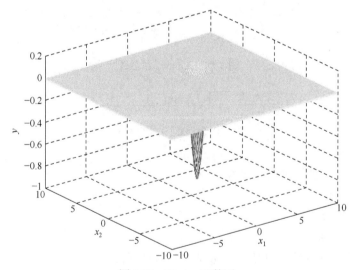

图 3.21　Easom 函数图

$$\begin{cases} f(\boldsymbol{x}) = -\cos(x_1)\cos(x_2)\mathrm{e}^{[-(x_1-\pi)^2-(x_2-\pi)^2]} \\ n = 2, \quad -10 \leqslant x_1 \leqslant 10, \quad -10 \leqslant x_2 \leqslant 10 \end{cases} \tag{3.23}$$

设计目标：单目标。

函数特性：连续函数、单峰。

维度：2 维。

最优值：−1。

24) Scahffer2 函数

Scahffer2 函数图如图 3.22 所示，数学表达式如式(3.24)所示。

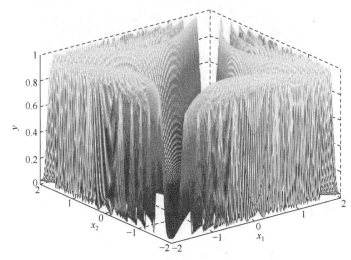

图 3.22　Scahffer2 函数图

$$
\begin{cases}
f(\boldsymbol{x}) = 0.5 + \dfrac{\sin^2(x_1^2 - x_2^2) - 0.5}{\left[1 + 0.001(x_1^2 + x_2^2)\right]^2} \\
n = 2, \quad -2 \leqslant x_1 \leqslant 2, \quad -2 \leqslant x_2 \leqslant 2
\end{cases}
\tag{3.24}
$$

设计目标：单目标。

函数特性：连续函数、多峰。

维度：2 维。

最优值：0。

25) Levy 函数

Levy 函数图如图 3.23 所示，数学表达式如式(3.25)所示。

$$
\begin{cases}
f(\boldsymbol{x}) = \sin^2(\pi y_1) + \displaystyle\sum_{i=1}^{n-1} \left\{ (y_i - 1)^2 \left[1 + 10\sin^2(\pi y_i + 1)\right] \right\} \\
\qquad + (y_n - 1)^2 [1 + 10\sin^2(2\pi y_n)], \quad y_i = 1 + \dfrac{x_i - 1}{4} \\
n = 4, \quad -10 \leqslant x_i \leqslant 10, \quad i = 1, \cdots, n
\end{cases}
\tag{3.25}
$$

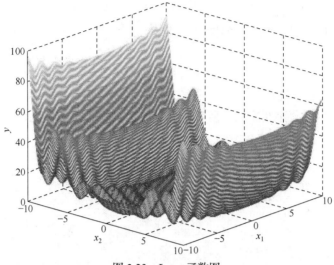

图 3.23　Levy 函数图

设计目标：单目标。

函数特性：连续函数、多峰。

维度：n 维(图中显示其 2 维状态，本书使用 4 维)。

最优值：0。

26) Dixon-Price 函数

Dixon-Price(DP)函数图如图 3.24 所示，数学表达式如式(3.26)所示。

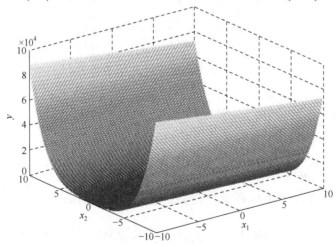

图 3.24　Dixon-Price 函数图

$$\begin{cases} f(\boldsymbol{x}) = (x_1 - 1)^2 + \sum_{i=2}^{n} i(2x_i^2 - x_{i-1})^2 \\ n = 4, \quad -10 \leqslant x_i \leqslant 10, \quad i = 1, \cdots, n \end{cases} \tag{3.26}$$

设计目标：单目标。

函数特性：连续函数、单峰。

维度：n 维(图中显示其 2 维状态，本书使用 4 维)。

最优值：0。

27) Shekel 函数

Shekel 函数的数学表达式如式(3.27)所示。

$$\begin{cases} f(\boldsymbol{x}) = -\sum_{i=1}^{10}\left[c_i + \sum_{j=1}^{4}(x_j - a_{ji})^2 \right]^{-1} \\[4mm] \boldsymbol{a} = \begin{bmatrix} 4\ 1\ 8\ 6\ 3\ 2\ 5\ 8\ 6\quad 7 \\ 4\ 1\ 8\ 6\ 7\ 9\ 5\ 1\ 2\ 3.6 \\ 4\ 1\ 8\ 6\ 3\ 2\ 3\ 8\ 6\quad 7 \\ 4\ 1\ 8\ 6\ 7\ 9\ 3\ 1\ 2\ 3.6 \end{bmatrix} \\[10mm] \boldsymbol{c} = \begin{bmatrix} 0.1\ 0.2\ 0.2\ 0.4\ 0.4\ 0.6\ 0.3\ 0.7\ 0.5\ 0.5 \end{bmatrix} \\[2mm] 0 \leqslant x_i \leqslant 10, \quad i = 1,2,3,4 \end{cases} \tag{3.27}$$

设计目标：单目标。

函数特性：连续函数、多峰。

维度：4 维。

最优值：-10.1532。

28) Hartman6 函数

Hartman6(HN6)函数的数学表达式如式(3.28)所示。

$$\begin{cases} f(\boldsymbol{x}) = -\sum_{i=1}^{4} a_i \exp\left[-\sum_{j=1}^{6} B_{ij}(x_j - Q_{ij})^2 \right] \\[4mm] \boldsymbol{a} = \begin{bmatrix} 1,1.2,3,3.2 \end{bmatrix}^{\mathrm{T}}, \quad \boldsymbol{B} = \begin{bmatrix} 10 & 3 & 17 & 3.5 & 1.7 & 8 \\ 0.05 & 10 & 17 & 0.1 & 8 & 14 \\ 3 & 3.5 & 1.7 & 10 & 17 & 8 \\ 17 & 8 & 0.05 & 10 & 0.1 & 14 \end{bmatrix} \\[12mm] \boldsymbol{Q} = 10^{-4} \begin{bmatrix} 1312 & 1696 & 5569 & 124 & 8283 & 5886 \\ 2329 & 4135 & 8307 & 3736 & 1004 & 9991 \\ 2348 & 1451 & 3522 & 2883 & 3047 & 6650 \\ 4047 & 8828 & 8732 & 5743 & 1091 & 381 \end{bmatrix} \\[12mm] n = 6, \quad 0 \leqslant x_i \leqslant 1, \quad i = 1,\cdots,n \end{cases} \tag{3.28}$$

设计目标：单目标。

函数特性：连续函数。

维度：6 维。

最优值：-3.322。

3.1.2　无约束高维算例

1) Schwefel3 函数

Schwefel3(Schw3)函数图如图 3.25 所示，数学表达式如式(3.29)所示。

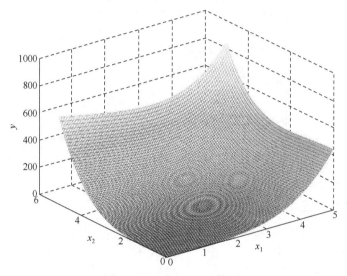

图 3.25　Schwefel3 函数图

$$\begin{cases} f(\boldsymbol{x}) = \sum_{i=2}^{n}(x_i - 1)^2 + (x_1 - x_i^2)^2 \\ n = 8, \quad 0 \leqslant x \leqslant 5, \quad i = 1, \cdots, n \end{cases} \tag{3.29}$$

设计目标：单目标。

函数特性：连续函数、单峰。

维度：n 维(图中显示其 2 维状态，本书使用 8 维)。

最优值：0。

2) Convex 函数

Convex 函数(CF)的数学表达式如式(3.30)所示。

$$\begin{cases} \min f(\boldsymbol{x}) = 3.1x_1^2 + 7.6x_2^2 + 6.9x_3^2 + 0.004x_4^2 + 19x_5^2 + 3x_6^2 + x_7^2 + 4x_8^2 \\ \text{s.t. } x_i \in \{-10, -9, \cdots, 9, 10\}, \quad i = 1, \cdots, 8 \end{cases} \tag{3.30}$$

设计目标：单目标。

函数特性：离散函数。

维度：8 维。

3) Nvs09 函数

Nvs09(Nvs)函数的数学表达式如式(3.31)所示。

$$
\begin{cases}
\min f(\boldsymbol{x}) = \sum_{i=1}^{10}(\lg(x_i-2)^2 + \lg(10-x_i)^2) - \left(\prod_{i=1}^{10} x_i\right)^{0.2} \\
\text{s.t. } x_i \in \{3,4,\cdots,9\}, \quad i = 1,\cdots,10
\end{cases}
\tag{3.31}
$$

设计目标：单目标。

函数特性：离散函数。

维度：10 维。

4) AlteredNvs09 函数

Altered Nvs09(ANvs)函数的数学表达式如式(3.32)所示。

$$
\begin{cases}
\min f(\boldsymbol{x}) = \sum_{i=1}^{10}(\lg(x_i-2)^2 + \lg(10-x_i)^2) - \left(\prod_{i=1}^{10} x_i\right)^{0.2} \\
\text{s.t. } x_i \in \{3,4,\cdots,99\}, \quad i = 1,\cdots,10
\end{cases}
\tag{3.32}
$$

设计目标：单目标。

函数特性：离散函数。

维度：10 维。

5) Paviani 函数

Paviani 函数的数学表达式如式(3.33)所示。

$$
\begin{cases}
f(\boldsymbol{x}) = \sum_{i=1}^{n}(\lg(x_i-2)^2 + \lg(10-x_i)^2) - \left(\prod_{i=1}^{n} x_i\right)^{0.2} \\
n = 10, \quad 2.1 \leqslant x_i \leqslant 9.9, \quad i = 1,\cdots,n
\end{cases}
\tag{3.33}
$$

设计目标：单目标。

函数特性：离散函数。

维度：n 维(本书使用 10 维)。

最优值：−45.8。

6) Trid 函数

Trid 函数图如图 3.26 所示，数学表达式如式(3.34)所示。

$$
\begin{cases}
f(\boldsymbol{x}) = \sum_{i=1}^{n}(x_i-1)^2 - \sum_{i=2}^{n} x_i x_{i-1} \\
n = 10, \quad -n^2 \leqslant x_i \leqslant n^2, \quad i = 1,\cdots,n \\
n = 6, \quad -n^2 \leqslant x_i \leqslant n^2, \quad i = 1,\cdots,n
\end{cases}
\tag{3.34}
$$

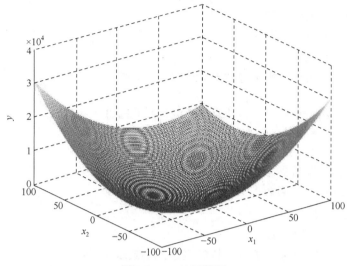

图 3.26   Trid 函数图

设计目标：单目标。

函数特性：连续函数、单峰。

维度：n 维(图中显示其 2 维状态，本书使用 10 维和 6 维)。

最优值：-210(10 维)；-50(6 维)。

7) Rastrigin01 函数

Rastrigin01 函数的数学表达式如式(3.35)所示。

$$\begin{cases} \min f(\boldsymbol{x}) = \sum_{i=1}^{n} x_i^2 - \cos(2\pi x_i) \\ \text{s.t.}\ \ x_i \in \left\{-1,0,1,2,3\right\},\quad i=1,\cdots,12 \end{cases} \tag{3.35}$$

设计目标：单目标。

函数特性：离散函数。

维度：12 维。

8) Rastrigin02 函数

Rastrigin02 函数的数学表达式如式(3.36)所示。

$$\begin{cases} \min f(\boldsymbol{x}) = \sum_{i=1}^{n} x_i^2 - \cos(2\pi x_i) \\ \text{s.t.}\ \ x_i \in \left\{-10,-9,\cdots,29,30\right\},\quad i=1,\cdots,12 \end{cases} \tag{3.36}$$

设计目标：单目标。

函数特性：离散函数。

维度：12 维。

9) Sum squres 函数

Sum squres(Sums)函数图如图 3.27 所示，数学表达式如式(3.37)所示。

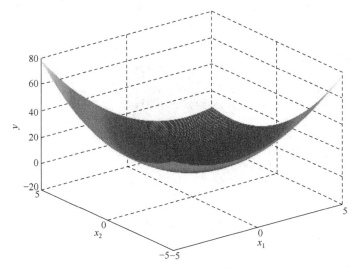

图 3.27　Sum squres 函数图

$$
\begin{cases}
f(\boldsymbol{x}) = \sum_{i=1}^{n} i x_i^2 \\
n = 15, \quad -5 \leqslant x_i \leqslant 5, \quad i = 1, \cdots, n \\
n = 20, \quad -10 \leqslant x_i \leqslant 10, \quad i = 1, \cdots, n
\end{cases}
\tag{3.37}
$$

设计目标：单目标。

函数特性：连续函数、单峰。

维度：n 维(图中显示其 2 维状态，本书使用 15 维和 20 维)。

最优值：0。

10) Sphere 函数

Sphere 函数图如图 3.28 所示，数学表达式如式(3.38)所示。

$$
\begin{cases}
f(\boldsymbol{x}) = \sum_{i=1}^{n} x_i^2 \\
n = 20, \quad -5.12 \leqslant x_i \leqslant 5.12, \quad i = 1, \cdots, n \\
n = 15, \quad -5.12 \leqslant x_i \leqslant 5.12, \quad i = 1, \cdots, n \\
n = 10, \quad -5.12 \leqslant x_i \leqslant 5.12, \quad i = 1, \cdots, n
\end{cases}
\tag{3.38}
$$

设计目标：单目标。

函数特性：连续函数、单峰。

维度：n 维(图中显示其 2 维状态，本书使用 20 维、15 维和 10 维)。

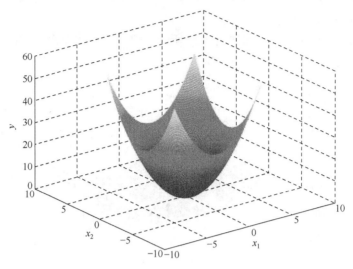

图 3.28 Sphere 函数图

最优值：0。

11) F16 函数

F16 函数的数学表达式如式(3.39)所示。

$$
\begin{cases}
f(\boldsymbol{x}) = \sum_{i=1}^{16}\sum_{j=1}^{16} a_{ij}(x_i^2 + x_i + 1)(x_j^2 + x_j + 1) \\[4pt]
a_{ij(\text{row}1\text{-}8)} =
\begin{bmatrix}
1&0&0&1&0&0&1&1&0&0&0&0&0&0&0&1 \\
0&1&1&0&0&0&1&0&0&1&0&0&0&0&0&0 \\
0&0&1&0&0&0&1&0&1&1&0&0&0&1&0&0 \\
0&0&0&1&0&0&1&0&0&0&1&0&0&0&1&0 \\
0&0&0&0&1&1&0&0&0&1&0&1&0&0&0&1 \\
0&0&0&0&0&1&0&1&0&0&0&0&0&0&1&0 \\
0&0&0&0&0&0&1&0&0&0&1&0&1&0&0&0 \\
0&0&0&0&0&0&0&1&0&1&0&0&0&0&1&0
\end{bmatrix}, \;
a_{ij(\text{row}9\text{-}16)} =
\begin{bmatrix}
0&0&0&0&0&0&0&0&1&0&0&1&0&0&0&1 \\
0&0&0&0&0&0&0&0&0&1&0&0&0&1&0&0 \\
0&0&0&0&0&0&0&0&0&0&1&0&1&0&0&0 \\
0&0&0&0&0&0&0&0&0&0&0&1&0&1&0&0 \\
0&0&0&0&0&0&0&0&0&0&0&0&1&1&0&0 \\
0&0&0&0&0&0&0&0&0&0&0&0&0&1&0&0 \\
0&0&0&0&0&0&0&0&0&0&0&0&0&0&1&0 \\
0&0&0&0&0&0&0&0&0&0&0&0&0&0&0&1
\end{bmatrix} \\[4pt]
n = 16, \quad -1 \leqslant x_i \leqslant 1, \quad i = 1, \cdots, n
\end{cases}
$$

(3.39)

设计目标：单目标。

函数特性：连续函数。

维度：16 维。

最优值：25.875。

3.2　约束优化算例

3.2.1　约束低维算例

1) g06 函数

g06 函数的数学表达式如式(3.40)所示。

$$\begin{cases} f(\boldsymbol{x}) = (x_1 - 10)^3 + (x_2 - 20)^3 \\ \text{s.t.}\quad g_1(\boldsymbol{x}) = -(x_1 - 5)^2 - (x_2 - 5)^2 + 100 \leqslant 0 \\ \qquad g_2(\boldsymbol{x}) = (x_1 - 5)^2 + (x_2 - 5)^2 - 82.81 \leqslant 0 \\ \qquad n = 2,\quad 13 \leqslant x_1 \leqslant 100,\ 0 \leqslant x_2 \leqslant 100 \end{cases} \tag{3.40}$$

设计目标：单目标。

函数特性：连续/离散函数(本书均使用)。

维度：2 维。

离散取值 $x_1 \in \{13, 14, \cdots, 100\}$ ，$x_2 \in \{0, 1, 2, \cdots, 100\}$ 。

连续函数最优值：-6961.8138。

两个主动约束 (g_1, g_2) 。

2) g08 函数

g08 函数的数学表达式如式(3.41)所示。

$$\begin{cases} f(\boldsymbol{x}) = -\dfrac{\sin^3(2\pi x_1)\sin(2\pi x_2)}{x_1^3(x_1 + x_2)} \\ \text{s.t.}\quad g_1(\boldsymbol{x}) = x_1^2 - x_2 + 1 \leqslant 0 \\ \qquad g_2(\boldsymbol{x}) = 1 - x_1 + (x_2 - 4)^2 \leqslant 0 \\ \qquad n = 2,\quad 0 \leqslant x_i \leqslant 10 (i = 1, 2) \end{cases} \tag{3.41}$$

设计目标：单目标。

函数特性：连续函数。

维度：2 维。

最优值：-0.0958。

3) g24 函数

g24 函数的数学表达式如式(3.42)所示。

$$\begin{cases} f(\boldsymbol{x}) = -x_1 - x_2 \\ \text{s.t.} \quad g_1(\boldsymbol{x}) = -2x_1^4 + 8x_1^3 - 8x_1^2 + x_2 - 2 \leqslant 0 \\ \qquad g_2(\boldsymbol{x}) = -4x_1^4 + 32x_1^3 - 88x_1^2 + 96x_1 + x_2 - 36 \leqslant 0 \\ \qquad n = 2, \quad 0 \leqslant x_1 \leqslant 3, \quad 0 \leqslant x_2 \leqslant 4 \end{cases} \tag{3.42}$$

设计目标：单目标。

函数特性：连续函数。

维度：2 维。

最优值：−5.5080 在 $x^* = (2.3295, 3.1785)$ 点处。

4) Gomez 函数

Gomez 函数的数学表达式如式(3.43)所示。

$$\begin{cases} f(\boldsymbol{x}) = \left(4 - 2.1x_1^2 + \dfrac{1}{3}x_1^4\right)x_1^2 + x_1 x_2 + (-4 + 4x_2^2)x_2^2 \\ \text{s.t.} \quad -\sin(4\pi x_1) + 2\sin^2(2\pi x_2) \leqslant 0 \\ \qquad n = 2, \quad -0.5 \leqslant x_1 \leqslant 0.5, \quad -1 \leqslant x_2 \leqslant 0 \end{cases} \tag{3.43}$$

设计目标：单目标。

函数特性：连续函数。

维度：2 维。

最优值：−0.9711。

5) Sasena 函数

Sasena 函数的数学表达式如式(3.44)所示。

$$\begin{cases} f(\boldsymbol{x}) = 2 + 0.01(x_2 - x_1^2)^2 + (1 - x_1)^2 + 2(2 - x_2)^2 + 7\sin(0.5x_1)\sin(0.7x_1 x_2) \\ \text{s.t.} \quad -\sin(x_1 - x_2 - \pi/8) \leqslant 0 \\ \qquad n = 2, \quad 0 \leqslant x_i \leqslant 5 (i = 1, 2) \end{cases} \tag{3.44}$$

设计目标：单目标。

函数特性：连续函数。

维度：2 维。

最优值：−1.1743。

6) Brianin 函数

Brianin 函数的数学表达式如式(3.45)所示。

$$
\begin{cases}
f(\boldsymbol{x}) = \left(x_2 - \dfrac{5.1}{4\pi^2}x_1^2 + \dfrac{5}{\pi}x_1 - 6 \right)^2 + 10\left(1 - \dfrac{1}{8\pi} \right)\cos(x_1) + 10 \\
\text{s.t.}\quad a = 1,\, b = \dfrac{5.1}{4\pi^2},\, c = -\dfrac{5}{\pi},\, d = 6,\, h = 10,\, \mathrm{ff} = \dfrac{1}{8\pi} \\
\qquad a(x_2 - bx_1^2 - cx_1 - d) + h(1 - \mathrm{ff})\cos x_1 - 5 + h \leqslant 0 \\
\qquad n = 2,\quad -5 \leqslant x_1 \leqslant 10,\quad 0 \leqslant x_2 \leqslant 15
\end{cases}
\tag{3.45}
$$

设计目标：单目标。

函数特性：连续函数。

维度：2 维。

最优值：0.3979。

7) g12 函数

g12 函数的数学表达式如式(3.46)所示。

$$
\begin{cases}
f(\boldsymbol{x}) = -(100 - (x_1 - 5)^2 - (x_2 - 5)^2 - (x_3 - 5)^2)/100 \\
\text{s.t.}\quad g_1(\boldsymbol{x}) = (x_1 - p)^2 + (x_2 - q)^2 + (x_3 - r)^2 - 0.0625 \leqslant 0 \\
\qquad n = 3,\quad 0 \leqslant x_i \leqslant 10(i = 1, 2, 3) \\
\qquad p, q, r = 1, 2, \cdots, 9
\end{cases}
\tag{3.46}
$$

设计目标：单目标。

函数特性：连续函数。

维度：3 维。

最优值：−1。

8) g04 函数

g04 函数的数学表达式如式(3.47)所示。

$$
\begin{cases}
f(\boldsymbol{x}) = 5.3578547x_3^2 + 0.8356891x_1x_5 + 37.293239x_1 - 40792.141 \\
\text{s.t.}\quad g_1(\boldsymbol{x}) = 85.334407 + 0.0056858x_2x_5 + 0.0006262x_1x_4 - 0.0022053x_3x_5 - 92 \leqslant 0 \\
\qquad g_2(\boldsymbol{x}) = -85.334407 - 0.0056858x_2x_5 - 0.0006262x_1x_4 + 0.0022053x_3x_5 \leqslant 0 \\
\qquad g_3(\boldsymbol{x}) = 80.51249 + 0.0071317x_2x_5 + 0.0029955x_1x_2 + 0.0021813x_3^2 - 110 \leqslant 0 \\
\qquad g_4(\boldsymbol{x}) = -80.51249 - 0.0071317x_2x_5 - 0.0029955x_1x_2 - 0.0021813x_3^2 + 90 \leqslant 0 \\
\qquad g_5(\boldsymbol{x}) = 9.300961 + 0.0047026x_3x_5 + 0.0012547x_1x_3 + 0.0019085x_3x_4 - 25 \leqslant 0 \\
\qquad g_6(\boldsymbol{x}) = -9.300961 - 0.0047026x_3x_5 - 0.0012547x_1x_3 - 0.0019085x_3x_4 + 20 \leqslant 0
\end{cases}
$$

$$\begin{cases} n = 5, & 78 \leqslant x_i \leqslant 102(i = 1) \\ & 33 \leqslant x_i \leqslant 45(i = 2) \\ & 27 \leqslant x_i \leqslant 45(i = 3, 4, 5) \end{cases} \tag{3.47}$$

设计目标：单目标。

函数特性：连续/离散函数(本书均使用)。

维度：5 维。

连续最优值：-30665.5386。

两个主动约束(g_1, g_6)。

9) Ex1221 函数

Ex1221(Ex)函数的数学表达式如式(3.48)所示。

$$\begin{cases} \min f(\boldsymbol{x}) = 2x_1 + 3x_2 + 1.5x_3 + 2x_4 - 0.5x_5 \\ \text{s.t.} \quad x_1^2 + x_3 \leqslant 1.25, \quad 1.333x_2 + x_4 \leqslant 3 \\ \quad\quad x_2^{1.5} + 1.5x_4 \leqslant 3, \quad -x_3 - x_4 + x_5 \leqslant 0 \\ \quad\quad x_1 + x_3 \leqslant 1.6 \\ \quad\quad x_1, x_2, x_3 \in \{0, 1, \cdots, 10\}, \quad x_4, x_5 \in \{0, 1\} \end{cases} \tag{3.48}$$

设计目标：单目标。

函数特性：离散函数。

维度：5 维。

10) Altered ex1221 函数

Altered ex1221(Aex)函数的数学表达式如式(3.49)所示。

$$\begin{cases} \min f(\boldsymbol{x}) = -2x_1 - 3x_2 - 1.5x_3 - 2x_4 + 0.5x_5 \\ \text{s.t.} \quad x_1 + x_3 \leqslant 1.6, \quad 1.333x_2 + x_4 \leqslant 3 \\ \quad\quad -x_3 - x_4 + x_5 \leqslant 0 \\ \quad\quad x_1, x_2, x_3 \in \{0, 1, \cdots, 10\}, \quad x_4, x_5 \in \{0, 1\} \end{cases} \tag{3.49}$$

设计目标：单目标。

函数特性：离散函数。

维度：5 维。

11) g16 函数

g16 函数的数学表达式如式(3.50)所示。

$$
\begin{cases}
f(\boldsymbol{x}) = 0.000117y_{14} + 0.1365 + 0.00002358y_{13} + 0.000001502y_{16} + 0.0321y_{12} \\
\qquad + 0.004323y_5 + 0.0001\dfrac{c_{15}}{c_{16}} + 37.48\dfrac{y_2}{c_{12}} - 0.0000005843y_{17} \\
\text{s.t.} \quad g_1(\boldsymbol{x}) = \dfrac{0.28}{0.72}y_5 - y_4 \leqslant 0, \ \ g_2(\boldsymbol{x}) = x_3 - 1.5x_2 \leqslant 0, \ \ g_3(\boldsymbol{x}) = 3496\dfrac{y_2}{c_{12}} - 12 \leqslant 0 \\
\qquad g_4(\boldsymbol{x}) = 110.6 + y_1 - \dfrac{62212}{c_{17}} \leqslant 0, \ \ g_5(\boldsymbol{x}) = 213.1 - y_1 \leqslant 0, \ \ g_6(\boldsymbol{x}) = y_1 - 405.23 \leqslant 0 \\
\qquad g_7(\boldsymbol{x}) = 17.505 - y_2 \leqslant 0, \ \ g_8(\boldsymbol{x}) = y_2 - 1053.6667 \leqslant 0, \ \ g_9(\boldsymbol{x}) = 11.275 - y_3 \leqslant 0 \\
\qquad g_{10}(\boldsymbol{x}) = y_3 - 35.03 \leqslant 0, \ \ g_{11}(\boldsymbol{x}) = 214.228 - y_4 \leqslant 0, \ \ g_{12}(\boldsymbol{x}) = y_4 - 665.585 \leqslant 0 \\
\qquad g_{13}(\boldsymbol{x}) = 7.458 - y_5 \leqslant 0, \ \ g_{14}(\boldsymbol{x}) = y_5 - 584.463 \leqslant 0, \ \ g_{15}(\boldsymbol{x}) = 0.961 - y_6 \leqslant 0 \\
\qquad g_{16}(\boldsymbol{x}) = y_6 - 265.916 \leqslant 0, \ \ g_{17}(\boldsymbol{x}) = 1.612 - y_7 \leqslant 0, \ \ g_{18}(\boldsymbol{x}) = y_7 - 7.046 \leqslant 0 \\
\qquad g_{19}(\boldsymbol{x}) = 0.146 - y_8 \leqslant 0, \ \ g_{20}(\boldsymbol{x}) = y_8 - 0.222 \leqslant 0, \ \ g_{21}(\boldsymbol{x}) = 107.99 - y_9 \leqslant 0 \\
\qquad g_{22}(\boldsymbol{x}) = y_9 - 273.366 \leqslant 0, \ \ g_{23}(\boldsymbol{x}) = 922.693 - y_{10} \leqslant 0, \ \ g_{24}(\boldsymbol{x}) = y_{10} - 1286.105 \leqslant 0 \\
\qquad g_{25}(\boldsymbol{x}) = 926.832 - y_{11} \leqslant 0, \ \ g_{26}(\boldsymbol{x}) = y_{11} - 1444.046 \leqslant 0, \ \ g_{27}(\boldsymbol{x}) = 18.766 - y_{12} \leqslant 0 \\
\qquad g_{28}(\boldsymbol{x}) = y_{12} - 537.141 \leqslant 0, \ \ g_{29}(\boldsymbol{x}) = 1072.163 - y_{13} \leqslant 0, \ \ g_{30}(\boldsymbol{x}) = y_{13} - 3247.039 \leqslant 0 \\
\qquad g_{31}(\boldsymbol{x}) = 8961.448 - y_{14} \leqslant 0, \ \ g_{32}(\boldsymbol{x}) = y_{14} - 26844.086 \leqslant 0, \ \ g_{33}(\boldsymbol{x}) = 0.063 - y_{15} \leqslant 0 \\
\qquad g_{34}(\boldsymbol{x}) = y_{15} - 0.386 \leqslant 0, \ \ g_{35}(\boldsymbol{x}) = 71084.33 - y_{16} \leqslant 0, \ \ g_{36}(\boldsymbol{x}) = y_{16} - 140000 \leqslant 0 \\
\qquad g_{37}(\boldsymbol{x}) = 2802713 - y_{17} \leqslant 0, \ \ g_{38}(\boldsymbol{x}) = y_{17} - 12146108 \leqslant 0
\end{cases}
\tag{3.50}
$$

设计目标：单目标。

函数特性：连续函数。

维度：5 维。

最优值：−1.9051。

12) g09 函数

g09 函数的数学表达式如式(3.51)所示。

$$
\begin{cases}
f(\boldsymbol{x}) = (x_1 - 10)^2 + 5(x_2 - 12)^2 + x_3^4 + 3(x_4 - 11)^2 \\
\qquad + 10x_5^6 + 7x_6^2 + x_7^4 - 4x_6x_7 - 10x_6 - 8x_7 \\
\text{s.t.} \quad g_1(\boldsymbol{x}) = -127 + 2x_1^2 + 3x_2^4 + x_3 + 4x_4^2 + 5x_5 \leqslant 0 \\
\qquad g_2(\boldsymbol{x}) = -282 + 7x_1 + 3x_2 + 10x_3^2 + x_4 - 5x_5 \leqslant 0 \\
\qquad g_3(\boldsymbol{x}) = -196 + 23x_1 + x_2^2 + 6x_6^2 - 8x_7 \leqslant 0 \\
\qquad g_4(\boldsymbol{x}) = 4x_1^2 + x_2^2 - 3x_1x_2 + 2x_3^2 + 5x_6 - 11x_7 \leqslant 0 \\
\qquad n = 7, \quad -10 \leqslant x_i \leqslant 10(i = 1, \cdots, 7)
\end{cases}
\tag{3.51}
$$

设计目标：单目标。

函数特性：连续/离散函数(本书均使用)。

维度：7 维。

离散取值：$x_i \in \{-10, -9, \cdots, 9, 10\}$，$i=1,\cdots,7$。

连续最优值：680.6300。

3.2.2　约束高维算例

1) g10 函数

g10 函数的数学表达式如式(3.52)所示。

$$\begin{cases} f(\boldsymbol{x}) = x_1 + x_2 + x_3 \\ \text{s.t.}\quad g_1(\boldsymbol{x}) = -1 + 0.0025(x_4 + x_6) \leqslant 0 \\ \qquad g_2(\boldsymbol{x}) = -1 + 0.0025(x_5 + x_7 - x_4) \leqslant 0 \\ \qquad g_3(\boldsymbol{x}) = -1 + 0.01(x_8 - x_5) \leqslant 0 \\ \qquad g_4(\boldsymbol{x}) = -x_1 x_5 + 833.33252 x_4 + 100 x_1 - 83333.333 \leqslant 0 \\ \qquad g_5(\boldsymbol{x}) = -x_2 x_7 + 1250 x_5 + x_2 x_4 - 1250 x_4 \leqslant 0 \\ \qquad g_6(\boldsymbol{x}) = -x_3 x_8 + 1250000 + x_3 x_5 - 2500 x_5 \leqslant 0 \\ \qquad n = 8, \quad 100 \leqslant x_i \leqslant 10000 (i=1) \\ \qquad\qquad 1000 \leqslant x_i \leqslant 10000 (i=2,3) \\ \qquad\qquad 10 \leqslant x_i \leqslant 1000 (i=4,\cdots,8) \end{cases} \tag{3.52}$$

设计目标：单目标。

函数特性：连续函数。

维度：8 维。

最优值：7049.248。

2) g18 函数

g18 函数的数学表达式如式(3.53)所示。

$$\begin{cases} f(\boldsymbol{x}) = -0.5(x_1 x_4 - x_2 x_3 + x_3 x_9 - x_5 x_9 + x_5 x_8 - x_6 x_7) \\ \text{s.t.}\quad g_1(\boldsymbol{x}) = x_3^2 + x_4^2 - 1 \leqslant 0, \quad g_2(\boldsymbol{x}) = x_9^2 - 1 \leqslant 0, \quad g_3(\boldsymbol{x}) = x_5^2 + x_6^2 - 1 \leqslant 0 \\ \qquad g_4(\boldsymbol{x}) = x_1^2 + (x_2 - x_9)^2 - 1 \leqslant 0, \quad g_5(\boldsymbol{x}) = (x_1 - x_5)^2 + (x_2 - x_6)^2 - 1 \leqslant 0 \\ \qquad g_6(\boldsymbol{x}) = (x_1 - x_7)^2 + (x_2 - x_8)^2 - 1 \leqslant 0, \quad g_7(\boldsymbol{x}) = (x_3 - x_5)^2 + (x_4 - x_6)^2 - 1 \leqslant 0 \\ \qquad g_8(\boldsymbol{x}) = (x_3 - x_7)^2 + (x_4 - x_8)^2 - 1 \leqslant 0, \quad g_9(\boldsymbol{x}) = x_7^2 + (x_8 - x_9)^2 - 1 \leqslant 0 \\ \qquad g_{10}(\boldsymbol{x}) = x_2 x_3 - x_1 x_4 \leqslant 0, \quad g_{11}(\boldsymbol{x}) = -x_3 x_9 \leqslant 0, \quad g_{12}(\boldsymbol{x}) = x_5 x_9 \leqslant 0 \end{cases}$$

$$\begin{cases} g_{13}(\boldsymbol{x}) = x_6 x_7 - x_5 x_8 \leqslant 0 \\ n = 9, \quad -10 \leqslant x_i \leqslant 10(i = 1, \cdots, 8) \\ \qquad 0 \leqslant x_i \leqslant 20(i = 9) \end{cases} \tag{3.53}$$

设计目标：单目标。

函数特性：连续函数。

维度：9 维。

最优值：-0.866。

3) g07 函数

g07 函数的数学表达式如式(3.54)所示。

$$\begin{cases} f(\boldsymbol{x}) = x_1^2 + x_2^2 + x_1 x_2 - 14x_1 - 16x_2 + (x_3 - 10)^2 + 4(x_4 - 5)^2 + (x_5 - 3)^2 \\ \qquad + 2(x_6 - 1)^2 + 5x_7^2 + 7(x_8 - 11)^2 + 2(x_9 - 10)^2 + (x_{10} - 7)^2 + 45 \\ \text{s.t.} \quad g_1(\boldsymbol{x}) = -105 + 4x_1 + 5x_2 - 3x_7 + 9x_8 \leqslant 0 \\ \qquad g_2(\boldsymbol{x}) = 10x_1 - 8x_2 - 17x_7 + 2x_8 \leqslant 0 \\ \qquad g_3(\boldsymbol{x}) = -8x_1 + 2x_2 + 5x_9 - 2x_{10} - 12 \leqslant 0 \\ \qquad g_4(\boldsymbol{x}) = 3(x_1 - 2)^2 + 4(x_2 - 3)^2 + 2x_3^2 - 7x_4 - 120 \leqslant 0 \\ \qquad g_5(\boldsymbol{x}) = 5x_1 + 8x_2 + (x_3 - 6)^2 - 2x_4 - 40 \leqslant 0 \\ \qquad g_6(\boldsymbol{x}) = x_1^2 + 2(x_2 - 2)^2 - 2x_1 x_2 + 14x_5 - 6x_6 \leqslant 0 \\ \qquad g_7(\boldsymbol{x}) = 0.5(x_1 - 8)^2 + 2(x_2 - 4)^2 + 3x_5^2 - x_6 - 30 \leqslant 0 \\ \qquad g_8(\boldsymbol{x}) = -3x_1 + 6x_2 + 12(x_9 - 8)^2 - 7x_{10} \leqslant 0 \\ \qquad n = 10, \quad -10 \leqslant x_i \leqslant 10(i = 1, \cdots, n) \end{cases} \tag{3.54}$$

设计目标：单目标。

函数特性：连续函数。

维度：10 维。

最优值：24.3062。

4) g01 函数

g01 函数的数学表达式如式(3.55)所示。

$$\begin{cases} f(\boldsymbol{x}) = 5\sum_{i=1}^{4} x_i - 5\sum_{i=1}^{4} x_i^2 - \sum_{i=5}^{13} x_i \\ \text{s.t.} \quad g_1(\boldsymbol{x}) = 2x_1 + 2x_2 + x_{10} + x_{11} - 10 \leqslant 0 \\ \qquad g_2(\boldsymbol{x}) = 2x_1 + 2x_3 + x_{10} + x_{12} - 10 \leqslant 0 \\ \qquad g_3(\boldsymbol{x}) = 2x_2 + 2x_3 + x_{11} + x_{12} - 10 \leqslant 0 \end{cases}$$

$$
\left\{
\begin{array}{l}
g_4(\boldsymbol{x}) = -8x_1 + x_{10} \leqslant 0 \\
g_5(\boldsymbol{x}) = -8x_2 + x_{11} \leqslant 0 \\
g_6(\boldsymbol{x}) = -8x_3 + x_{12} \leqslant 0 \\
g_7(\boldsymbol{x}) = -2x_4 - x_5 + x_{10} \leqslant 0 \\
g_8(\boldsymbol{x}) = -2x_6 - x_7 + x_{11} \leqslant 0 \\
g_9(\boldsymbol{x}) = -2x_8 - x_9 + x_{12} \leqslant 0 \\
n = 13, \quad 0 \leqslant x_i \leqslant 1(i=1,\cdots,9) \\
\qquad\qquad 0 \leqslant x_i \leqslant 100(i=10,11,12) \\
\qquad\qquad 0 \leqslant x_i \leqslant 1(i=13)
\end{array}
\right.
\tag{3.55}
$$

设计目标：单目标。

函数特性：连续/离散函数(本书均使用)。

维度：13 维。

离散取值：

$$
\left\{
\begin{array}{l}
x_i \in \{0,1\}, \quad i=1\sim9,13 \\
x_i \in \{0,1,\cdots,100\}, \quad i=10,11,12
\end{array}
\right.
$$

当取值为 $x_i \in \{0,1,\cdots,100\}, i=1,\cdots,10,13$ 时，该算例为 G1m。

最优值：-15。

5) g19 函数

g19 函数的数学表达式如式(3.56)所示，表 3.1 展示了 g19 函数的数据集。

$$
\left\{
\begin{array}{l}
f(\boldsymbol{x}) = \sum_{j=1}^{5}\sum_{i=1}^{5} c_{ij} x_{(10+i)} x_{(10+j)} + 2\sum_{j=1}^{5} d_j x_{(10+j)}^3 - \sum_{i=1}^{10} b_i x_i \\
\text{s.t.} \quad g_j(\boldsymbol{x}) = -2\sum_{i=1}^{5} c_{ij} x_{(10+i)} - 3d_j x_{(10+j)}^2 - e_j + \sum_{i=1}^{10} a_{ij} x_i \leqslant 0, \quad j=1,\cdots,5 \\
\text{s.t.} \quad \boldsymbol{b} = [-40,-2,-0.25,-4,-4,-1,-40,-60,5,1] \\
\qquad n = 15, \quad 0 \leqslant x_i \leqslant 10(i=1,\cdots,15)
\end{array}
\right.
\tag{3.56}
$$

设计目标：单目标。

函数特性：连续函数。

维度：15 维。

最优值：32.6555。

表 3.1　g19 函数数据集

j	1	2	3	4	5
e_j	-15	-27	-36	-18	-12
c_{1j}	30	-20	-10	32	-10
c_{2j}	-20	39	-6	-31	32
c_{3j}	-10	-6	10	-6	-10
c_{4j}	32	-31	-6	39	-20
c_{5j}	-10	32	-10	-20	30
d_j	4	8	10	6	2
a_{1j}	-16	2	0	1	0
a_{2j}	0	-2	0	0.4	2
a_{3j}	-3.5	0	2	0	0
a_{4j}	0	-2	0	-4	-1
a_{5j}	0	-9	-2	1	-2.8
a_{6j}	2	0	-4	0	0
a_{7j}	-1	-1	-1	-1	-1
a_{8j}	-1	-2	-3	-2	-1
a_{9j}	1	2	3	4	5
a_{10j}	1	2	1	1	1

6) Hmittelman 函数

Hmittelman(Hmi)函数的数学表达式如式(3.57)所示。

$$
\begin{cases}
\min f(\boldsymbol{x}) = 10y_1 + 7y_2 + y_3 + 12y_4 + 8y_5 + 3y_6 + y_7 + 5y_8 + 3y_9 \\
\text{s.t.} \quad 3y_1 - 12y_2 - 8y_3 + y_4 - 7y_9 + 2y_{10} \leqslant -2 \\
\qquad y_2 - 10y_3 - 5y_5 + y_6 + 7y_7 + y_8 \leqslant -1 \\
\qquad 5y_1 - 3y_2 - y_3 - 2y_8 + y_{10} \leqslant -1 \\
\qquad -4y_3 - 2y_4 - 5y_6 + y_7 - 9y_8 - 2y_9 \leqslant -3 \\
\qquad 9y_2 - 12y_4 - 7y_5 + 6y_6 + 2y_8 - 15y_9 + 3y_{10} \leqslant -7 \\
\qquad 5y_2 - 8y_1 + 2y_3 - 7y_4 - y_5 - 5y_7 - 10y_9 \leqslant -1 \\
\qquad y_1 = x_5 x_7 x_9 x_{10} x_{14} x_{15} x_{16}, \quad y_6 = x_6 x_7 x_9 x_{14} x_{16}
\end{cases}
$$

$$
\begin{cases}
y_2 = x_1 x_2 x_3 x_4 x_8 x_{11}, & y_7 = x_9 x_{10} x_{14} x_{16} \\
y_3 = x_3 x_4 x_6 x_7 x_8, & y_8 = x_5 x_{10} x_{14} x_{15} x_{16} \\
y_4 = x_3 x_4 x_8 x_{11}, & y_9 = x_1 x_2 x_{11} x_{12} \\
y_5 = x_6 x_7 x_8 x_{12}, & y_{10} = x_{13} x_{14} x_{15} x_{16} \\
x_i \in \{0,1\}, & i = 1, \cdots, 16
\end{cases}
\tag{3.57}
$$

设计目标：单目标。

函数特性：离散函数。

维度：16 维。

7) g02 函数

g02 函数的数学表达式如式(3.58)所示。

$$
\begin{cases}
f(\boldsymbol{x}) = -\left| \dfrac{\sum_{i=1}^{n} \cos^4(x_i) - 2 \prod_{i=1}^{n} \cos^2(x_i)}{\sqrt{\sum_{i=1}^{n} i x_i^2}} \right| \\[4mm]
\text{s.t.} \quad g_1(\boldsymbol{x}) = 0.75 - \prod_{i=1}^{n} x_i \leqslant 0 \\[3mm]
\qquad g_2(\boldsymbol{x}) = \sum_{i=1}^{n} x_i - 0.75n \leqslant 0 \\[3mm]
\qquad n = 20, \quad 0 < x_i \leqslant 10 (i = 1, \cdots, n)
\end{cases}
\tag{3.58}
$$

设计目标：单目标。

函数特性：离散函数。

维度：20 维。

最优值：−0.8036。

3.3　工程应用算例

1) 拉伸弹簧设计

拉伸弹簧设计(tension spring design, TSD)如图 3.29 所示，该算例需最小化弹簧的质量，同时受到最小挠度、剪切力、频率、外径和侧约束等限制。

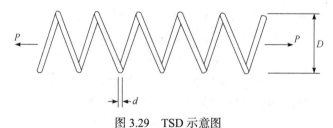

图 3.29　TSD 示意图

$$
\begin{cases}
\min f(\boldsymbol{x}) = x_1^2 x_2 (x_3 + 2) \\[2mm]
\text{s.t.} \quad g_1(\boldsymbol{x}) = 1 - \dfrac{x_2^3 x_3}{71785 x_1^4} \leqslant 0 \\[4mm]
\qquad g_2(\boldsymbol{x}) = \dfrac{4x_2^2 - x_1 x_2}{12566 x_1^3 (x_2 - x_1)} + \dfrac{1}{5108 x_1^2} - 1 \leqslant 0 \\[4mm]
\qquad g_3(\boldsymbol{x}) = 1 - \dfrac{140.45 x_1}{x_3 x_2^2} \leqslant 0 \\[4mm]
\qquad g_4(\boldsymbol{x}) = \dfrac{x_1 + x_2}{1.5} - 1 \leqslant 0 \\[2mm]
\qquad 0.05 \leqslant x_1 \leqslant 2, \quad 0.25 \leqslant x_2 \leqslant 1.3, \quad 2 \leqslant x_3 \leqslant 15
\end{cases}
\tag{3.59}
$$

设计目标：单目标。

函数特性：连续函数。

维度：3 维。

最优值：0.01267。

2) 焊接梁设计

焊接梁设计(welded beam design, WBD)如图 3.30 所示，该算例需最小化设计成本，受剪力、梁内弯曲应力、杆上屈曲载荷、侧约束和梁端挠度等限制。

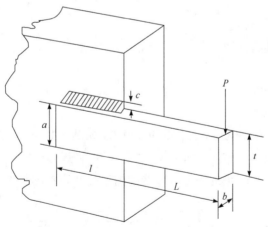

图 3.30　WBD 示意图

$$
\begin{cases}
\min f(\boldsymbol{x}) = 1.10471 x_1^2 x_2 + 0.04811 x_3 x_4 (14 + x_2) \\
\text{s.t.} \quad g_1(\boldsymbol{x}) = \tau(\boldsymbol{x}) - \tau_{\max} \leqslant 0 \\
\qquad g_2(\boldsymbol{x}) = \sigma(\boldsymbol{x}) - \sigma_{\max} \leqslant 0 \\
\qquad g_3(\boldsymbol{x}) = x_1 - x_4 \leqslant 0
\end{cases}
$$

$$g_4(\boldsymbol{x}) = 0.10471x_1^2 + 0.04811x_3x_4(14+x_2) - 5 \leqslant 0$$

$$g_5(\boldsymbol{x}) = 0.125 - x_1 \leqslant 0$$

$$g_6(\boldsymbol{x}) = \delta(\boldsymbol{x}) - \delta_{\max} \leqslant 0$$

$$g_7(\boldsymbol{x}) = P - P_c(\boldsymbol{x}) \leqslant 0$$

s.t.

$$\tau(\boldsymbol{x}) = \sqrt{(\tau')^2 + 2\tau'\tau''\frac{x_2}{2R} + (\tau'')^2}, \quad \tau' = \frac{P}{\sqrt{2}x_1x_2}, \quad \tau'' = \frac{MR}{J}$$

$$M = P\left(L + \frac{x_2}{2}\right), \quad R = \sqrt{\frac{x_2^2}{4} + \left(\frac{x_1+x_3}{2}\right)^2}, \quad \sigma(x) = \frac{6PL}{x_4x_3^2}$$

$$\delta(\boldsymbol{x}) = \frac{4PL^3}{Ex_3^3x_4}, \quad J = 2\left\{\sqrt{2}x_1x_2\left[\frac{x_2^2}{12} + \left(\frac{x_1+x_3}{2}\right)^2\right]\right\}$$

$$P_c(\boldsymbol{x}) = \frac{4.013E\sqrt{x_3^2x_4^6/36}}{L^2}\left(1 - \frac{x_3}{2L}\sqrt{\frac{E}{4G}}\right), \quad G = 8.27 \times 10^{10}\,\text{Pa}$$

$$P = 272.15\text{kg}, \quad L = 355.6\text{mm}, \quad \delta_{\max} = 6.35\text{mm}, \quad E = 2.07 \times 10^{11}\,\text{Pa}$$

$$\tau_{\max} = 9.37 \times 10^7\,\text{Pa}, \quad \sigma_{\max} = 2.07 \times 10^8\,\text{Pa}$$

$$0.1 \leqslant x_1, x_4 \leqslant 2; \quad 0.1 \leqslant x_2, x_3 \leqslant 10$$

$$(3.60)$$

设计目标：单目标。

函数特性：连续函数。

维度：4 维。

最优值：1.7249。

3) 压力容器设计

压力容器设计(pressure vessel design, PVD)如图 3.31 所示，该算例需最小化圆柱形容器的设计成本，包括材料成本、成型成本和焊接成本。四个设计变量分别是压力容器的厚度、压头的厚度、容器的内半径和容器的长度。

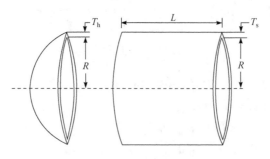

图 3.31　PVD 示意图

$$
\begin{cases}
\min f(\boldsymbol{x}) = 0.6224x_1x_3x_4 + 1.7781x_2x_3^2 + 3.1661x_1^2x_4 + 19.84x_1^2x_3 \\
\text{s.t.} \quad g_1(\boldsymbol{x}) = -x_1 + 0.0193x_3 \leqslant 0 \\
\qquad g_2(\boldsymbol{x}) = -x_2 + 0.00954x_3 \leqslant 0 \\
\qquad g_3(\boldsymbol{x}) = -\pi x_3^2 x_4 - \dfrac{4}{3}\pi x_3^3 + 1296000 \leqslant 0 \\
\qquad g_4(\boldsymbol{x}) = x_4 - 240 \leqslant 0 \\
\qquad 1 \times 0.0625 \leqslant x_1, x_2 \leqslant 99 \times 0.0625; \quad 10 \leqslant x_3, x_4 \leqslant 200
\end{cases}
\tag{3.61}
$$

设计目标：单目标。

函数特性：连续函数。

维度：4 维。

最优值：5885.33。

4) 减速器设计

减速器设计(speed reducer design, SRD)目标是使减速器的总质量最小化，具有 11 个约束，包括齿轮齿的弯曲应力的限制，表面应力和轴的横向挠度等。

$$
\begin{cases}
\min f(\boldsymbol{x}) = 0.7854x_1x_2^2(3.3333x_3^2 + 14.9334x_3 - 43.0934) - 1.508x_1(x_6^2 + x_7^2) \\
\qquad\qquad + 7.4777(x_6^3 + x_7^3) + 0.7854(x_4x_6^2 + x_5x_7^2) \\
\text{s.t.} \quad g_1(\boldsymbol{x}) = \dfrac{27}{x_1x_2^2x_3^2} - 1 \leqslant 0, \quad g_6(\boldsymbol{x}) = \dfrac{\left\{[745x_5/(x_2x_3)]^2 + 157.5 \times 10^6\right\}^{1/2}}{85x_7^3} - 1 \leqslant 0 \\
\qquad g_2(\boldsymbol{x}) = \dfrac{397.5}{x_1x_2^2x_3^2} - 1 \leqslant 0, \quad g_7(\boldsymbol{x}) = \dfrac{x_2x_3}{40} - 1 \leqslant 0, \quad g_8(\boldsymbol{x}) = \dfrac{5x_2}{x_1} - 1 \leqslant 0 \\
\qquad g_3(\boldsymbol{x}) = \dfrac{1.93x_4^3}{x_2x_3x_6^4} - 1 \leqslant 0, \quad g_9(\boldsymbol{x}) = \dfrac{x_1}{12x_2} - 1 \leqslant 0, \quad g_{10}(\boldsymbol{x}) = \dfrac{1.5x_6 + 1.9}{x_4} - 1 \leqslant 0 \\
\qquad g_4(\boldsymbol{x}) = \dfrac{1.93x_5^3}{x_2x_3x_7^4} - 1 \leqslant 0, \quad g_{11}(\boldsymbol{x}) = \dfrac{1.1x_7 + 1.9}{x_5} - 1 \leqslant 0 \\
\qquad g_5(\boldsymbol{x}) = \dfrac{\left\{[745x_4/(x_2x_3)]^2 + 16.9 \times 10^6\right\}^{1/2}}{110x_6^3} - 1 \leqslant 0 \\
\qquad 2.6 \leqslant x_1 \leqslant 3.6; \quad 0.7 \leqslant x_2 \leqslant 0.8; \quad 17 \leqslant x_3 \leqslant 28; \quad 7.3 \leqslant x_4, x_5 \leqslant 8.3 \\
\qquad 2.9 \leqslant x_6 \leqslant 3.9; \quad 5.0 \leqslant x_7 \leqslant 5.5
\end{cases}
$$

$$
\tag{3.62}
$$

设计目标：单目标。

函数特性：连续函数。

维度：7 维。

最优值：2994.4711。

5) 阶梯悬臂梁设计

阶梯悬臂梁设计(stepped cantilever beam design, SCBD)如图 3.32 所示，该算例需尽量减少总长度为 L=500cm 的五阶悬臂梁体积。材料弹性模量 E 为 200GPa，在梁的顶端施加 50000N 的集中载荷和 11 个约束条件，其中弯曲应力约束 5 个，位移约束 1 个，长宽比约束 5 个。

$$
\begin{cases}
\min V = D(b_1h_1l_1 + b_2h_2l_2 + b_3h_3l_3 + b_4h_4l_4 + b_5h_5l_5) \\[2mm]
\text{s.t.} \quad g_1(\boldsymbol{x}) = \dfrac{6Pl_5}{b_5h_5^2} - 14000 \leqslant 0, E = 2\text{e}11, \; D = 1 \\[4mm]
\qquad g_2(\boldsymbol{x}) = \dfrac{6P(l_5 + l_4)}{b_4h_4^2} - 14000 \leqslant 0 \\[4mm]
\qquad g_3(\boldsymbol{x}) = \dfrac{6P(l_5 + l_4 + l_3)}{b_3h_3^2} - 14000 \leqslant 0 \\[4mm]
\qquad g_4(\boldsymbol{x}) = \dfrac{6P(l_5 + l_4 + l_3 + l_2)}{b_2h_2^2} - 14000 \leqslant 0 \\[4mm]
\qquad g_5(\boldsymbol{x}) = \dfrac{6P(l_5 + l_4 + l_3 + l_2 + l_1)}{b_1h_1^2} - 14000 \leqslant 0 \\[4mm]
\qquad g_6(\boldsymbol{x}) = \dfrac{Pl^3}{3E}\left(\dfrac{1}{I_5} + \dfrac{7}{I_4} + \dfrac{19}{I_3} + \dfrac{37}{I_2} + \dfrac{61}{I_1}\right) - 2.7 \leqslant 0 \\[4mm]
\qquad g_7(\boldsymbol{x}) = \dfrac{h_5}{b_5} - 20 \leqslant 0, I_1 = \dfrac{b_5h_5^3}{12} \\[4mm]
\qquad g_8(\boldsymbol{x}) = \dfrac{h_4}{b_4} - 20 \leqslant 0, I_2 = \dfrac{b_4h_4^3}{12} \\[4mm]
\qquad g_9(\boldsymbol{x}) = \dfrac{h_3}{b_3} - 20 \leqslant 0, I_3 = \dfrac{b_3h_3^3}{12} \\[4mm]
\qquad g_{10}(\boldsymbol{x}) = \dfrac{h_2}{b_2} - 20 \leqslant 0, I_4 = \dfrac{b_2h_2^3}{12} \\[4mm]
\qquad g_{11}(\boldsymbol{x}) = \dfrac{h_1}{b_1} - 20 \leqslant 0, I_5 = \dfrac{b_1h_1^3}{12} \\[4mm]
\qquad (x_1 \sim x_{10}) = (b_1, h_1, b_2, h_2, b_3, h_3, b_4, h_4, b_5, h_5)
\end{cases}
$$

$$\text{(3.63)}$$

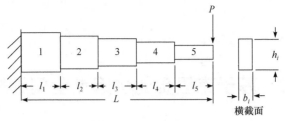

图 3.32　SCBD 示意图

设计目标：单目标。

函数特性：连续函数。

维度：10 维。

最优值：62791。

3.4　本 章 小 结

本章对数据驱动优化方法的基准测试函数进行了概述，介绍了无约束低维算例、无约束高维算例、约束低维算例、约束高维算例和工程应用算例。这些基准测试函数适用于解决单目标问题和多目标问题、有约束问题和无约束问题以及离散问题和高维问题等，可有效验证算法的高效性和鲁棒性。

第4章 基于克里金的多起点空间缩减方法

  SBO 是一种依赖代理模型预测的优化技术，能够有效减少目标及约束函数的调用次数[1-2]，如何使用 SBO 解决全局优化问题是本章研究的重点。由于代理模型通常都是光滑的连续函数，使用优化器直接作用于代理模型可以求得所有的局部最优解，然而这些解由预测得到，和真实解存在较大偏差。如何选取有益样本补充代理模型，并确定最终的全局最优区域，是近年来研究的热点。众多学者在该方向做出了贡献，Jones 等[3]提出了一种被广泛应用的高效全局优化(EGO)算法。EGO 算法通过 Kriging 构造代理模型，并通过最大改善期望准则(EI)来更新样本点。该算法在考虑代理模型最优位置的同时，能够探索设计空间的未知区域。Wang 等[4]提出了一种自适应响应面法(adaptive response surface method，ARSM)解决贵重黑箱问题。ARSM 可以自动选取设计空间中的潜在较优区域，并对此区域构建二次响应面模型来预测最优解。Gutmann[5]提出了一种基于 RBF 的全局代理模型方法。Jin 等[6]探索了各种代理模型的精度，并研究了代理模型和采样策略的关系。Wang 和 Simpson[7]利用模糊聚类法得到一个缩小的搜索空间，可以高效地在非线性约束优化问题上找到全局最优解。Regis 等[8]提出了一种统计 RBF 来解决具有贵重目标函数的全局优化问题。Younis 和 Dong[9]发展了一种空间探索与单峰区域消除(space exploration and unimodal region elimination, SEUMRE)的空间缩减方法来构造一个单峰区域，加速探索全局最优解，并将其成功应用于一些工程实例中。Gu 等[10]提出了混合的基于元模型的自适应方法(hybrid and adaptive meta-model-based, HAM)，将设计空间分割成若干子区域并配以不同权重，每次迭代根据不同子区域权重的大小，选择不同数量的样本来更新代理模型，并将其应用于汽车碰撞实例中。Long 等[11]在 ARSM 上利用一种空间智能探索策略来加速全局优化的收敛速度，使 ARSM 性能提升。这些研究展示出空间缩减是一种稳健提高全局探索的可行思路。

  本章介绍了一种新的基于代理模型的多起点空间缩减(multi-start space reduction, MSSR)方法，用于解决全局优化中计算贵重的黑箱问题或约束问题。在 MSSR 方法中，设计空间被划分为全局空间(global space, GS)、中等范围空间 (medium-sized space, MS)和局部空间(local space, LS)，其中全局空间为原始空间区域，中等范围空间为有价值的区域，局部空间为当前最优解附近的区域。在搜索过程中，拉丁超立方采样用来产生多起点，序列二次规划(sequential quadratic programming, SQP)作为局部优化求解器。基于以上的空间缩减策略，更多有效的样本将用于更新 Kriging 代理模型、指导搜索未知区域。同时，多起点搜索交替使用 GS、MS 和 LS，直到找到全局最优解。

4.1　克里金代理模型构造

为了验证代理模型的可信度，本章以 Banana 函数为例，用 OLHS 给出了 15 个实验设计点，并利用 Kriging 构造代理模型。从图 4.1 与图 4.2 可以看出，构造的 Kriging 模型整体上和原函数较为一致，但仍存在一些细微偏差。

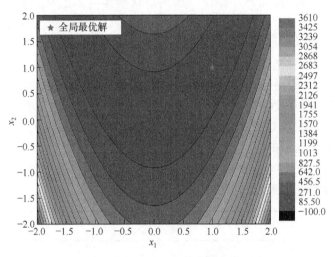

图 4.1　Banana 函数真实云图

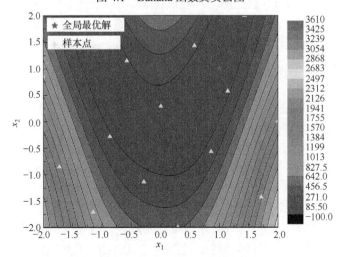

图 4.2　Kriging 构造 Banana 函数图

4.2　多起点序列二次规划算法

本章提出的多起点序列二次规划(multi-start SQP, MSSQP)算法包含三部分：代理模型的局部优化、较好样本点的筛选以及未知区域的探索。

为了随机获得多个起点，且使这些点能够均匀分布在整个设计空间，本章采用 LHS 方法在搜寻空间中确定起始点位置。在每次迭代过程中，都要重新产生一些起始点，并在每个起始点处利用 SQP 算法预测代理模型的最优解。最终将得到的最优解存储在"预测最优解集"数据库。有时不同的起点可能会收敛到同一个或相近的最优解处，或者代理模型构造的偏差，使获取的预测最优解收敛至已知样本点处，导致"预测最优解集"中存在一定量的重复或过于接近的样本点。为了解决这一问题，选择新样本点需要定义一个与已知样本点间的最小距离，以筛除"预测最优解集"中的重复样本。

如果筛选后再一次迭代发现，预定搜寻区域内并没有合适的可更新解，则利用多起点序列二次规划算法最大化 MSE，并选取局部最大解作为更新样本点。这是一种探索未知区域的策略，以避免算法陷入局部最优。

算法 4.1～算法 4.3 详细阐述了该策略如何从"预测最优解集"中筛选出潜在较优解，以及如何探索未知搜寻空间。

算法 4.1　优化

---

(01)　开始

(02)　初始化：维数 n，数据库"预测最优解集"，设计空间，Kriging 预测器，估计的 MSE，利用 LHS 获取 m 个起始点(这里 m 的范围在 2 维问题上定义为[20, 40]，在大于 2 维小于 10 维的问题上定义为[6n, 8n]，在更高维的问题上建议定义为[50, 70])；

(03)　for i=1：m

(04)　利用 SQP 算法和 Kriging 模型，将预测的局部最优解以及对应的预测值存储到"预测最优解集"中；

(05)　end

(06)　"预测最优解集"拥有 $m \times (n+1)$ 个元素；

(07)　结束

　　　(备注：1.后续会介绍三个不同的寻优空间：全局空间、中等范围空间及局部空间，这些空间尺寸和位置会随着迭代的变化而改变；2.Kriging 代理模型以及估计的 MSE 可以通过 DACE 工具箱求得；3.本章利用

MATLAB 中的 "fmi ncon" 函数来实现 SQP 算法)

算法 4.2　筛选

(01)　开始

(02)　在 "预测最优解集" 中排列预测值中的顺序并获取具有最大值的样本(Xps max, Ypsmax)以及最小值的样本(Xpsmin, Ypsmin)；"预测最优解集" 中的样本表示为：(Xps, Yps)；

(03)　初始化参数 k=1，flag_repeat=0，flag_stop=0，e_error = 0.00001(If n>= 10，e_error = 0.0001)，MAXK(MAXK 是决定每次迭代最多可取样本点数量的参数，本章 MAXK 在 2 维问题上等于 3，在较高维问题上等于 4，对于非线性约束优化问题 MAXK 等于 3)；

(04)　获取贵重样本集 S，并记为 m_size；

(05)　While k < MAXK and flag_stop==0

(06)　　for i=1：m_size

(07)　　　　if Xpsmin 和样本 S(i)距离的平方<= e_error

(08)　　　　　　flag_repeat=1；

(09)　　　　end

(10)　　　end

　　　(这里，与已知样本点距离太近的新样本点会被标记)

(11)　　　if flag_repeat==0

(12)　　　　记录当前样本 Xpsmin；k=k+1；

(13)　　　end

(14)　　　for i=1：m

(15)　　　　if |Yps (i) −Ypsmin | <=0.0001

(16)　　　　　　Yps (i) = Ypsmax+10；

(17)　　　　end

(18)　　　end

　　　(每次迭代中，只有一个 Kriging 模型的局部最优解被选出而其他相似的结果都被一个较大值 "Ypsmax+10" 覆盖。)；

(19)　　在 "预测最优解集" 中再一次排列预测值 Yps，然后更新(Xpsmin, Ypsmin)；

(20)　　If Ypsmin==Ypsmax+10

(21)　　　flag_stop = 1；

(22)　　end

(23)　　flag_repeat =0；

(24)　end

(25)　if k>1

(26)　　排列被选中的样本并计算真实的函数值；

(27)　end
(28)　结束

算法 4.3　探索未知区域

(01)开始
(02)　if k == 1
(03)　　实施 Kriging 来获取 MSE 的局部最大值；
(04)　　获取两个新的样本并计算真实的函数值；
(05)　end
(06)结束

　　　　(备注：如果利用上述的筛选策略不能找到一个满意解，MSE 可以被最大
化来获取未知区域的新样本)

　　图 4.3 描述了 15 个 OLHS 样本点的情况下，Kriging 估计出来的 MSE。如
2.2 节所述，距离已知样本点越远 MSE 值越大，在已知点位置处 MSE 接近 0。
选择其中局部最大解更新样本，往往能够使空间填充性提高。图 4.4、图 4.1 和
图 4.3 基于相同的 DOE 样本点构造了一个初始的代理模型，图 4.4 中共有 30
个由 LHS 产生的随机起始点。由前述可知，多起点 SQP 会产生 30 个最优解并
存储在"预测最优解集"中，而且其中存在过于接近或重复的点。通过筛选准
则，最终得到如图 4.4 所示的多起点优化策略，即用两个新的圆点样本来补充
Kriging。

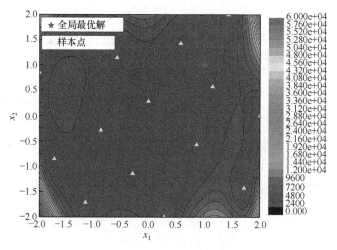

图 4.3　Kriging 估计的 MSE

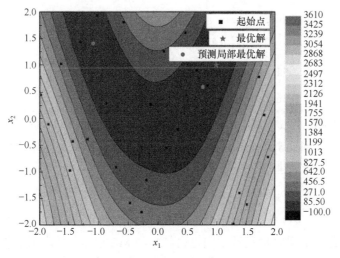

图 4.4　多起点优化策略示意图

4.3　空间缩减策略

DOE 会产生若干初始样本来构造代理模型，这些贵重的 DOE 样本以及未来更新的样本点都将存储在伪代码的 S 中。根据 S 中贵重响应值的大小，本章定义了三个搜寻空间：全局空间(GS)、中等范围空间(MS)以及局部空间(LS)。全局空间即是整个设计区域，中等范围空间是包含当前较好样本的一个空间，局部空间是当前最优样本点的一个邻域。随着样本点的更新，S 也逐步更新，MS 与 LS 的中心位置以及大小都会不断变化。由于 MS 包含了当前样本集 S 中较好点的位置，当 S 中有新的样本补充后，较好的样本点增多，MS 的位置和范围均会变化。同理 LS 的定义需要参考当前最优样本。LS 以当前最优样本点的位置为中心点，以当前若干较好解中距离最远的两个点的距离作为半径。具体的定义如下：

$$
\begin{cases}
\mathrm{dis}_i = \left| \max\big(\boldsymbol{S}(1:k)_i\big) - \min\big(\boldsymbol{S}(1:k)_i\big) \right|, \ i=1,2,\cdots,n \\[2mm]
\mathrm{Lob}_i = \begin{cases} S_i^{\mathrm{best}} - \mathrm{dis}_i, & S_i^{\mathrm{best}} - \mathrm{dis}_i \geqslant \min\big(\mathrm{range}_i\big) \\ \min\big(\mathrm{range}_i\big), & S_i^{\mathrm{best}} - \mathrm{dis}_i \leqslant \min\big(\mathrm{range}_i\big) \end{cases} \\[4mm]
\mathrm{Ub}_i = \begin{cases} S_i^{\mathrm{best}} + \mathrm{dis}_i, & S_i^{\mathrm{best}} + \mathrm{dis}_i \leqslant \max\big(\mathrm{range}_i\big) \\ \max\big(\mathrm{range}_i\big), & S_i^{\mathrm{best}} + \mathrm{dis}_i \geqslant \max\big(\mathrm{range}_i\big) \end{cases}
\end{cases}
\tag{4.1}
$$

$$
\begin{cases}
\text{range\_local}_i = [\text{Lob}_i, \text{Ub}_i] \\
\text{Lob}_i = \min\left(\boldsymbol{S}(1:p)_i\right) \\
\text{Ub}_i = \max\left(\boldsymbol{S}(1:p)_i\right) \\
\text{range\_medium}_i = [\text{Lob}_i, \text{Ub}_i], \quad i = 1, 2, \cdots, n
\end{cases}
\tag{4.2}
$$

式中，n 为问题的维数；$\boldsymbol{S}(1:k)_i$ 为前 k 个最优样本的第 i 维；range_i 为原始设计空间的第 i 维的范围；S_i^{best} 为当前最优样本的第 i 维。如果上述公式中 Lob_i 与 Ub_i 的间距小于 1e−5，建议设定一个较小的空间来搜寻：

$$
\begin{cases}
\text{Lob}_i = \text{Lob}_i - 0.025 \cdot \left(\max(\text{range}_i) - \min(\text{range}_i)\right) \\
\text{Ub}_i = \text{Ub}_i + 0.025 \cdot \left(\max(\text{range}_i) - \min(\text{range}_i)\right)
\end{cases}
\tag{4.3}
$$

此外式(4.3)还需满足在原设计空间之内。LS 与 MS 根据其所获得的较好样本不断移动，并改变范围。k 与 p 分别为 LS 与 MS 对较好样本点的数量要求，是两个用户定义的参数。本章定义它们如下：

$$
k =
\begin{cases}
3, & n \leqslant 2 \text{且} \text{CS} \leqslant 150 \\
\text{round}(\text{CS}/30), & n \leqslant 2 \text{且} \text{CS} > 150 \\
5, & n > 2 \text{且} \text{CS} \leqslant 150 \\
\text{round}(\text{CS}/30), & n > 2 \text{且} \text{CS} > 150
\end{cases}
\tag{4.4}
$$

$$
p =
\begin{cases}
\text{round}(\text{CS}/3), & n \leqslant 2 \\
3n, & n > 2 \text{且} \text{CS} \leqslant 60 \\
\text{round}(\text{CS}/3), & n > 2 \text{且} \text{CS} > 60
\end{cases}
\tag{4.5}
$$

式中，CS 表示当前样本点的数量；round 表示求整。k 与 p 随着样本点的增多会不断变化。

由式(4.1)～式(4.5)可知，MS 会缩小成一个包含若干较好解的区域，而 LS 会变成一个围绕当前最优解的邻域。某些情况下，当 LS 缩小成一个极小的区域导致局部搜寻无法找到更合适的更新点，或者全局搜寻与中等范围的搜寻都重复在一个局部最优解处时，Kriging 模型估计的 MSE 将被最大化来探索设计空间的未知区域。本章定义了搜寻 MSE 局部最大值的范围，具体如下：

$$
\text{dis}_i = \left| \max(\text{range}_i) - \min(\text{range}_i) \right|, \quad i = 1, 2, \cdots, n
$$

$$
\text{Lob}_i =
\begin{cases}
S_i^{\text{best}} - 0.5 \cdot \text{dis}_i, & S_i^{\text{best}} - 0.5 \cdot \text{dis}_i \geqslant \min(\text{range}_i) \\
\min(\text{range}_i), & S_i^{\text{best}} - 0.5 \cdot \text{dis}_i < \min(\text{range}_i)
\end{cases}
$$

$$
\text{Ub}_i =
\begin{cases}
S_i^{\text{best}} + 0.5 \cdot \text{dis}_i, & S_i^{\text{best}} + 0.5 \cdot \text{dis}_i \leqslant \max(\text{range}_i) \\
\max(\text{range}_i), & S_i^{\text{best}} + 0.5 \cdot \text{dis}_i > \max(\text{range}_i)
\end{cases}
$$

$$\begin{cases} range\_mse\_local_i = \left[Lob_i, Ub_i\right] \\ range\_mse\_medium_i = range\_medium_i \\ range\_mse\_global_i = range_i \end{cases} \tag{4.6}$$

式中，range_mse_global 为全局搜寻范围；range_mse_medium 为中等搜寻范围；range_mse_local 为局部搜寻范围。虽然这些范围随着迭代会不断变化，但它们都围绕着当前最优解。

总的来说，MSSR 算法利用多起点序列二次规划在 GS、MS、LS 三个设计空间交替搜寻代理模型的最优解，当无法得到更新样本时，获取 MSE 局部最大值来探索未知区域。

4.4　多起点空间缩减算法整体优化流程

多起点空间缩减算法的全局优化步骤如下，其中(1)～(3)为初始化过程，(4)～(10)为迭代循环过程。

(1) 实验设计(DOE)：应用 OLHS 在整个设计空间产生初始 DOE 样本。

(2) 计算 DOE 样本的贵重函数值，并将结果存储在样本集中(对于非线性约束优化问题，贵重函数既包括目标也包括约束)。

(3) 基于函数值的大小将样本进行排序(如果一个样本点不满足真实约束，响应值排列的过程中增加一个较大的惩罚因子 1e6)。

(4) 构建一个 Kriging 代理模型(对于非线性约束问题，目标函数和约束函数的代理模型分别建立。此处，响应值是真实的目标或约束值时不增加任何惩罚项)。

(5) 根据当前迭代的次数判断需在哪个空间进行搜索。全局搜寻、中等范围搜寻以及局部搜寻在此过程中交替进行。

(6) 根据已知的贵重样本集来定义搜寻空间的尺寸，具体参考式(4.1)～式(4.6)。

(7) 用 4.2 节介绍的多起点序列二次规划算法在指定的搜寻区域内寻找 Kriging 代理模型的最优解。

(8) 将已获得的局部最优解存储到数据库"预测最优解集"中，并筛选出较好解。如果没有较好解可选，从未知区域选择两个新的样本。

(9) 计算被选样本的贵重函数值，并按照步骤(3)更新其大小顺序。

(10) 如果当前最优响应值满足停止标准，终止循环；否则更新代理模型并重复步骤(4)～步骤(9)直到全局停止条件满足。

常用的全局优化停止标准定义为

$$\begin{cases} \dfrac{\left| y_{\text{best}} - y_{\text{optimal}} \right|}{\left| y_{\text{optimal}} \right|} < 1\%, & y_{\text{optimal}} \neq 0 \\[2ex] y_{\text{best}} < 0.001, & y_{\text{optimal}} = 0 \end{cases} \tag{4.7}$$

图 4.5 展示了 MSSR 的整体设计优化流程。

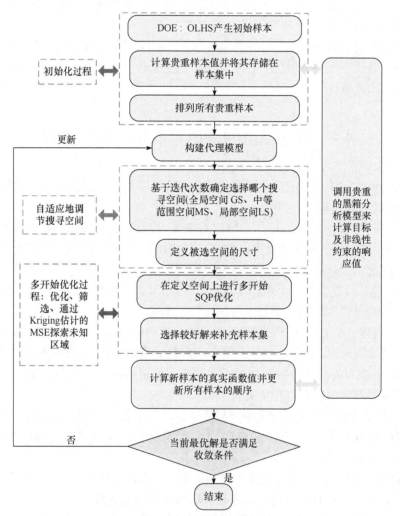

图 4.5　MSSR 的整体设计优化流程

　　为了更好地说明 MSSR 算法，利用 Banana 函数阐释搜寻过程中样本点的产生及更新。图 4.6(a)～图 4.6(e)给出了每三步迭代样本点以及代理模型的变化，利用多起点二次规划算法探索三个定义的空间。图中展示了算法分别在 GS、MS 以及 LS 上的搜寻过程。起初 LS 的区域比 MS 大，随着迭代进行，样本点增加，

LS 迅速缩小到围绕当前最优解的局部区域。MS 会提供一个包含多个局部最优的较好区域，由于较好解的增多，MS 与 LS 都会逐渐变小。直观地说，LS 的局部搜索加快了收敛速度；而 MS 提供了更多机会来搜寻到全局最优解；GS 确保多起点优化策略可以探索整个设计空间。如图 4.6(a)与图 4.6(c)所示，有时 LS 不包括真实的全局最优解，但 LS 会随着当前最优解位置的改变而移动到全局最优解附近。在本例中，共进行了 15 次迭代累计 37 个贵重样本。起初只有 8 个 DOE样本时，代理模型的基本形状与真实情况差别较大，但随着新样本的补充，代理模型逐渐接近真实的函数，特别是在全局最优区域附近。

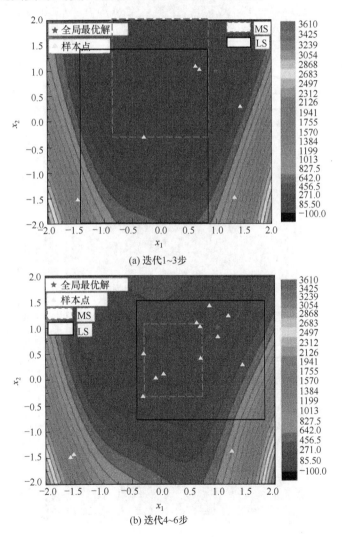

(a) 迭代1~3步

(b) 迭代4~6步

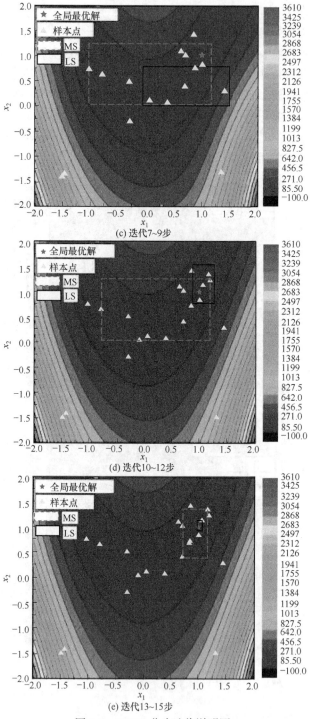

(c) 迭代7~9步

(d) 迭代10~12步

(e) 迭代13~15步

图 4.6　MSSR 分步迭代说明图

4.5　算　例　测　试

本节通过对多个数学及工程算例进行测试，以验证 MSSR 的性能及其优势，算例包括从 2 维到 16 维的边界约束问题以及非线性约束问题。数学算例包括：8 个 2 维的数学问题(Banana、Peaks、GP、SC、Shubert、GF、HM、Leon)、2 个 4 维的多峰问题(Shekel、Levy)、2 个 6 维问题(HN6、Trid6)、2 个 10 维问题(Sphere、Trid10)和 1 个 16 维问题(F16)。这些算例特点鲜明，能够反映实际工程问题中多种不同的情况，具有一定的代表性。此外，本章给出了 6 个经典的非线性约束优化算例，其中包括 2 个数学算例、4 个工程算例。MSSR 在所有算例上进行 10 次测试，通过与已知的全局代理模型算法进行测试结果对比，以判断其优越性。

4.5.1　数学算例测试

边界约束的全局优化标准算例如表 4.1 所示。

表 4.1　边界约束的全局优化标准算例

类别	函数	维数	设计空间	理论最优解
低维问题($n=2\sim6$)	Banana	2	$[-2, 2]^2$	0.0000
	Peaks	2	$[-3\ 3] \times [-4\ 4]$	−6.5511
	GP	2	$[-2, 2]^2$	3.0000
	SC	2	$[-2, 2]^2$	−1.0320
	Shubert	2	$[-10, 10]^2$	−186.7309
	GF	2	$[-2, 2]^2$	0.5233
	HM	2	$[-6, 6]^2$	0.0000
	Leon	2	$[-10, 10]^2$	0.0000
	Shekel	4	$[0, 10]^4$	−10.1532
	Levy	4	$[-10, 10]^4$	0.0000
	HN6	6	$[0, 1]^6$	−3.3220
	Trid6	6	$[-36, 36]^6$	−50.0000
高维问题($n \geqslant 10$)	Sphere	10	$[-5.12, 5.12]^{10}$	0.0000
	Trid10	10	$[-100, 100]^{10}$	−210.0000
	F16	16	$[-1, 1]^{16}$	25.8750

为了验证 MSSR 的准确性和高效性，采用多种不同特征的算法进行比较。其

中协调搜寻(harmony search, HS)[12]和差分进化(differential evolution, DE)[13]为受自然启发的全局优化算法，DIRECT[14]为一个高效的空间缩减算法，MPS[15]为一个基于代理模型的空间探索方法。除此之外，MSSR 也与基于 Kriging 代理模型的 EGO 算法进行对比，其中最大改善期望准则由 Müeller 等[16]的代理模型工具箱实现。最后与不使用空间缩减策略的多起点优化算法进行对比，证明空间缩减的重要性。

本章提出的 MSSR 方法用 $3n+2$ 个 DOE 样本构造初始的响应面，n 表示优化问题的维度。函数计算次数(NFE)以及算法运行结束时获得的最小值的统计中，7 个标准算例的比较结果如表 4.2 所示。需要说明的是，相比其他算法，EGO 在一次运行时需要更多的时间，特别是当维数增高时。本章在测试时，对 EGO 的最大 NFE 进行限定：对于低维问题 NFE 为 250，对于高维问题 NFE 为 200。从表 4.2 中的测试结果可以看出：①相比其他算法，HS 与 DE 普遍需要较大的 NFE 来找到全局最优解；②除了 Banana、Shubert 和 F16 以外，DIRECT 在大部分的问题上表现较好；③EGO 与 MPS 可以在较简单的问题上(如 GP 与 SC)较快接近全局最优解，但它们一般需要较高的 NFE 来解决像 Shubert、Shekel 以及 F16 这样的多局部最优解或者高维问题；④本章提出的 MS 与 MSSR 在所有的算例上均有较好的表现，相比于 MS，MSSR 使用了更少的 NFE，这说明空间缩减策略提高了多起点优化算法的效率。

表 4.2　7 个标准算例的比较结果

算法	性能	Banana	GP	SC	Shubert	Shekel	HN6	F16
HS	NFE	9122	512	310	450	10000	698	915
	最小值	8.84e-4	3.0164	−1.0276	−185.6736	−2.6829	−3.3033	26.1207
DE	NFE	1390	830	450	3070	3730	3660	3690
	最小值	4.05e-4	3.0075	−1.0299	−185.3988	−10.0930	−3.3085	26.1022
DIRECT	NFE	603	101	117	2883	103	213	6439
	最小值	3.01e-4	3.0073	−1.0248	−185.5823	−10.0934	−3.2975	26.0884
MPS	NFE	145	134	35	545	680	783	3319
	最小值	0.0358	3.0014	−1.0311	−186.7119	−5.0473	−3.3205	29.7177
EGO	NFE	216	167	35	227	250	54	200
	最小值	9.67e-4	3.0323	−1.0297	−181.0324	−7.5345	−3.3152	27.4815
MS	NFE	61	124	25	117	289	121	161
	最小值	2.51e-4	3.0065	−1.0299	−186.4286	−10.0863	−3.2973	26.1116
MSSR	NFE	41	82	22	115	197	83	138
	最小值	3.45e-4	3.0049	−1.0303	−186.4203	−10.0829	−3.2967	26.1257

综上所述，传统的全局优化方法一般需要更多的 NFE，原因在于这些方法直接调用目标函数，不考虑 NFE 的计算成本。基于代理模型的全局优化算法可以利用近似模型预测较好解，大大减少了 NFE。与受自然启发的全局优化方法以及已有的经典代理模型优化方法对比后，可以看出本章提出的 MSSR 算法具有一定的优越性。

为了更进一步验证本章所提方法的高效性以及稳健性，将 MSSR 与近几年提出的代理模型全局优化方法 SEUMRE 与 HAM 进行对比。SEUMRE 利用网格划分采样方法将设计空间分成多个单峰区域，一旦一个重要的单峰区域被确定，在该区域构造一个 Kriging 代理模型，接下来的优化以及更新样本都是在这个区域内进行的。由于初始的样本可能错失全局最优区域，特别是在高度非线性或高维问题上，SEUMRE 可能会直接陷入局部最优而无法跳出。虽然 SEUMRE 有着高效的收敛特性，但无法解决较复杂的全局优化问题。HAM 利用多种近似技术，如多项式响应面、径向基函数和 Kriging 来构造代理模型。根据这些代理模型预测出的偏好区域，将整个设计空间分成多个子空间，有效地将多种代理模型结合，以此获取全局最优解。可是，有时三种代理模型会同时锁定一个较好的区域，而算法会停滞在当前的局部最优解处，无法找寻真正的全局最优解。在本章的测试中，均使用式(4.7)作为算法停止标准。由于三种算法都包含随机性，本章对每种算法进行 10 次测试以获取统计结果。

NFE 的均值以及获得的最优值范围如表 4.3 所示，具体的 NFE 统计结果在表 4.4 中给出。有 ">" 的 NFE 表示在 10 次测试中至少有 1 次在 500 次 NFE 以内没有满足式(4.7)的停止标准。在表 4.4 对应的括号中显示的是失败的次数。数据结果显示，MSSR 在所有问题上均有较好的表现，并能够在 500 次 NFE 以内找到全局最优解。从表 4.3 和表 4.4 中可以看出，SEUMRE 在简单问题 Banana、Peaks、GP 和 SC 上有较好的结果，但在多峰问题以及高维问题上存在较大困难。特别是在 Shekel、Levy 和 HN6 问题上只成功了若干次，而在 Trid6、Sphere、Trid10 和 F16 上全部失败。SEUMRE 在 F16 问题上最好的结果是 27.5243，这个显然比 MSSR 和 HAM 的结果大得多。在很多问题上(Banana、GP、SC、Shubert、GF、HM、Leon、HN6 和 Trid6)HAM 都能快速搜寻到全局最优解，但 HAM 在 shekel 和 Trid10 上需要更多的 NFE，总的来说 HAM 在大部分高维问题上有较好的表现。

图 4.7 展示了 MSSR、SEUMRE、HAM 在高维问题上的迭代结果，其中图(a)、(c)和(e)显示了整个迭代过程，而图(b)、(d)和(f)显示了 NFE 为 100~200 的结果。从图中可以看出，相比 SEUMRE 和 HAM，MSSR 可以较快地收敛到全局最优解处。将三种方法需要的计算时间绘制在图 4.8 中，且本章所有测试均在 Corei7-4720HQ CPU(2.60GHZ)配置电脑上进行。从结果可以看出，MSSR 和 HAM 在低维问题上用了更多时间，由于每个迭代过程中 MSSR 都需要多次调用多起点 SQP

算法，而 HAM 则需要构建多个代理模型，因此对于非线性程度较高的问题或高维问题，三种方法都需要较多的时间。

表 4.3 MSSR、SEUMRE、HAM 的 NFE 以及最优值的范围

函数	MSSR		SEUMRE		HAM	
	NFE	最优值	NFE	最优值	NFE	最优值
Banana	42.8	[1.91e−5, 7.32e−4]	90.9	[4.75e−5, 6.37e−4]	68.3	[1.27e−5, 6.34e−4]
Peaks	28.1	[−6.5477, −6.5007]	42.7	[−6.5509, −6.4868]	>228.5	[−6.5510, −3.0498]
GP	87.1	[3.0001, 3.0273]	133.6	[3.0002, 3.0191]	122	[3.0001, 3.0227]
SC	22.5	[−1.0316, −1.0274]	48.8	[−1.0307, −1.0241]	33.9	[−1.0316, −1.0259]
Shubert	122.9	[−186.7259, −184.9656]	>329.5	[−186.4404, −117.0721]	168.4	[−186.7209, −185.9839]
GF	34.2	[0.5233, 0.5277]	>208.4	[0.5259, 0.5350]	94.1	[0.5238, 0.5283]
HM	40.3	[7.79e−5, 7.56e−4]	>266.8	[1.04e−5, 0.0028]	120	[1.01e−4, 9.08e−4]
Leon	181.7	[8.88e−5, 9.68e−4]	>253.9	[1.12e−4, 0.3207]	239.4	[1.21e−4, 9.58e−4]
Shekel	207.1	[−10.1486, −10.0716]	>471.7	[−10.0546, −2.6303]	>458.1	[−10.1472, −2.6166]
Levy	218.5	[3.96e−4, 8.04e−4]	>358.1	[6.63e−4, 0.1103]	>341.7	[2.96e−5, 2.26e−2]
HN6	84.8	[−3.3119, −3.2890]	>282.5	[−3.3009, −3.1046]	93.5	[−3.3194, −3.2967]
Trid6	92.1	[−49.9021, −49.5544]	>500	[−47.5255, −7.9626]	127.5	[−49.9614, −49.6379]
Sphere	115.4	[4.57e−4, 9.98e−4]	>500	[1.8147, 17.2568]	>288.3	[4.20e−4, 0.1847]
Trid10	142.4	[−208.9614, −208.0416]	>500	[−83.0087, 990.0295]	>500	[−166.6914, −48.9592]
F16	137.7	[26.1053, 26.1307]	>500	[27.5243, 29.5178]	>249.8	[26.0410, 26.6333]

表 4.4 MSSR、SEUMRE 和 HAM 的 NFE 统计结果

函数	MSSR			SEUMRE			HAM		
	最小值	最大值	中值	最小值	最大值	中值	最小值	最大值	中值
Banana	24	66	41	72	114	86	45	104	62
Peaks	18	50	24	37	44	44	34	>500(4)	73
GP	51	141	82	79	359	93	82	195	117
SC	18	27	22	44	58	49	26	52	29
Shubert	24	215	115	68	>500(3)	377	86	315	160
GF	15	64	29	65	>500(2)	100	46	281	76
HM	22	95	32	65	>500(4)	157	46	288	66
Leon	67	408	146	142	>500(2)	194	102	433	233
Shekel	68	415	197	217	>500(9)	>500	269	>500(8)	>500
Levy	89	376	181	119	>500(6)	>500	104	>500(5)	>370
HN6	52	117	83	125	>500(4)	149	87	108	91

续表

函数	MSSR			SEUMRE			HAM		
	最小值	最大值	中值	最小值	最大值	中值	最小值	最大值	中值
Trid6	63	146	85	>500	>500(10)	>500	106	144	130
Sphere	94	145	117	>500	>500(10)	>500	180	>500(3)	198
Trid10	125	162	139	>500	>500(10)	>500	>500	>500(10)	>500
F16	103	168	138	>500	>500(10)	>500	136	>500(2)	201

　　解决贵重黑箱优化问题的难点在于用尽可能少的 NFE 来获得全局最优解，因此在该领域 NFE 作为衡量全局代理模型优化算法性能的主要指标。SEUMRE 在低维问题上能够快速收敛到全局最优解，但是无法解决较复杂的问题；HAM 在大部分问题上有较好的表现，也能够处理高维问题，但是在模型非线性程度较高的问题上表现较差。从以上对比结果中可以看出，MSSR 使用最少的 NFE 且能较快速地得到全局最优解，并表现出较强的稳健性。

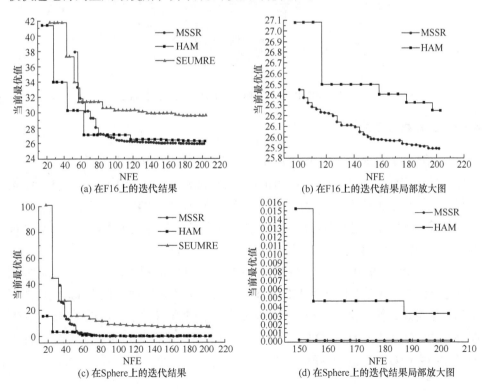

(a) 在F16上的迭代结果　　(b) 在F16上的迭代结果局部放大图

(c) 在Sphere上的迭代结果　　(d) 在Sphere上的迭代结果局部放大图

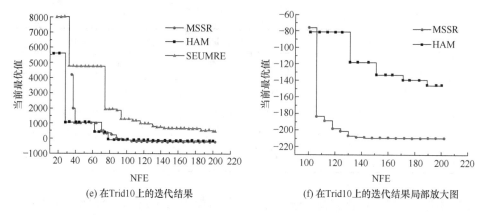

(e) 在Trid10上的迭代结果　　　　　　(f) 在Trid10上的迭代结果局部放大图

图 4.7　MSSR、SEUMRE、HAM 在高维问题上的迭代结果

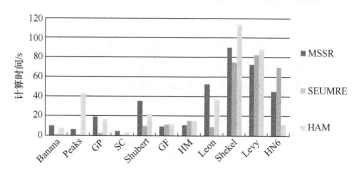

图 4.8　MSSR、SEUMRE、HAM 计算时间对比

4.5.2　工程算例测试

　　本章还将 MSSR 在几个有代表性的非线性约束工程问题上进行了测试。这 6 个非线性约束优化问题[17-21]包括：G6 函数、Himmelblau(Him)函数以及 4 个结构工程应用，分别为拉伸弹簧设计(TSD)、嵌入梁设计(WBD)、压力壳设计(PVD)、减速箱设计(SRD)。它们的目标函数及约束函数被定义为贵重黑箱问题，且维数为 2~7，包含的约束个数分别为 2、4、7、4、6、11。

　　表 4.5 和图 4.9 分别给出了 MSSR 在非线性约束优化问题上获得的全局最优解和迭代结果。在某些问题上 MSSR 最初只能找到不可行解，但随着迭代代理模型不断地更新，算法会逐渐逼近可行区域并找到全局最优解。可以看出，MSSR 能够在 200 次 NFE 内找到全局最优解。值得注意的是，此处的 NFE 既指目标函数又指约束函数，它们的 NFE 一样。

表 4.5 MSSR 在非线性约束优化问题上获得的全局最优解

问题	设计变量							$f(x)$
	x_1	x_2	x_3	x_4	x_5	x_6	x_7	
G6	14.097149	0.847352						−6956.8719
TSD	0.0516827	0.3565636	11.2980133					0.0126652
WBD	0.2056902	3.4683028	9.0445203	0.2056904				1.7256
PVD	0.778187	0.384658	40.320586	199.986548				5885.3653
Him	78.000000	33.000000	27.072136	45.000000	44.967954			−31025.3139
SRD	3.500177	0.700000	17.000000	7.332558	7.715387	3.350284	5.286657	2994.8487

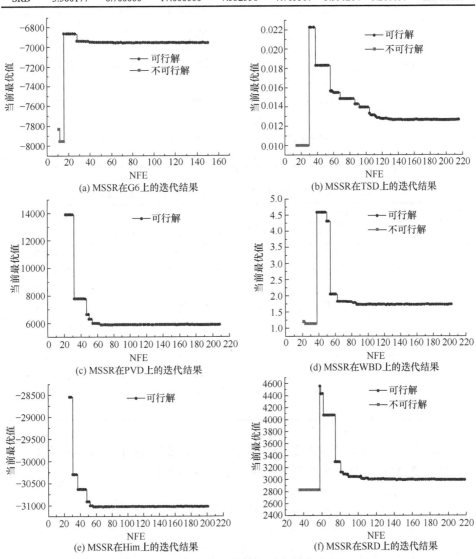

图 4.9 MSSR 在非线性约束优化问题上的迭代结果

为了验证 MSSR 处理非线性约束优化问题的稳健性，本章给出了其独立运行 10 次的计算结果。从表 4.6 和表 4.7 中可以看出，每次结果都非常接近真实最优解且 NFE 足够小。

表 4.6　MSSR 在 G6、TSD 和 Him 问题上的结果统计

实验编号	G6		TSD		Him	
	NFE	最优值	NFE	最优值	NFE	最优值
1	62	−6957.3896	81	0.0126664	60	−31025.5575
2	79	−6958.4628	213	0.0126817	61	−31025.2482
3	19	−6955.8152	139	0.0126817	48	−31025.5270
4	44	−6958.2769	97	0.0126654	93	−31025.0141
5	20	−6958.2769	97	0.0126653	100	−31021.3633
6	53	−6957.8394	140	0.0126655	69	−31023.6350
7	39	−6958.0899	114	0.0126670	57	−31023.9933
8	40	−6961.2597	66	0.0126698	63	−31025.5595
9	29	−6955.2008	109	0.0126654	51	−31025.5557
10	63	−6955.2106	108	0.0126652	51	−31023.2053

表 4.7　MSSR 在 WBD、PVD 和 SRD 问题上的结果统计

实验编号	WBD		PVD		SRD	
	NFE	最优值	NFE	最优值	NFE	最优值
1	110	1.7253	88	5885.4051	131	2994.8493
2	133	1.7253	87	5885.3782	164	2996.4051
3	99	1.7249	75	5885.3427	189	2995.5840
4	162	1.7253	125	5885.3979	134	2994.4745
5	167	1.7560	107	5885.3576	102	2997.4988
6	201	1.7535	97	5885.3658	102	2997.4988
7	113	1.7256	91	5885.3778	111	2994.6535
8	100	1.7256	112	5885.4247	96	2997.0597
9	153	1.7256	98	5885.3408	69	2995.4729
10	105	1.7254	73	5885.3993	71	2997.3088

总的来看，MSSR 不仅可以在边界约束的贵重黑箱优化问题上表现良好，同时还能高效稳健地在非线性约束问题上获取全局最优解。

4.6　本 章 小 结

针对高度非线性的贵重黑箱优化问题，本章提出了一种基于 Kriging 的全局

代理模型优化方法 MSSR。该方法利用 OLHS 进行初始的 DOE 采样,借助 Kriging 构建初始预测模型,采用多起点 SQP 算法搜寻预测最优解。该方法包含一个筛选策略,能保证由多起点优化获得的多个预测局部最优解无重复且大于一个最小距离。另外,为了加快搜索全局最优解的速度,本章将整个设计区域划分为多个子空间,其中 MS 包含了当前样本集中的多个较好解,而局部空间 LS 是当前最优样本的一个邻域。MS 与 LS 会随着当前样本集的更新而不断移动位置及变化,优化搜索在三个空间 GS、MS 和 LS 上迭代交替进行,直到找到全局最优解。当在三个空间上继续搜寻而无法找到更好的解时,会在最大化 MSE 处更新样本点,跳出局部最优区域。

MSSR 在 15 个有代表性的全局优化标准算例上进行了测试,这些边界约束的优化算例涵盖了工程实际中存在的各类问题。经过测试发现,与同类型的代理模型优化方法相比,MSSR 更高效更稳健。将 MSSR 应用在了 6 个非线性约束的工程优化问题上,结果显示 MSSR 同样能够较好地解决这类问题。

参 考 文 献

[1] EDKE M S, CHANG K H. Shape optimization for 2-D mixed-mode fracture using extended FEM(XFEM) and level set method(LSM)[J]. Structural and Multidisciplinary Optimization, 2011, 44(2): 165-181.

[2] QUEIPO N V, HAFTKA R T, SHYY W. Surrogate-based analysis and optimization[J]. Progress in Aerospace Sciences, 2005, 41(1): 1-28.

[3] JONES D R, SCHONLAU M, WELCH W J. Efficient global optimization of expensive black-box functions[J]. Journal of Global Optimization,1998, 13(4): 455-492.

[4] WANG G G, DONG Z, AITCHISON P. Adaptive response surface method-a global optimization scheme for approximation-based design problems[J]. Engineering Optimization, 2001, 33(6): 707-734.

[5] GUTMANN H M. A radial basis function method for global optimization[J]. Journal of Global Optimization, 2001, 19(3): 201-227.

[6] JIN R, CHENT W, SIMPSON T W. Comparative studies of meta modelling techniques under multiple modelling criteria[J]. Structural and Multidisciplinary Optimization, 2001, 23(1): 1-13.

[7] WANG G G, SIMPSON T. Fuzzy clustering based hierarchical meta modeling for design space reduction and optimization[J]. Optimization and Engineering, 2004, 36(3): 313-335.

[8] REGIS R G, SHOEMAKER C A. A stochastic radial basis function method for the global optimization of expensive functions[J]. Informs Journal on Computing, 2007, 19(4): 497-509.

[9] YOUNIS A, DONG Z. Metamodelling and search using space exploration and unimodal region elimination for design optimization[J]. Engineering Optimization, 2010, 42(6): 517-533.

[10] GU J, LI G Y, DONG Z. Hybrid and adaptive meta-model-based global optimization[J]. Optimization and Engineering, 2012, 44(1): 87-104.

[11] LONG T, WU D, GUO X, et al. Efficient adaptive response surface method using intelligent space exploration strategy[J]. Structural and Multidisciplinary Optimization, 2015, 51(6): 1335-1362.

[12] YANG X S. Engineering Optimization: An Introduction with Metaheuristic Applications[M]. New Jersey: John Wiley & Sons, 2010.

[13] STORN R, PRICE K. Differential evolution—A simple and efficient heuristic for global optimization over continuous spaces[J]. Journal of Global Optimization, 1997, 11(4): 341-359.

[14] BJÖRKMAN M, HOLMSTRÖM K. Global optimization using DIRECT algorithm in matlab[J]. Advanced Model Optimization, 1999, 1(2): 17-37.

[15] WANG L, SHAN S, WANG G G. Mode-pursuing sampling method for global optimization on expensive black-box functions[J]. Engineering Optimization, 2004, 36(4): 419-438.

[16] MÜLLER J, PICHÉ R. Mixture surrogate models based on Dempster-Shafer theory for global optimization problems[J]. Journal of Global Optimization, 2011, 51(1):79-104.

[17] COELLO C A C. Theoretical and numerical constraint-handling techniques used with evolutionary algorithms: A survey of the state of the art[J]. Computer Methods in Applied Mechanics and Engineering, 2002, 191(11): 1245-1287.

[18] HEDAR A. Studies on Metaheuristics for continuous global optimization problems[D]. Kyoto: Kyoto University, 2004.

[19] EGEA J A. New heuristics for global optimization of complex bioprocesses[D]. Galiza: Universidade de Vigo, 2008.

[20] HIMMELBLAU D M. Applied Nonlinear Programming[M]. New York: McGraw-Hill, 1972.

[21] GEN M, CHENG R. Genetic Algorithms & Engineering Design[M]. New York: Wiley, 1997.

第5章 基于克里金与多项式响应面的混合代理模型全局优化方法

在复杂的多学科工程设计中，存在较多计算耗时的黑箱问题，往往需要大量硬件或软件计算资源[1]。当贵重黑箱问题(expensive black-box problems, EBOPs)为非凸时[2-3]，即贵重黑箱问题具有多个局部最优解，目标或约束函数评估的 NFE 将变得更大[4-6]。传统的全局优化算法，如元启发式算法[7-9]，需要创建具备多样性的种群，同时更新种群以探索设计空间。遗传算法受到了生物进化机制的启发，在进化过程中有较好适应度的父代个体更易将信息传递给子代。同时遗传算法通过四个步骤逐代找到最优的适应度，即复制、交叉、变异和选择[10]。粒子群优化(particle swarm optimization, PSO)算法模拟群体协作动物(如鸟群、蝙蝠、蜜蜂和蚂蚁等)的社会行为模式[11]。Mirjalili 等基于狼群的等级阶层和狩猎策略提出的灰狼优化(grey wolf optimization, GWO)算法[12]，因高效性和鲁棒性已被广泛工程应用。以上这些启发式算法可以有效解决高度非线性、离散、非凸的优化问题，但在处理 EBOPs 时由于搜索的随机性，需要更多的真实函数评估[13]。

为了在贵重黑箱问题优化过程中控制 NFE，许多基于代理模型辅助的全局优化算法[14-15]被提出。Gutmann[16]利用 RBF 构造代理模型，并评估了该代理模型的"崎岖性"，通过选择具有最小代理模型预测"崎岖度"的新位置来更新样本集。Regis 和 Shoemaker[17]针对全局 EBOPs 提出准多起点响应面(a QUAsi-multistart response surface, AQUARS)框架，不仅可用于代理模型的当前局部最优区域，而且还搜索了很少探索的局部最优解邻域。此外，AQUARS 在求解分界线标定问题上，表现出优异的性能。Jie 等[18]设计了一种适用于无约束 EBOPs 且基于自适应代理模型的全局优化(adaptive metamodel-based global optimization, AMGO)算法。AMGO 算法采用 Kriging 和增强的 RBF 建模，并且随着迭代次数的增加动态选择其权重因子。通过在不同基准算例上进行测试，AMGO 展现了较高的精度和较低的计算成本。

当处理受约束的 EBOPs 时，现有技术面临一定的困难[19]。虽然研究人员已在元启发式算法的约束处理方面开展了很多工作[20]，但是庞大的 NFE 还是限制其在含约束的 EBOPs 上的应用。同时在处理无约束 EBOPs 方面，基于代理模型的优化算法具有良好的性能，但在含约束的问题上表现欠佳。基于此，Regis[21]开发了两种算法(COBRA 和扩展的 ConstrLMSRBF)用于求解含约束的 EBOPs。

这两种算法遵循两阶段架构，即第一个阶段保证算法快速找到可行的结果，第二个阶段使可行的结果接近真实的全局最优位置。同时，Cutbill 和 Wang[22]引入概率方法来减少黑箱优化问题的冗余约束，并定义了一系列规则来表达约束之间的关系，这些规则的准确性取决于特定区域的样本数量。

本章针对非线性约束的多峰 EBOPs 介绍了一种基于代理模型的聚类空间搜索全局优化(surrogate-based optimization with clustering-based space exploration, SOCE)算法。采用 Kriging 和 QRS 两种近似方法构建代理模型，其中 Kriging 可预测多个有价值的局部最优，而 QRS 可反映真实模型的总体趋势。根据两种代理模型的特性，分别在 Kriging 和 QRS 上使用两种不同的优化器捕获有价值的样本。一种优化器是受自然启发的灰狼优化算法，可以有效地找到 QRS 模型的全局最优值；另一种是多起点优化算法，可以从 Kriging 模型中找到几个不同的局部最优位置。在优化流程中，采用基于 K 均值聚类的空间探索策略，如果满足局部收敛准则，跳出局部最优区域，并探索稀疏采样区域。此外，提出了两种罚函数法以使该算法适用于约束优化。

5.1　SOCE 算法

5.1.1　SOCE 的代理建模与优化

在 SOCE 中，Kriging 与 QRS 分别被用来构建两个代理模型以预测真实函数。Kriging 是一种插值方法，通常会产生多个预测局部最优解，因此被广泛用来预测高度非线性问题。QRS 属于回归方法，可以反映目标函数的整体趋势，快速确定全局最优区域，适合解决多项式类问题。

SQP 是一种经典的局部优化算法，可以从设计空间的某个起点开始进行局部寻优。SQP 能够找到全局最优的概率取决于起始点的位置以及问题的复杂度。对于一个高度非线性的多峰问题，SQP 显然很难稳健地找到全局最优解。但是多起点 SQP(MSSQP)可以较好地解决这一问题，因为 MSSQP 可以在设计空间内产生多个分布广泛的起始点，并按顺序进行局部寻优。SOCE 采用 MSSQP 方法实现全局寻优，并包含两个阶段，即预处理与后处理阶段。在预处理阶段中，对称拉丁超立方采样(SLHS)被用于决定起始点的位置。SLHSM 可以产生随机且中心对称分布的起始点，一方面随着迭代的进行，起始点的随机分布确保了 MSSQP 找到全局最优的成功率；另一方面，较好的全局覆盖率提高了一次迭代获得全局最优解的概率。在后处理中，关键点在于如何选择具备多样性的训练样本，以避免围绕同一个局部解的过采样问题。为此，本章在这些预测局部最优解之间定义了一个可允许的最小距离标准：

$$\mathrm{Dis} = w \cdot \left\| \mathrm{Max(Range)} - \mathrm{Min(Range)} \right\| \tag{5.1}$$

式中，Range 为代表设计范围向量；w 为控制系数，其默认值为 0.005，w 影响距离指标的大小。

GWO 算法是近年提出的受自然启发的全局优化算法，根据狼群的阶级等级将狼群分为 alpha、beta、delta 和 omega 四类。GWO 算法可以模拟狼群的捕猎机制来探索全局最优解，包括围捕猎物、追踪和攻击。总的来说，GWO 算法适用于多峰优化问题，可以较好地探索 QRS 模型。但值得注意的是，随着迭代的增加，GWO 算法在 QRS 上可能产生重复的样本，因此 SOCE 建立了筛选机制，避免重复样本。此外，QRS 需要至少 $0.5n^2+1.5n+1$ 个样本来保证预测精度，这里 n 代表设计变量个数，式(5.2)描述了代理模型优化公式。

$$\begin{cases} \mathrm{MSSQP} \rightarrow \mathrm{Min}\ \hat{f}_{\mathrm{Krg}}(\boldsymbol{x}), & \mathrm{lb} \leqslant \boldsymbol{x} \leqslant \mathrm{ub} \\ \mathrm{GWO} \rightarrow \mathrm{Min}\ \hat{f}_{\mathrm{QRS}}(\boldsymbol{x}), & \mathrm{lb} \leqslant \boldsymbol{x} \leqslant \mathrm{ub} \end{cases} \tag{5.2}$$

式中，$\hat{f}_{\mathrm{Krg}}(\boldsymbol{x})$ 为目标函数的 Kriging 模型；$\hat{f}_{\mathrm{QRS}}(\boldsymbol{x})$ 为目标函数的 QRS 模型。

5.1.2　SOCE 的初始化与迭代过程

SOCE 的优化流程包括初始化和迭代循环，其中初始化主要用来定义基本参数，执行 DOE。利用 DOE 样本点及其函数值分别构建两个初始代理模型。此外，初始的贵重样本通过排序来获得当前最优值，为后续循环奠定基础。算法 5.1(a) 与算法 5.1(b)展示了优化过程的主要细节。

算法 5.1(a)　优化流程——初始化

---

(01) 开始

(02)　　初始化 Kriging 与 QRS 参数，设置种群数量以及灰狼优化最大迭代次数；

(03)　　执行初始 DOE 过程，计算贵重函数值，构建初始代理模型 Kriging 和 QRS；

(04)　　设置 Kriging 与 QRS 的结构体变量为全局变量以执行后续的优化；

(05)　　n ← 确定设计变量个数；

(06)　　Iteration ← 迭代次数计数；

(07)　　Current_NFE ← 统计当前的贵重函数计算次数；

(08)　　Y_best ← 排列初始响应值，并得到当前最优值；

(09)　　Range_new ← 构建设计范围；

(10) 结束

算法 5.1(b)　优化流程——循环

(01)　开始

(02)　　　while Y_best 没有达到目标值而且 Current_NFE<300

(03)　　　　　　M ← 执行 SLHS 来获得多个起始点；

(04)　　　　　　A ←在 M 处调用 SQP 优化器搜寻 Kriging 来获得多个局部最优解；

(05)　　　　　　S_Kriging ←从 A 中找到两个潜在局部最优解，并互相保持指定的
　　　　　　　　　距离，且同时不能过于靠近存在的样本，距离为：w||Max(Range_new)
　　　　　　　　　– Min(Range_new) ||；

(06)　　　　　　if　Current_NFE > 0.5n^2+1.5n+1

(07)　　　　　　　　S_QRS ←调用 GWO 搜寻 QRS 获取预测的全局最优解；

(08)　　　　　　end if

(09)　　　　　　S ←保证 S_Kriging 和 S_QRS 为非重复样本，并出入贵重样本集中；

(10)　　　　　　Y ← 计算贵重目标函数值；

(11)　　　　　　Local_error ←排列当前响应值 Y，并获得局部收敛残差；

(12)　　　　　　if　Local_error 满足局部收敛标准

(13)　　　　　　　　S_explore ← 调用算法 5.2 来获取稀疏采样区域的样本；

(14)　　　　　　　　Y_explore ← 对应地计算贵重响应值；

(15)　　　　　　end if

(16)　　　　　　if　Iteration>3

(17)　　　　　　　　if　REM (Iteration, 2) == 0

(18)　　　　　　　　　　Range_new ←原始的设计范围；

(19)　　　　　　　　else

(20)　　　　　　　　　　Range_new ←对于 Kriging 的探索范围，被缩小至前 50%最优
　　　　　　　　　　　　样本围成的范围(如果这个缩小的范围变为一个点或者一条
　　　　　　　　　　　　线，那么新范围被重新定义为整个设计范围)；

(21)　　　　　　　　end if

(22)　　　　　　end if

(23)　　　　　　更新并获得算法参数，以及更新 Kriging 和 QRS 模型；

(24)　　　　　　Y_best ←得到当前最优函数值；

(25)　　　end while

(26)　结束

在循环过程中，MSSQP 与 GWO 分别在 Kriging 与 QRS 模型上寻优。经过一系列的筛选，新的样本加入样本集中，如果算法满足局部收敛标准，SOCE 将转而探索全局空间。同时样本重新排序，代理模型以及设计空间依次更新，进入下一次迭代。

5.1.3　基于聚类的空间探索

如前所述，如果 SOCE 连续多次迭代落入同一局部区域，说明算法需要探索稀疏的采样区域。在当前的工作中，稀疏采样区域通过 K 均值聚类技术来定义。

首先，建立一个局部收敛标准。在每次迭代中，前 m 个最优样本被存储起来，并计算它们的均值。当迭代次数超过 3 次时，通过当前与最后的均值获取一个局部残差，如果残差等于 0，意味着当前迭代并没有更好的样本补充到前 m 个样本中。SOCE 允许这种情况发生，但是不能连续发生，如果连续出现 10 次以上，算法将会自动调用拉丁超立方采样来捕获新样本。当局部残差小于一个指定值时，基于聚类的探索将被激活。SOCE 算法中，最大误差值定义为 0.001。主要的步骤总结如下：

(1) 利用 K 均值聚类算法产生多个聚类中心。

(2) 计算每一维度的设计空间大小，设置一个百分比。围绕这些聚类中心，创造多个小的区域，具体的表达见算法 5.2(a)的第 14 行与第 15 行。

(3) 计算落入这些小区域内的样本数量。如果这些被统计的样本数量相对于总的样本量超过用户定义的百分比时，循环结束；否则 w 继续变大且循环继续。

(4) 利用 LHS 在整个设计空间中产生新的样本，并删除那些落入基于聚类空间中的样本。

(5) 最后计算贵重响应值，更新样本集。

算法 5.2(a)和算法 5.2(b)展示了具体的细节与步骤。

算法 5.2(a)　基于聚类的空间探索——搜索策略

---

(01) 开始

(02) 　　if　0 < Local_error < 0.001

(03) 　　　　S_explore_number ←定义用于探索的初始样本数量；

(04) 　　　　S_explore ←调用 LHS 获取探索样本；

(05) 　　　　S_number ←计算当前样本的数量；

(06) 　　　　w ←设置聚类尺寸的初始参数；

(07) 　　　　Center_number ←定义聚类数量；

(08) 　　　　Center ←利用 K 均值聚类算法获取聚类中心；

(09) 　　　　Ratio ←定义当前样本量 S_number 的百分比；

(10) 　　　　Sum_ratio ← 0；

(11) 　　　　dis_range ←设计范围长度向量；

(12) 　　　　while　Sum_ratio < Ratio

(13) 　　　　　　for 聚类中心 i

(14) 　　　　　Range_clusters (i) ←[Center (i)−w*dis_range; Center (i) + w*dis_range]确保 Range_clusters 在设计范围内；

---

(15)　　　　　　end for
(16)　　　　　　调用算法 5.2(b)标记位于 Range_clusters 的样本；
(17)　　　　　　Sum_in ←统计落入 Range_clusters 的样本数；
(18)　　　　　　Sum_ratio ← Sum_in/ S_number；
(19)　　　　　　w ← w+0.025；
(20)　　　　　end while
(21)　　　　　调用算法 5.2(b)记录 S_explore 中落入 Range_clusters 的样本；
(22)　　　　　S_explore_save ←保存 S_explore 中在 Range_clusters 外的样本；
(23)　　　　　确保 S_explore_save 与已知样本 S 保持指定的距离；
(24)　　　　　Y_explore_save ←计算 S_explore_save 的响应值；
(25)　　　　　[S, Y]←更新贵重样本集；
(26)　　　else if　Local_error == −1
(27)　　　　　Range_promising ←利用前 50%的样本构造一个缩减区域；
(28)　　　　　S_explore ←调用 LHS 获取 3n+2 样本；
(29)　　　　　Y_explore ←计算 S_explore 的响应值；
(30)　　　　　[S, Y]←更新贵重样本集；
(31)　　　　　end if
(32)　　　end if
(33) 结束

　　　算法 5.2(b)是算法 5.2(a)的子算法，描述了如何标记落入某一具体区域的样本。算法 5.2(b)会返回一个逻辑值来确认样本是否在区域内。具体如下：

算法 5.2(b)　检测样本是否在聚类区域内

(01) 开始
(02)　　　S_Number ←输入样本量；
(03)　　　Range_clusters　←输入指定的范围；
(04)　　　S_test ←创建一个长度为 S_Number 的 0 向量；
(05)　　　for　聚类范围 k
(06)　　　　for　已知样本 i
(07)　　　　　if　S_test (i)== 0
(08)　　　　　　IN ←检测 S (i)是否在 Range_clusters(k)内；
(09)　　　　　　if　IN == 1
(10)　　　　　　　S_test (i) ← 1；
(11)　　　　　　end if
(12)　　　　　end if
(13)　　　　end for

(14)	end for
(15)	return S_test
(16)	结束

　　图 5.1 展示了 6 组不同参数产生的结果，进一步地说明了算法的执行过程。根据前文可知，虚线框(└┘)的数量反映了算法 5.2(a)中的迭代数。图 5.1(a)与图 5.1(b)只有一个聚类中心且参数比例(Ratio)分别是 0.7 和 0.9。可以看出，Ratio 越大，则最终的区域越大，迭代的数量也将增加。一个聚类中心不能较好地描述样本分布，图 5.1(c)与图 5.1(d)可以较好地覆盖聚类样本而且新的样本可以更好地填充稀疏采样区域，图 5.1(e)与图 5.1(f)的表现也是如此。如图 5.1 所示，聚类中心数量与 Ratio 影响了探索过程。直观地来说，更多的聚类中心可以使该算法更加精确，如果聚类中心数量太少，该算法难以精确地探索稀疏采样区域，如图 5.1(a)与图 5.1(b)所示，但是太多的聚类中心数量将产生过多迭代次数，增加计算代价。

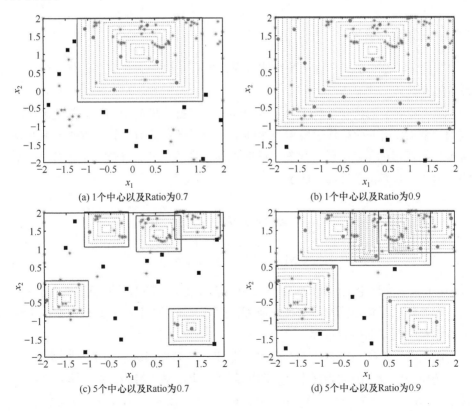

(a) 1个中心以及Ratio为0.7

(b) 1个中心以及Ratio为0.9

(c) 5个中心以及Ratio为0.7

(d) 5个中心以及Ratio为0.9

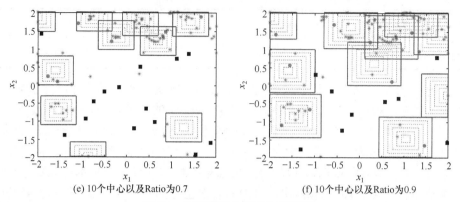

(e) 10个中心以及Ratio为0.7　　　　　　　(f) 10个中心以及Ratio为0.9

图 5.1　基于聚类的稀疏空间探索

＊ 表示初始样本；● 表示删除样本；■ 表示补充样本；▭ 表示最终的聚类区域边界；⬚ 表示区域动态更新过程

5.2　SOCE 优化流程

5.2.1　整体优化流程

5.1 节介绍了 SOCE 算法的具体过程，本节介绍 SOCE 算法的优化流程，如图 5.2 所示。

SOCE 算法的优化流程主要包含两部分：挖掘代理模型和探索稀疏区域。一方面，SOCE 借助两种代理模型快速确定一个局部最优值；另一方面 SOCE 基于聚类空间探索的策略，跳出局部最优区域并在稀疏区域采样进行优化搜寻。本章中，SOCE 的终止条件如下所示：

$$
\begin{cases}
\dfrac{\left| y_{\text{optimal}} - y_{\text{best}} \right|}{\left| y_{\text{optimal}} \right|} \leqslant 1\% \ \text{或}\ \text{NFE} > 300, & y_{\text{optimal}} \neq 0 \\
y < 0.001 \ \text{或}\ \text{NFE} > 300, & y_{\text{optimal}} = 0
\end{cases}
\tag{5.3}
$$

式中，y_{optimal} 为理论全局最优值；y_{best} 为当前最优值；NFE 为目标函数计算次数。

为了更加清楚地描述算法优化流程，图 5.3 与图 5.4 展示了 SOCE 在多种非线性多峰问题上的搜索过程。

由图 5.3 可知，Shubert 是一种高度非线性的多峰函数。为了增加搜寻难度，本章选择一组较差的初始样本点，即偏离真实全局最优解附近的样本点。选取的样本点为[−2, −0.857]、[2, −0.286]、[0.286, 0.286]、[0.857, −1.429]、[1.429, 1.429]、[−0.857, −2]、[−1.429, 0.857]、[−0.286, 2]，这些较差的样本大大增加了代理模型

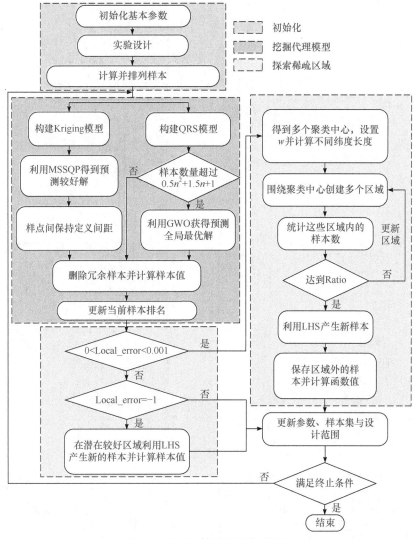

图 5.2　SOCE 算法的优化流程图

初始的建模难度，只能依靠算法本身的自适应机制跳出局部最优解并继续寻找全局最优解。图 5.3(a)展示了 Shubert 函数的外形，图 5.3(b)给出了初始 DOE 样本。图 5.3(c)～图 5.3(f)描述了动态更新过程，由于初始样本难以提供一个精确的代理模型，第一次搜寻聚焦在远离真实全局最优解的区域。由图 5.3(e)可知，当算法陷入局部最优区域后，新产生的样本借助基于聚类的空间探索机制落入了较少的探索区域。因此，在全局最优解附近区域的代理建模精度得到提高，最终共用 89 个样本找到真实全局最优解。

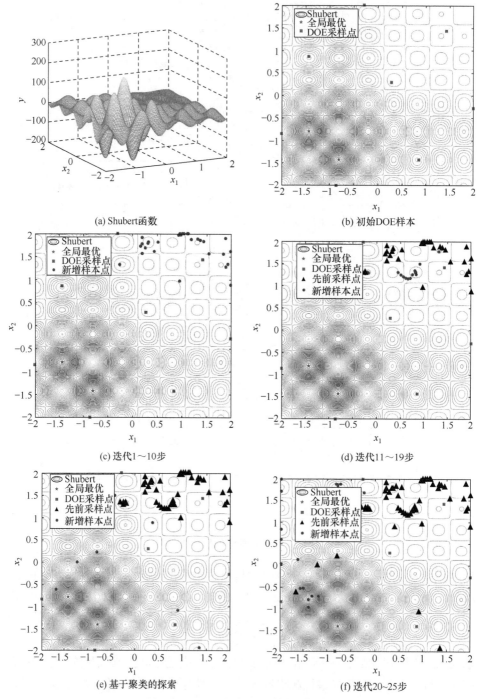

(a) Shubert函数

(b) 初始DOE样本

(c) 迭代1~10步

(d) 迭代11~19步

(e) 基于聚类的探索

(f) 迭代20~25步

图 5.3　SOCE 对 Shubert 算例的优化

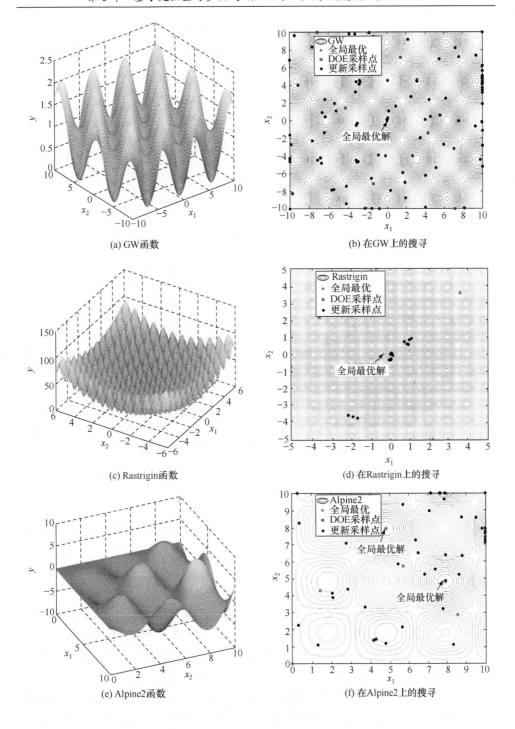

(a) GW 函数

(b) 在 GW 上的搜寻

(c) Rastrigin 函数

(d) 在 Rastrigin 上的搜寻

(e) Alpine2 函数

(f) 在 Alpine2 上的搜寻

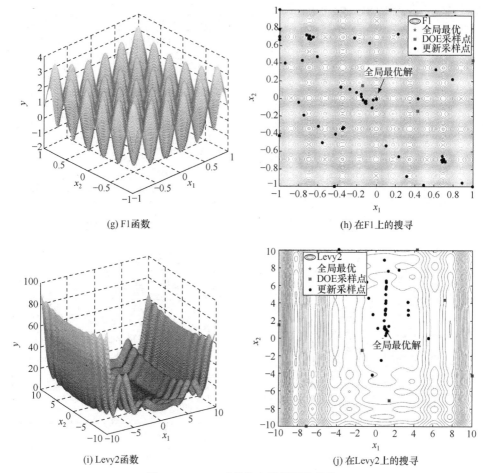

(g) F1函数　　　　　　　　　　(h) 在F1上的搜寻

(i) Levy2函数　　　　　　　　　　(j) 在Levy2上的搜寻

图 5.4　SOCE 对其他多峰算例的优化

由 SOCE 在一些经典的非线性多峰问题上的优化搜寻过程(图 5.4)可以看出，SOCE 具有较强的全局搜寻能力。

5.2.2　SOCE 的参数分析

SOCE 的主要参数包括聚类中心数量(number of clustering centers, NCC)、Ratio、起始点数量(number of starting points, NSP)以及来自多起点优化的最大可允许的补充数量(max allowable number of supplementary, MANS)。由于这些参数会对 SOCE 产生影响，本节将对这些参数进行灵敏度分析。

本章利用具有代表性的多峰函数 Shubert 进行测试，该函数的全局最优值为 −186.7309。为了避免 DOE 带来的随机性，使用图 5.3 中的 DOE 样本作为初始样本点。由于 8 个样本点构成的初始代理模型具有较差的精度，SOCE 很容易陷入局部最优值–10.9786 的邻域内，这将激活聚类全局探索机制，对这些参数进行灵敏度分析。考虑到 SOCE 固有的随机性，每个测试重复 10 次。NCC 和 Ratio 的灵敏度分析测试在 Case 1～Case 12 上进行，表 5.1 列出了统计结果。其中，带有"＞"符号的结果表示至少有一次无法在 300 次 NFE 内找到目标值，此外，括号中的数字反映了失败次数。表 5.1 中 Case 4、Case 8 和 Case 12 说明较大的 Ratio 总是产生较差的结果，Case 4 无法在 300 次 NFE 内找到满意解，Case 9～Case 12 中 NCC 等于 10，具有更小的 NFE。更进一步，随着 NCC 增大，失败次数显著减少。总的来说，Ratio 值在 0.6～0.8 可以使 SOCE 更高效。此外，一个较大的 NCC 可以使探索策略更加精确，但是循环数量增大。因此，NCC 和 Ratio 的推荐参数分别为[5,10]和[0.6,0.8]。

表 5.1　SOCE 在算例 Shubert 上的参数(NCC 和 Ratio)分析

编号	参数		测试结果			
	NCC	Ratio	最小 NFE	平均 NFE	最大 NFE	最优值
Case1	1	0.6	74	>159.9	>300(1)	[−186.710, −123.580]
Case2	1	0.7	50	>117.9	>300(1)	[−186.730, −123.580]
Case3	1	0.8	50	124.9	274	[−186.730, −185.610]
Case4	1	0.9	82	>176.1	>300(2)	[−186.720, −79.330]
Case5	5	0.6	100	143.2	217	[−186.640, −185.100]
Case6	5	0.7	87	146.5	214	[−186.720, −185.070]
Case7	5	0.8	94	146.4	263	[−186.730, −185.030]
Case8	5	0.9	109	>184.4	>300(1)	[−186.730, −79.330]
Case9	10	0.6	54	121.7	197	[−186.720, −185.080]
Case10	10	0.7	75	140.8	219	[−186.720, −185.480]
Case11	10	0.8	77	127.6	171	[−186.720, −185.450]
Case12	10	0.9	80	148.0	275	[−186.660, −185.120]

　　对于参数 NSP，本章测试了 7 种情况，并将统计结果列在表 5.2 中。在这组测试中，NCC 为 10，Ratio 为 0.6。显然，所有的算例都能够在 300 次 NFE 内找到满意解。平均 NFE 随着 NSP 增大逐渐减小，但减小的幅度不明显，同时计算时间受 NSP 的影响显著，这是因为一个较大的 NSP 值增加了 SQP 优化循环的次数。因此，最终 NSP 的推荐范围为[30,50]。

　　MANS 是一个影响 SOCE 并行性的主要参数，如果 MANS 较大，每次迭代过程中补充样本点的数量可能增加。表 5.3 展示了 MANS 的分析结果，这组测试中 NCC、Ratio、NSP 分别为 10、0.6 和 30。如表 5.3 所示，当 MANS 由 2 变为

7 时，平均 NFE 显著增加。同时，可以看出 MANS 增大迭代次数减小，即平均的迭代次数与 MANS 负相关。在并行计算环境中，用户可以适当地增大 MANS 来提高 SOCE 的并行性。总的来说，MANS 的推荐参数为[2, 4]。

表 5.2　　SOCE 在算例 Shubert 上的参数(NSP)分析

编号	NSP	测试结果				
		最小 NFE	平均 NFE	最大 NFE	最优值	计算时间/s
Case1	5	67	149.2	227	[−186.73, −185.03]	23.11
Case2	10	78	138.4	192	[−186.72, −185.00]	20.33
Case3	20	81	140.2	199	[−186.69, −185.34]	25.77
Case4	30	63	125.2	174	[−186.67, −185.53]	27.83
Case5	40	58	135.7	213	[−186.69, −184.96]	36.07
Case6	50	67	130.4	244	[−186.73, −184.87]	41.57
Case7	60	48	128.3	243	[−186.71, −185.12]	49.94

表 5.3　　SOCE 在算例 Shubert 上的参数(MANS)分析

编号	MANS	测试结果				
		最小 NFE	平均 NFE	最大 NFE	最优值	迭代次数
Case1	2	64	130.2	183	[−186.72, −184.88]	36.9
Case2	3	85	144.8	248	[−186.73, −185.31]	31.9
Case3	4	88	149.8	309	[−186.67, −185.47]	28.5
Case4	5	121	185.7	323	[−186.72, −185.39]	31.4
Case5	6	106	184.0	319	[−186.62, −185.08]	27.6
Case6	7	121	183.8	248	[−186.67, −185.13]	27.3

　　为了校验这些推荐参数，本章用更具挑战性的算例 Griewank(GW)进行验证。GW 的设计范围是 $X_1 \in [-5, 15]$ 及 $X_2 \in [-15, 5]$。相似地，本章提供了 8 个较差的 DOE 样本[15, −6.429]、[3.571, 5]、[9.286, −12.143]、[0.714, −15]、[−5, −9.286]、[12.143, 2.143]、[−2.143, −0.714]、[6.429, −3.571]。这些样本有助于 SOCE 构建一个在全局最优解附近区域且预测精度较差的代理模型，并使 SOCE 容易陷入 7.40e−3 这个局部最优值附近。参数设置与表 5.1～表 5.3 相同，只是测试函数变为了 GW，具体的结果列在了表 5.4～表 5.6 中。由表 5.4 可知，Cases 1～Case 4 表现最差，而 Cases 10、Case 9 和 Case 5 可以用较少的 NFE 获得全局最优值。此外，在表 5.4 中的所有参数组合都位于推荐的参数范围内。

表 5.4　SOCE 在算例 GW 上的参数(NCC 和 Ratio)分析

编号	参数		测试结果			
	NCC	Ratio	最小 NFE	平均 NFE	最大 NFE	最优值
Case1	1	0.6	206	>285.5	>300(8)	[1.32e−5, 7.40e−3]
Case2	1	0.7	166	>286.6	>300(9)	[1.31e−4, 7.40e−3]
Case3	1	0.8	>300	>300.0	>300(10)	[7.40e−3, 7.40e−3]
Case4	1	0.9	>300	>300.0	>300(10)	[7.40e−3, 7.40e−3]
Case5	5	0.6	112	>216.2	>300(3)	[1.90e−6, 7.40e−3]
Case6	5	0.7	184	>275.4	>300(6)	[7.89e−6, 7.40e−3]
Case7	5	0.8	107	>260.5	>300(6)	[3.53e−5, 7.40e−3]
Case8	5	0.9	269	>296.9	>300(9)	[4.73e−5, 7.40e−3]
Case9	10	0.6	80	>203.9	>300(2)	[7.95e−6, 7.40e−3]
Case10	10	0.7	82	>152.7	>300(1)	[3.38e−5, 7.40e−3]
Case11	10	0.8	133	>235.4	>300(5)	[2.77e−6, 7.40e−3]
Case12	10	0.9	151	>257.8	>300(6)	[1.36e−5, 7.40e−3]

表 5.5　SOCE 在算例 GW 上的参数(NSP)分析

编号	NSP	测试结果				
		最小 NFE	平均 NFE	最大 NFE	最优值	计算时间/s
Case1	5	147	>225.8	>300(2)	[1.25e−5, 7.40e−3]	25.75
Case2	10	118	>192.2	>300(1)	[4.79e−5, 7.40e−3]	23.75
Case3	20	88	>183.0	>300(2)	[1.50e−5, 7.40e−3]	28.64
Case4	30	86	>179.8	>300(1)	[5.36e−6, 7.40e−3]	35.82
Case5	40	72	>224.5	>300(3)	[1.42e−6, 7.40e−3]	51.80
Case6	50	126	>221.2	>300(1)	[2.60e−6, 7.40e−3]	58.55
Case7	60	101	>245.9	>300(2)	[1.78e−6, 7.40e−3]	78.46

表 5.6　SOCE 在算例 GW 上的参数(MANS)分析

编号	MANS	测试结果				
		最小 NFE	平均 NFE	最大 NFE	最优值	迭代次数
Case1	2	91	212.3	370	[1.17e−6, 5.28e−4]	46.0
Case2	3	113	225.0	478	[6.54e−6, 9.43e−4]	41.3
Case3	4	124	258.3	435	[4.51e−6, 9.72e−4]	38.1

续表

编号	MANS	测试结果				
		最小 NFE	平均 NFE	最大 NFE	最优值	迭代次数
Case4	5	149	281.2	468	[2.26e−6, 6.96e−4]	36.9
Case5	6	147	311.1	579	[2.34e−6, 8.56e−4]	36.0
Case6	7	166	293.7	620	[1.51e−5, 9.83e−4]	30.2

表 5.5 中，计算时间从 Case 1～Case 7 逐渐增加。此外，表 5.6 中的结果显示，Case 1 和 Case 2 表现最突出。表 5.5 和表 5.6 展示出与表 5.2 和表 5.3 相似的规律，较大的 NSP 会导致较长的计算时间以及较大的 MANS 可能使函数计算次数大量增加。总之，在 Shubert 与 GW 上的两组参数分析得到了相似的结论，且这些推荐参数范围可以使 SOCE 更有效。在后续的对比实验中，SOCE 的 4 个参数 NCC、Ratio、NSP 和 MANS 分别为 10、0.6、30 和 2。

5.3　基准算例测试

5.3.1　对比实验

考虑到 SOCE 是多点采样的全局优化算法，因此，选择多代理高效全局优化 (multi-surrogate efficient global optimization, MSEGO) 算法作为初步对比的算法。与 SOCE 相似，MSEGO 也可以在每次循环中采集多个样本点，本章 MSEGO 的数据主要来自 Long 等[23]。SOCE 经过 10 次运行的结果统计列在表 5.7 与表 5.8 中。相比之下，对于 SE、Peaks、SC、BR、Rast、GN 和 HN，SOCE 有着较大的优势。对于 SE、Peaks、SC 和 BR，SOCE 可以在 40 次函数计算内快速接近全局最优解，但是 MSEGO 需要超过 100 次的函数计算。此外，SOCE 可以在 Rast、GN 和 HN 上用更少的函数计算次数获得相近或更好的结果。虽然 SOCE 与 MSEGO 都可以在 GP 上找到接近 3 的最优值，但是 MSEGO 需要的 NFE 更少一些。整体来看，SOCE 更为高效且稳健。

表 5.7　SOCE 与 MSEGO 获得的最优值

函数	SOCE		MSEGO	
	范围	中值	范围	中值
SE	[−1.456, −1.448]	−1.456	[−1.456, −1.454]	−1.456

续表

函数	SOCE		MSEGO	
	范围	中值	范围	中值
Peaks	[−6.551, −6.494]	−6.544	[−6.498, −5.979]	−6.498
SC	[−1.032, −1.030]	−1.032	[−1.024, −0.987]	−1.024
BR	[0.398, 0.399]	0.399	[0.398, 0.431]	0.398
Rast(F1)	[−2.000, −1.980]	−1.994	[−1.874, −1.636]	−1.874
GF	[0.003, 0.009]	0.007	[0.001, 0.035]	0.001
GP	[3.000, 3.029]	3.008	[3.002, 3.014]	3.002
GN	[3.33e−15, 4.81e−3]	7.33e−4	[0.176, 0.627]	0.177
HN(HN6)	[−3.317, −3.290]	−3.306	[−3.208, −3.052]	−3.145

表 5.8　SOCE 与 MSEGO 所用的 NFE

函数	SOCE		MSEGO	
	范围	均值	范围	均值
SE	[29, 55]	33.4	[70, 123]	109.6
Peaks	[29, 46]	37.3	[129, 132]	130.4
SC	[26, 47]	34.9	[130, 132]	131.2
BR	[22, 29]	25.9	[36, 132]	112.6
Rast(F1)	[29, 242]	108.5	[131, 132]	131.4
GF	[47, 162]	113.5	[132, 132]	132.0
GP	[68, 239]	145.9	[101, 132]	120.4
GN	[11, 130]	95.7	[132, 132]	132.0
HN(HN6)	[55, 149]	89.1	[176, 176]	176.0

　　为了进一步验证算法的高效性与稳健性,采用 15 个具有代表性的测试问题作为对比算例,其中包含 12 个低维问题和 3 个高维问题,算例细节见表 5.9。此外为了获取统计结果,在每个问题上进行了 10 次独立测试。对比算法包括 EGO 算法、HAM 算法及基于 Kriging 的多起点(Kriging-based multi-start, KMS)算法。此外,KMS 用到了与 SOCE 相同的多起点优化策略。

表 5.9   边界约束的标准算例

类别	函数	维数	设计范围	真实最优值
低维问题 (大部分为多峰问题，具有多个局部最优值)	Shubert	2	$[-2, 2]^2$	−186.731
	GW2	2	$[-10, 10]^2$	0.000
	SE	2	$[0, 5]^2$	−1.457
	Peaks	2	$[-3\ 3] \times [-4\ 4]$	−6.551
	Beale	2	$[-4.5, 4.5]^2$	0.000
	Alpine	2	$[0, 10]^2$	−6.130
	F1	2	$[-1, 1]^2$	−2.000
	Rast	2	$[-5.12, 5.12]^2$	0.000
	Levy	2	$[-10, 10]^2$	0.000
	Zakh	2	$[-5, 10]^2$	0.000
	Shekel10	4	$[0, 10]^4$	−10.536
	HN6	6	$[0, 1]^6$	−3.322
高维问题($n = 10 \sim 16$)	GW10	10	$[-600,600]^{10}$	0.000
	Sphere	15	$[-5.12, 5.12]^{15}$	0.000
	F16	16	$[-1, 1]^{16}$	25.875

表 5.10 记录了 SOCE、EGO、HAM 和 KMS 4 种算法在 300 次函数计算内获得的最优值。表 5.11 记录了 4 种算法所用的 NFE。

表 5.10   SOCE、KMS、EGO 和 HAM 计算结果统计

函数	SOCE			KMS			EGO			HAM		
	最优值	中值	最差值	最优值	中值	最差值	最优值	中值	最差值	最优值	中值	最差值
Shubert	−186.7	−186.0	−185.3	−186.2	−101.4	−39.5	−186.6	−186.1	−184.9	−186.7	−119.8	−39.5
GW2	2.9e−6	2.1e−4	8.3e−4	7.40e−3	8.6e−3	1.9e−2	1.0e−6	5.7e−4	3.5e−3	2.3e−6	7.4e−3	9.9e−3
SE	−1.456	−1.456	−1.448	−1.457	−1.454	2.866	−1.457	−1.455	−1.451	−1.457	−1.453	−1.447
Peaks	−6.551	−6.544	−6.494	−6.550	−6.524	−6.492	−6.551	−6.549	−6.511	−6.551	−6.542	−3.050
Beale	4.19e−5	3.15e−4	8.37e−4	1.18e−4	7.09e−4	9.51e−4	2.35e−3	2.12e−2	8.27e−2	3.37e−7	2.54e−4	2.87e−3
Alpine	−6.127	−6.115	−6.084	−6.123	−6.080	−2.854	−6.129	−6.116	−6.089	−6.126	−6.121	−2.854
F1	−2.000	−1.994	−1.980	−1.997	−1.879	−0.660	−2.000	−1.997	−1.985	−2.000	−1.991	−1.879
Rast	4.26e−14	1.78e−4	8.79e−4	1.40e−12	0.995	3.980	2.02e−3	1.00e−4	7.92e−2	1.40e−5	1.05e−4	8.84e−4
Levy	9.83e−6	3.10e−4	6.85e−4	1.07e−5	3.90e−4	9.20e−4	5.13e−5	4.48e−4	1.23e−3	6.03e−7	5.33e−5	9.29e−4
Zakh	7.58e−6	2.72e−4	8.47e−4	2.32e−5	5.04e−4	2.80e−3	6.31e−6	7.68e−4	7.71e−3	3.31e−6	7.51e−5	2.35e−4
Shekel	−10.523	−10.486	−2.871	−10.507	−9.998	−5.126	−10.523	−10.169	−5.029	−10.517	−9.753	−2.427
HN6	−3.317	−3.306	−3.290	−3.312	−3.308	−3.291	−3.318	−3.298	−3.201	−3.316	−3.2945	−3.159
GW10	1.18e−2	3.28e−2	9.75e−2	0.912	1.093	1.367	13.968	28.083	56.223	9.88e−3	2.39e−2	0.585
Sphere	2.09e−10	2.33e−8	5.74e−5	1.29e−3	3.06e−3	7.00e−3	0.180	0.562	0.863	5.31e−4	3.24e−3	0.154
F16	26.073	26.109	26.130	26.096	26.122	26.876	26.356	26.668	27.270	26.061	26.129	26.323

表 5.11　SOCE、KMS、EGO 和 HAM 所用的 NFE

函数	SOCE			KMS			EGO			HAM		
	最小值	最大值	均值	最小值	最人值	均值	最小值	最人值	均值	最小值	最大值	均值
Shubert	14	138	68	14	>300(8)	>243.7	29	111	71	34	>300(5)	>208.7
GW2	32	273	140.3	>300	>300(10)	>300	24	>300(3)	>157.3	58	>300(7)	>244
SE	29	55	33.4	20	>300(1)	>57.4	30	123	54.2	21	73	41.5
Peaks	29	46	37.3	17	92	39.8	21	45	34	21	>300(1)	>67
Beale	58	249	151.9	80	237	156.1	>300	>300(10)	>300	114	>300(1)	>185.2
Alpine	23	68	38.4	23	>300(4)	>176.5	15	43	23.8	21	>300(1)	>75.4
F1	29	242	108.5	56	>300(7)	>235.5	39	105.1	155	30	>300(1)	>93.7
Rast	10	64	25.6	11	>300(7)	>214.9	>300	>300(10)	>300	46	171	102.4
Levy	16	74	38.6	19	71	41.2	18	>300(1)	>103.1	37	76	50.9
Zakh	63	231	134.8	54	>300(1)	>198	28	>300(4)	>157.5	42	63	48.2
Shekel	107	>300(2)	>166.1	245	>300(9)	>294.5	240	>300(5)	>282.5	108	>300(8)	>263.3
HN6	55	149	89.1	70	112	87.3	37	>300(3)	>123.4	68	>300(3)	>151.1
GW10	>300	>300(10)	>300	>300	>300(10)	>300	>300	>300(10)	>300	>300	>300(10)	>300
Sphere	138	141	138.6	>300	>300(10)	>300	>300	>300(10)	>300	261	>300(5)	>286.5
F16	111	265	176.8	114	>300(1)	>182.4	>300	>300(10)	>300	187	>300(4)	>252.8

从测试结果可以看出，SOCE 大多数情况下可以找到更好的解，且使用的函数计算次数也更少，同时 SOCE 失败次数明显少于其他算法。由于 GW10 是一个高维多峰问题，SOCE 很难在 300 次函数计算内找到小于 0.001 的最优解，但是能够得到相对满意的结果。KMS 可以在一些具有较少局部最优解的问题上表现良好，如 SE、Peaks、Beale、Levy 和 HN6，但是在更复杂的问题上经常失败。除了 Rast、GW2 和 Beale 以外，EGO 在大部分的低维问题上表现良好，但是在高维问题上的表现非常差。虽然混合代理模型技术提高了 HAM 的稳健性，但由于 HAM 未能提供一个探索稀疏采样区域的策略，容易错过全局最优解。如表 5.10 与表 5.11 所示，HAM 虽然在多峰问题上有时只能找到一个局部最优解，但在大部分算例上的表现比较稳健。

4 种算法的 NFE 平均值被列在直方图 5.5 中，不同算法的表现被量化为排名 (Rank)1、2、3、4。值得注意的是，4 种算法在 GW10 上有相同的 NFE 均值，因此将它们所获得的最优值的中值作为对比参考。SOCE、KMS、EGO 和 HAM 4 种算法在 GW10 上的中值分别为 3.28e-2、1.093、28.083 和 2.39e-2。总的来说，在多峰问题上，SOCE 的搜寻能力更强，稳健性更高。

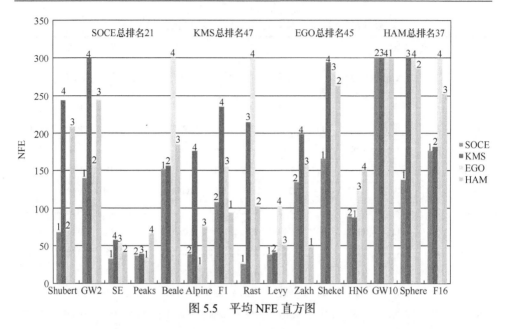

图 5.5　平均 NFE 直方图

虽然大量的文献显示，Kriging 类的优化方法很难在高维问题上表现良好，本章仍然将 SOCE 用在 50 维的 Rosenbrock 问题上进行测试。此处，最大的 NFE 为 1500，如前所述，QRS 在样本数量大于 $1326(0.5n^2+1.5n+1)$ 时开始工作，图 5.6 展示了具体的迭代结果。

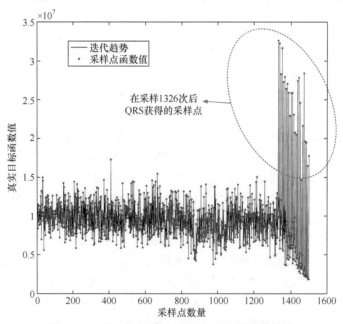

图 5.6　SOCE 在 50 维 Rosenbrock 上的迭代结果

从图 5.6 可以看到，SOCE 在 1326 次函数计算之前，其最优值变化幅度非常小，介于 2.5e6 和 2e7 之间。这说明 Kriging 在高维问题上，已无法有效地指导 SOCE 搜寻设计空间。Kriging 与 QRS 的结合，使得 SOCE 在 1400 次 NFE 后目标函数值仍趋于下降。但是经过 1500 次 NFE 后，最优值 1.81e6 仍然与真实最优值 0 差距很大。本质原因是，这两种代理模型在 50 维的问题上，精确度已经不再满足要求。由此可以看出，SOCE 并不适用于 50 维及以上的问题，因此它的可适用范围推荐为 20 维以下。

5.3.2　不等式约束算例对比测试

根据图 5.2 的优化流程，本章采用一种罚函数策略使 SOCE 能够处理具有贵重不等式约束的问题，该策略包括如下两种罚函数：

$$F = Y_{\text{obj}} + 10^{10} \cdot \sum_{i=1}^{m} \text{Max}\left(Z_i, 0\right) \quad i = 1, 2, \cdots, m \tag{5.4}$$

$$F = \begin{cases} Y_{\text{obj}}, & Z_i \leqslant 0 \quad i = 1, 2, \cdots, m \\ Y_{\text{obj}} + 10^{10}, & Z_i > 0, \quad i = 1, 2, \cdots, m \end{cases} \tag{5.5}$$

式中，Y_{obj} 为真实的目标值；Z_i 为第 i 个约束值。

如前所述，SOCE 需要排列样本得到局部收敛标准以及更新缩减空间。因此式(5.4)被用于真实响应值的排序，以及在多起点优化过程中筛选潜在最优解。另外，式(5.5)可用于获得满足优化终止时的当前最优值。对于非线性约束的贵重优化问题，SOCE 对目标与约束分别构建代理模型。式(5.6)与式(5.7)描述了基于代理模型的寻优方式。

$$\text{GWO} \rightarrow \text{Minimize } \hat{f}_{\text{QRS}}(\boldsymbol{x}) + 10^{10} \cdot \sum_{i=1}^{m} \text{Max}\left[\hat{g}_{\text{Krg}}^{i}(\boldsymbol{x}), 0\right] \tag{5.6}$$

$$\begin{cases} \text{MSSQP} \rightarrow \text{Minimize } \hat{f}_{\text{Krg}}(x) \\ \text{s.t.} \quad \hat{g}_{\text{Krg}}^{1}(\boldsymbol{x}) \leqslant 0 \\ \qquad \hat{g}_{\text{Krg}}^{2}(\boldsymbol{x}) \leqslant 0 \\ \qquad \vdots \\ \qquad \hat{g}_{\text{Krg}}^{m}(\boldsymbol{x}) \leqslant 0, \quad i = 1, 2, \cdots, m \end{cases} \tag{5.7}$$

式中，$\hat{g}_{\text{Krg}}^{i}(\boldsymbol{x})$ 为第 i 个约束的 Kriging 模型；$\hat{f}_{\text{QRS}}(\boldsymbol{x})$ 和 $\hat{f}_{\text{Krg}}(x)$ 分别为目标函数的 QRS 与 Kriging 模型。

优化问题有时包含多个约束,如果使用所有样本构建多个代理模型来近似约束会比较耗时,因此在算法 5.1(b)中,当 REM(Iteration,2) ≠ 0 时,前 50%的样本用来构建代理模型。在本章的测试算例中,用 5 个复杂的非线性约束数学算例(G6、G7、G8、G9 和 G10),以及 2 个标准工程算例[焊接梁设计(WBD)、WB4 与减速箱设计(SRD)、SR7]来验证 SOCE 的优化性能,具体信息见表 5.12。此外,作为对比,KMS、EGO 和 HAM 利用式(5.4)处理这些带约束的标准算例。图 5.7 给出了 SOCE 在这些问题上的代表性结果,可以看到,SOCE 可以快速地将搜索引导至约束边界附近,并找到可行解。此外,SOCE 可以在 G6、G8、WB4 和 SR7 上用更少的函数计算次数得到更精确的结果。对于高维算例 G7、G9 和 G10,SOCE 可以找到目标值,但是需要较多的计算次数。

表 5.12   非线性约束的标准算例

类别		变量数	约束个数	已知最优值	目标值
数学算例	G6	2	2	−6961.8139	−6800
	G7	10	8	24.3062	25
	G8	2	2	−0.0958	−0.09
	G9	7	4	680.6301	1000
	G10	8	6	7049.3307	8000
工程算例	WB4	4	7	1.7250	2.5
	SR7	7	11	2994.42	2995

表 5.13 与表 5.14 分别给出不同方法获得的最优值与使用 NFE 的统计结果。显然 SOCE 在 G6、G8、WB4 和 SR7 上有较好的表现。对于 G9 和 G10,SOCE 在 300 次 NFE 内仅有两次未达到目标值,但仍然得到可接受的结果 1012.288 与 8260.758。此外,可以看到 SOCE 大部分情况下不能在 G7 上找到目标值,但是所获得的最优值范围[24.644, 28.571]是可接受的。对于 G8 和 G9,HAM、EGO 和 KMS 有时可以在 300 次 NFE 内接近目标值,但是在 G7 与 G10 上难以接近目标值。特别是在 G10 上,HAM、EGO 和 KMS 几乎在 300 次 NFE 内找不到可行解。虽然 KMS 和 HAM 在 G6 上总是失败,但它们几乎已经接近目标值。HAM、EGO 和 KMS 在 WB4 和 SR7 上有可接受的结果,但是很少在最大 NFE 内完成任务。经过以上的对比测试,可以发现 SOCE 对于带有非线性约束的贵重黑箱优化问题,是一个有效且稳健的方法。

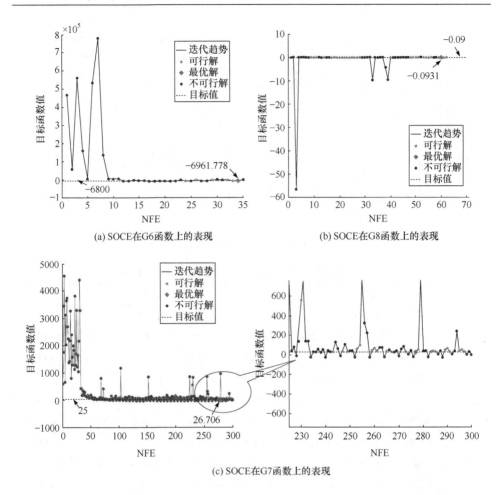

(a) SOCE在G6函数上的表现

(b) SOCE在G8函数上的表现

(c) SOCE在G7函数上的表现

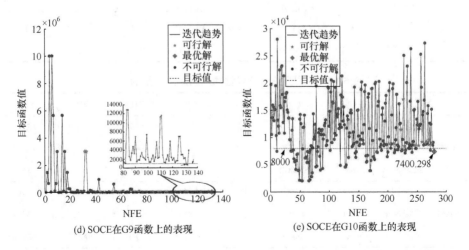

(d) SOCE在G9函数上的表现

(e) SOCE在G10函数上的表现

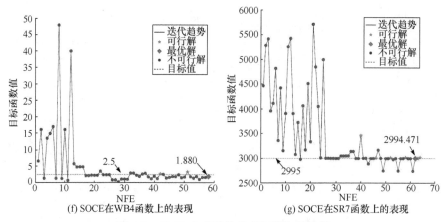

(f) SOCE在WB4函数上的表现　　　　　　(g) SOCE在SR7函数上的表现

图 5.7　SOCE 在非线性约束问题上的结果

表 5.13　不同方法在非线性约束问题上的计算结果统计

	类别	G6	G7	G8	G9	G10	WB4	SR7
SOCE	最优值	−6961.813	24.644	−0.0958	772.220	7109.074	1.726	2994.471
	中值	−6953.338	26.208	−0.0937	927.255	7767.577	2.205	2994.471
	最差值	−6872.775	28.571	−0.0902	1012.288	8260.758	2.349	2994.657
HAM	最优值	−6339.926	602.933	−0.0950	966.166	1.28e11	2.934	3124.147
	中值	−3338.948	1.54e10	−0.0940	1294.343	2.21e11	3.191	3222.033
	最差值	−1356.719	4.13e10	−0.0912	1740.238	3.71e11	8.272	3401.861
KMS	最优值	−6073.916	169.209	−0.0943	825.588	1.65e11	2.314	3041.883
	中值	−1500.888	398.865	−0.0738	1403.688	2.66e11	5.097	3112.072
	最差值	1.15e10	2088.117	−0.0579	3083.203	3.87e11	1.45e9	3191.210
EGO	最优值	1.36e9	385.207	−0.091	763.358	6.30e10	2.654	3051.468
	中值	1.16e10	622.641	−0.057	1033.078	1.88e11	5.142	3070.588
	最差值	3.52e10	1178.897	−0.015	1295.343	2.58e11	7.511	3151.450

表 5.14　不同方法在非线性约束问题上所用的 NFE

	类别	G6	G7	G8	G9	G10	WB4	SR7
SOCE	最小 NFE	20	117	35	79	156	34	39
	平均 NFE	43.9	>266.4	57	>170.7	>241.2	57.3	62.9
	最大 NFE	65	>300(8)	114	>300(1)	>300(1)	100	85
HAM	最小 NFE	>300	>300	69	295	>300	>300	>300
	平均 NFE	>300	>300	115.8	>299.5	>300	>300	>300
	最大 NFE	>300(10)	>300(10)	192	>300(9)	>300(10)	>300(10)	>300(10)

类别		G6	G7	G8	G9	G10	WB4	SR7
	最小 NFE	>300	>300	16	71	>300	17	>300
KMS	平均 NFE	>300	>300	>271.6	>218.3	>300	>271.7	>300
	最大 NFE	>300(10)	>300(10)	>300(9)	>300(6)	>300(10)	>300(9)	>300(10)
	最小 NFE	>300	>300	10	29	>300	>300	>300
EGO	平均 NFE	>300	>300	>243.6	>207.9	>300	>300	>300
	最大 NFE	>300(10)	>300(10)	>300(8)	>300(6)	>300(10)	>300(10)	>300(10)

5.4　本 章 小 结

本章介绍了一种基于代理模型的全局优化算法 SOCE，该算法可以求解有无约束的多峰贵重黑箱优化问题。SOCE 构建了 Kriging 和 QRS 两个代理模型。Kriging 可以生成多个预测最优位置，因此使用多起点优化算法找到它们，并补充至样本。为了确保补充样本的多样性，MSSQP 定义了一个允许距离以消除冗余样本。QRS 模型可以预测真实函数的总体趋势，因此利用全局优化算法 GWO 获取 QRS 的全局最优值。当优化过程陷入局部最优状态时，将激活基于聚类的空间探索策略，以使搜索的重心转向未探索的区域。该策略包括四个步骤：①生成多个聚类中心；②在这些中心周围创建子区域；③计算这些子区域中的样本并更新区域，直到达到定义的比率；④生成新样本并排除位于区域外的样本。本章提供了具体的伪代码，并借助图形示例展示 SOCE 在多峰贵重黑箱优化问题上的求解能力。通过 15 个基准算例进行 10 次独立测试，验证了 SOCE 的稳健性。此外，将 SOCE 与其他三种基于代理模型的全局优化算法 EGO、HAM 和 KMS 进行了对比。结果显示，SOCE 在求解多峰 EBOPs 上具有强大的能力。最后，提出了一种罚函数策略以使 SOCE 适用于约束优化。

参 考 文 献

[1] ZENG F, XIE H, LIU Q, et al. Design and optimization of a new composite bumper beam in high-speed frontal crashes[J]. Structural and Multidisciplinary Optimization, 2016, 53(1): 115-122.

[2] DESHMUKH A P, ALLISON J T. Multidisciplinary dynamic optimization of horizontal axis wind turbine design[J]. Structural and Multidisciplinary Optimization, 2016, 53(1): 15-27.

[3] YIN H, FANG H, WEN G, et al. An adaptive RBF-based multi-objective optimization method for crashworthiness design of functionally graded multi-cell tube[J]. Structural and Multidisciplinary Optimization, 2016, 53(1): 129-144.

[4] TOROPOV V V, FILATOV A A, POLYNKIN A A. Multiparameter structural optimization using FEM and multipoint explicit approximations[J]. Structural Optimization, 1993, 6(1): 7-14.

[5] ALEXANDROV N M, DENNIS J E, LEWIS R M, et al. A trust-region framework for managing the use of approximation models in optimization[J]. Structural Optimization, 1998, 15(1): 16-23.

[6] LEIFSSON L, KOZIEL S. Surrogate modelling and optimization using shape-preserving response prediction: A review[J]. Engineering Optimization, 2016, 48(3): 476-496.

[7] YANG X S. Harmony search as a metaheuristic algorithm[M]//Music-Inspired Harmony Search Algorithm. Berlin, Heidelberg: Springer, 2009: 1-14.

[8] YANG X S. A new metaheuristic bat-inspired algorithm[M]//Nature Inspired Cooperative Strategies for Optimization (NICSO 2010). Berlin, Heidelberg: Springer, 2010: 65-74.

[9] SADOLLAH A, ESKANDAR H, KIM J H, et al. Water cycle algorithm for solving constrained multi-objective optimization problems[J]. Applied Soft Computing, 2015, 19(9): 2587-2603.

[10] BEASLEY J E, CHU P C. A genetic algorithm for the set covering problem[J]. European Journal of Operational Research, 1996, 94(2): 392-404

[11] SHI Y, EBERHART R C. Parameter selection in particle swarm optimization[C]. 7th International conference on evolutionary programming, Berlin, Heidelberg, 1998: 591-600.

[12] MIRJALILI S, MIRJALILI S M, LEWIS A. Grey wolf optimizer[J]. Advances in Engineering Software, 2014, 69: 46-61.

[13] WEISE T, WU Y, CHIONG R, et al. Global versus local search: the impact of population sizes on evolutionary algorithm performance[J]. Journal of Global Optimization, 2016, 66(3) : 1-24.

[14] ZADEH P M, TOROPOV V V, WOOD A S. Metamodel-based collaborative optimization framework[J]. Structural Multidisciplinary Optimization, 2009, 38(2): 103-115.

[15] HAFTKA R T, VILLANUEVA D, CHAUDHURI A. Parallel surrogate-assisted global optimization with expensive functions-a survey[J]. Structural and Multidisciplinary Optimization, 2016, 54(1): 3-13.

[16] GUTMANN H M. A radial basis function method for global optimization[J]. Journal of Global Optimization, 2001, 19(3): 201-227.

[17] REGIS R G, SHOEMAKER C A. A quasi-multistart framework for global optimization of expensive functions using response surface models[J]. Journal of Global Optimization, 2013, 56(4): 1719-1753.

[18] JIE H, WU Y, DING J. An adaptive metamodel-based global optimization algorithm for black-box type problems[J]. Engineering Optimization, 2015, 47(11): 1459-1480.

[19] ZHOU Y, HAFTKA R T, CHENG G. Balancing diversity and performance in global optimization[J]. Structural and Multidisciplinary Optimization, 2016, 54(4): 1093-1105.

[20] COELLO C A C. Theoretical and numerical constraint-handling techniques used with evolutionary algorithms: a survey of the state of the art[J]. Computer Methods in Applied Mechanics Engineering, 2002, 191(11): 1245-1287.

[21] REGIS G R. Constrained optimization by radial basis function interpolation for high-dimensional expensive black-box problems with infeasible initial points[J]. Engineering Optimization, 2014, 46(2): 218-243.

[22] CUTBILL A, WANG G G. Mining constraint relationships and redundancies with association analysis for optimization problem formulation[J]. Engineering Optimization, 2016, 48(1): 115-134.

[23] LONG T, WU D, GUO X, et al. Efficient adaptive response surface method using intelligent space exploration strategy[J]. Structural and Multidisciplinary Optimization, 2015, 51(6): 1335-1362.

第6章 基于径向基函数与克里金的混合代理模型全局优化方法

贵重黑箱问题(EBOPs)在现代工程设计中很普遍[1]。传统的优化技术，如群智能和进化算法[2-3]需要大量的函数评估，很难获得 EBOPs 的全局最优值。因此，基于代理的全局优化(surrogate-based global optimization, SBGO)[4-5]在基于仿真的工业设计中发挥着重要作用。

许多研究人员专注于 SBGO 算法及其应用的开发[6-11]。Ong 等[12]提出了一种将代理模型与进化算法结合的混合方法，以解决 EBOPs 的全局优化问题。利用置信区间框架构建局部代理模型，避免了构建精确全局近似模型时的基本困难，而且保留了进化计算的并行性。Wild 等[13]提出了一种无导数优化算法 ORBIT，采用 RBF 和置信域框架解决无约束的 EBOPs。ORBIT 在分界线校准和生物修复计划这两个工程应用上进行了测试，最终结果表明 ORBIT 可以使用较少的函数评估完成优化。Park 等[14]将广义回归神经网络与粒子群优化(PSO)算法结合，提出了新的基于代理辅助的全局优化(MUGPSO)算法。与原始的 PSO 相比，MUGPSO 在解的质量和计算效率上均有所提高。Li 等[15]提出了一种基于 Kriging 约束的全局优化(KCGO)算法，可以解决贵重的非线性约束问题。KCGO 包括两个阶段，第一阶段"如何找到可行解"和第二阶段"如何找到更好的解"。即使初始样本为不可行解，KCGO 仍可以找到全局最优值。

近年来，研究人员逐渐关注基于混合代理的优化方法。Zhou 等[16]将不同的独立代理模型合并成一个集成模型以提高预测精度，提出了一个递归过程来获取每个独立代理模型的更新权重，对五个数值案例的测试结果表明，集成模型所需的采样成本更低。Gu 等[17]开发了一种混合自适应代理模型方法(HAM)，分别使用 PR、Kriging 和 RBF 估计目标函数。根据预测结果，HAM 创建了七个候选集以补充样本点。通过对 HAM 进行数值算例验证及车辆的耐撞性仿真，表明了 HAM 在计算效率和鲁棒性方面的卓越性能。Viana 等[18]提出了多代理 EGO(multi-surrogate EGO, MSEGO)算法，该算法提高了 EGO 的并行性。MSEGO 可以基于代理模型的预测值在每个优化周期中添加几个新的样本点，从而大大减少收敛所需的迭代次数。

为了解决无约束的 EBOPs，本章针对边界约束的贵重黑箱优化问题提出了一种基于空间缩减的混合代理模型的全局优化(hybrid surrogate-based optimization using space reduction, HSOSR)算法。HSOSR 使用拉丁超立方采样，并依据 Kriging 和径向基函数的混合空间缩减法降低大规模多峰问题的搜索难度，随后对混合代理模型中的预测值进行排序。Kriging 和 RBF 模型分别从样本的排序中获得了更好的区域，并在该区域创建了子空间。混合代理模型总是产生多个预测最优解，因此使用一种多起点优化算法交替捕获两个子空间中的补充样本。此外，新添加的样本还需满足定义的距离标准，以保证种群的多样性。当算法在计算过程中陷入局部最优时，可通过多起点优化策略探索稀疏采样区域。

6.1　HSOSR 算法

6.1.1　径向基函数代理模型

RBF 代理模型由 Hardy[19]开发，Dyn 等[20]修改。RBF 由多个基函数组成，也可以理解为单层神经网络。RBF 的一般表达式总结如下：

$$\hat{f}(\boldsymbol{x}) = \boldsymbol{w}^{\mathrm{T}}\boldsymbol{\psi} = \sum_{i=1}^{m} w_i \psi\left(\left\| \boldsymbol{x} - \boldsymbol{c}^{(i)} \right\|\right) \tag{6.1}$$

式中，$\boldsymbol{w}$ 为权重向量；$\boldsymbol{x}$ 为待测位置；$\boldsymbol{c}^{(i)}$ 为中心向量；m 为输入样本的数量；$\psi(\bullet)$ 为具有多种形式的基函数，见式(6.2)。

$$\begin{cases} \psi(r) = r(线性函数形式) \\ \psi(r) = r^3(立方函数形式) \\ \psi(r) = r^2 \ln r(薄板样条函数形式) \end{cases} \tag{6.2}$$

式中，r 为输入向量 $\boldsymbol{x}$ 与中心向量 $\boldsymbol{c}$ 之间的欧几里得距离。本章利用三次基函数构造 RBF 模型。

6.1.2　HSOSR 构建过程

本节将详细介绍所提出的优化算法 HSOSR。HSOSR 与传统的基于混合代理模型(或基于元模型)方法不同，后者通常将所有代理模型的结果与权重相融合，或者构建一个集成模型以结合所有代理模型的优点，而 HSOSR 分别使用 Kriging 和 RBF 构造相同的贵重黑箱目标函数的代理模型，并分别预测更好的设计区域，创建两个有潜在较优解的设计子空间用于优化探索，具体说明如下。

1) 空间缩减

对于非线性多峰问题，空间缩减技术可以使优化搜索集中于潜在的最优区域，并避免在非重要区域产生不必要的计算成本。首先生成大量样本以建立

Kriging 模型和 RBF 模型。根据预测结果，HSOSR 分别从 Kriging 和 RBF 中选择了前 M 个样本点，根据这些采样点确定了两个有价值的区域：一个来自 Kriging，另一个来自 RBF。

$$
\begin{cases}
S_{\text{krg}}^{\text{top}M} \Leftarrow
\begin{bmatrix}
S_{\text{krg}1}^{\text{Rank}1} & S_{\text{krg}2}^{\text{Rank}1} & \cdots & S_{\text{krg}d}^{\text{Rank}1} & Y_{\text{krg}}^{\text{Rank}1} \\
S_{\text{krg}1}^{\text{Rank}2} & S_{\text{krg}2}^{\text{Rank}2} & \cdots & S_{\text{krg}d}^{\text{Rank}2} & Y_{\text{krg}}^{\text{Rank}2} \\
\vdots & \vdots & & \vdots & \vdots \\
S_{\text{krg}1}^{\text{Rank}M} & S_{\text{krg}2}^{\text{Rank}M} & \cdots & S_{\text{krg}d}^{\text{Rank}M} & Y_{\text{krg}}^{\text{Rank}M}
\end{bmatrix} \\[2em]
S_{\text{rbf}}^{\text{top}M} \Leftarrow
\begin{bmatrix}
S_{\text{rbf}1}^{\text{Rank}1} & S_{\text{rbf}2}^{\text{Rank}1} & \cdots & S_{\text{rbf}d}^{\text{Rank}1} & Y_{\text{rbf}}^{\text{Rank}1} \\
S_{\text{rbf}1}^{\text{Rank}2} & S_{\text{rbf}2}^{\text{Rank}2} & \cdots & S_{\text{rbf}d}^{\text{Rank}2} & Y_{\text{rbf}}^{\text{Rank}2} \\
\vdots & \vdots & & \vdots & \vdots \\
S_{\text{rbf}1}^{\text{Rank}M} & S_{\text{rbf}2}^{\text{Rank}M} & \cdots & S_{\text{rbf}d}^{\text{Rank}M} & Y_{\text{rbf}}^{\text{Rank}M}
\end{bmatrix} \\[2em]
\begin{cases}
\text{Lb}_{\text{krg}i} = \min[S_{\text{krg}i}^{\text{Rank}1}, S_{\text{krg}i}^{\text{Rank}2}, \cdots, S_{\text{krg}i}^{\text{Rank}M}]^{\text{T}} \\
\text{Ub}_{\text{krg}i} = \max[S_{\text{krg}i}^{\text{Rank}1}, S_{\text{krg}i}^{\text{Rank}2}, \cdots, S_{\text{krg}i}^{\text{Rank}M}]^{\text{T}} \\
\text{Range\_Krging}_i = [\text{Lb}_{\text{krg}i}, \text{Ub}_{\text{krg}i}]^{\text{T}} \\
\quad i = 1, 2, \cdots, d
\end{cases} \\[2em]
\begin{cases}
\text{Lb}_{\text{rbf}i} = \min[S_{\text{rbf}i}^{\text{Rank}1}, S_{\text{rbf}i}^{\text{Rank}2}, \cdots, S_{\text{rbf}i}^{\text{Rank}M}]^{\text{T}} \\
\text{Lb}_{\text{rbf}i} = \max[S_{\text{rbf}i}^{\text{Rank}1}, S_{\text{rbf}i}^{\text{Rank}2}, \cdots, S_{\text{rbf}i}^{\text{Rank}M}]^{\text{T}} \\
\text{Range\_RBF}_i = [\text{Lb}_{\text{rbf}i}, \text{Ub}_{\text{rbf}i}]^{\text{T}} \\
\quad i = 1, 2, \cdots, d
\end{cases}
\end{cases}
\tag{6.3}
$$

式中，Range_Kriging 和 Range_RBF 为有潜在较优解的区域；$S_{\text{krg}}^{\text{top}M}$ 和 $S_{\text{rbf}}^{\text{top}M}$ 分别为来自 Kriging 和 RBF 的排名最高的 M 个样本，M 为样本的数量；d 为问题维度；$Y_{\text{krg}}^{\text{Rank}i}$ 和 $Y_{\text{rbf}}^{\text{Rank}i}$ 为代理模型的预测值；Lb_i 和 Ub_i 分别为上、下限。基于 Range_Kriging 和 Range_RBF，定义了两个子空间 Range_union 和 Range_intersection。详细的伪代码如算法 6.1 所示。

算法 6.1(a)　创造潜在最优范围——Range_union

---

(01) 开始

(02) 　　Sp ←进行拉丁超立方采样(LHS)以获取多个起点；

(03) 　　Yrbf ←在这些起点 Sp 上评估 RBF 值；

(04) 　　Ykrg ← 在这些起点 Sp 上评估 Kriging 值；

(05)　　　Goodpoints_r ←排序 RBF 值 Yrbf 并找到相应的点；

(06)　　　Goodpoints_k ←排序 Kriging 值 Ykrg 并找到相应的点；

(07)　　　Num_rank1 ←定义所选最优点的数量；

(08)　　　Range_r, Range_k ←分别通过最高的 Num_rank1 最优点来定义有价值的范围；

(09)　　　for i ← 1 到 D(维数)

(10)　　　　Range_union_lb(i) ←在第 i 个维度上从 Range_r 和 Range_k 获取最小边界；

(11)　　　　Range_union_ub(i) ←在第 i 个维度上从 Range_r 和 Range_k 获取最大边界；

(12)　　　end for

(13)　　　Range_union ←获取范围[Range_union_lb; Range_union_ub]；

(14) 结束

算法 6.1(b)　创造潜在最优范围——Range_intersection

---

(01) 开始

(02)　　　Goodpoints_r ←排序 RBF 值 Yrbf 并找到相应的点；

(03)　　　Goodpoints_k ←排序 Kriging 值 Ykrg 并找到相应的点；

(04)　　　Num_rank2 ←定义所选优点的数量；

(05)　　　Goodpoints_r_inter ← Goodpoints_r(1: Num_rank2, :)；

(06)　　　Goodpoints_k_inter ← Goodpoints_k(1: Num_rank2, :)；

(07)　　　for i ← 1 到 Num_rank2

(08)　　　　for j ← 1 到 Num_rank2

(09)　　　　　Error ←得到|Goodpoints_r_inter(i, :)-Goodpoints_k_inter(j, :)|的错误；

(10)　　　　　　if　Error 足够小

(11)　　　　　　　记录 i 和 j；

(12)　　　　　　end if

(13)　　　　end for

(14)　　　end for

(15)　　　Points_intersection ←选择在 Kriging 和 RBF 上均具有良好性能的点；

(16)　　　for i ←1 到 D

(17)　　　　　Range_intersection_lb(i) ← Min(Points_intersection(:, i))；

(18)　　　　　Range_intersection_ub(i) ← Max(Points_intersection(:, i))；

(19)　　　end for

(20)   Range_intersection ←获取范围[Range_intersection_lb; Range_intersection_ub]
       第 i 个维数;

(21) 结束

直观地说，Range_union 是 Range_Kriging 和 Range_RBF 的并集，而 Range_intersection 是 Range_Kriging 和 Range_RBF 的交集。Range_union 和 Range_intersection 都包含来自 Kriging 和 RBF 的更好区域，从而降低了错过全局最优值的风险。在算法 6.1(b)中，获得 Kriging 和 RBF 的 Num_rank2 个最优点之后，Goodpoints_r_inter 和 Goodpoints_k_inter 中的相同点将记录在 Points_intersection 中。这些点可能聚集在一个较小的区域中，或者可能分布在几个局部的最优区域中。最后，创建包围 Points_intersection 的子空间。图 6.1 和图 6.2 显示了如何创建子空间，分别涉及 Griewank(GW)和 Ackley 函数的两种情况。直观地说，GW 和 Ackley 都有很多局部最小区域，但是 Ackley 具有梯度下降的趋势。GW 在整个空间中有多个相似的区域，因此来自 Kriging 和 RBF 的前 M 个样本分散在不同的局部最优区域中。从图 6.1(b)可以看出，Range_Kriging 和 Range_RBF 分别包围了几个有价值的局部区域。此外，Range_intersection 集中于两个替代项的共同较好区域。从图 6.1(d)可以看到，Range_intersection 包含了全局最小值和另外三个局部最小值，Range_union 覆盖了 Kriging 和 RBF 预测的所有潜在较好区域。由于 Ackley 的特性，来自两个代理的前 M 个样本位于真实全局最优值附近的集中区域。因此，Range_intersection 标识了一个精确的缩小空间，该空间包围了全局最优解。总之，Range_union 可以包含更多局部最优区域，以避免错过全局最优解，Range_intersection 可以专注于 Kriging 和 RBF 联合的最优区域，以加速收敛。在测试中，LHS 生成的廉价样本点总数为 1000，Num_rank1=100 以及 Num_rank2=50。值得注意的是，随着迭代的进行，两个子空间被交替地用于优化搜索。

2) Kriging 与 RBF 的多起点优化

如图 6.1 和图 6.2 所示，Kriging 和 RBF 的代理模型总是产生多个近似局部最优值，尤其对于高度非线性的多峰问题。这些局部最优值中的一部分在局部或全局最优解附近，而另一部分则不在。与传统的全局优化算法(如遗传算法或粒子群优化算法)相比，多起点优化可以更轻松地从代理模型中捕获多个局部最优值。一方面，在每个循环中补充多个采样点可以改善算法的并行性。另一方面，多起点优化可以增加得到全局最优值的可能性。

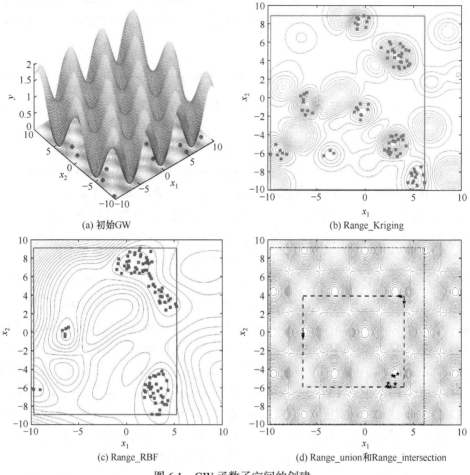

(a) 初始GW

(b) Range_Kriging

(c) Range_RBF

(d) Range_union和Range_intersection

图 6.1　GW 函数子空间的创建

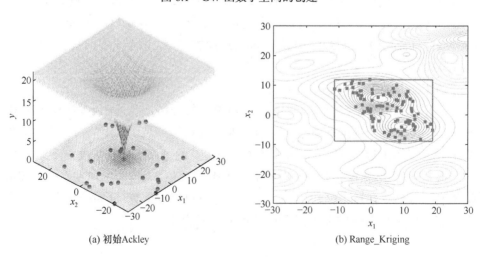

(a) 初始Ackley

(b) Range_Kriging

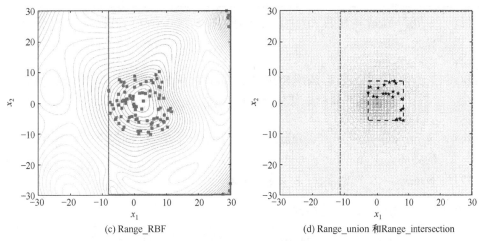

(c) Range_RBF (d) Range_union 和Range_intersection

图 6.2 Ackley 函数子空间的创建

在每次迭代中，HSOSR 都使用拉丁超立方采样(LHS)生成几个起点，且使用局部优化器 SQP 进行优化搜索。考虑到样本多样性的需求，定义了两个不同的距离来交替选择新样本。分别在 Kriging 模型和 RBF 模型的子空间中进行多起点优化探索，然后将所有要补充的样本收集到数据库中以供进一步选择。HSOSR 保证了最终的补充样本之间具有一定的距离，一旦算法陷入局部最优区域，提出的策略则开始探索稀疏采样区域。具体伪代码在算法 6.2 中列出。

算法 6.2(a)　探索代理模型

---

(01) 开始

(02)　　if 其余的(iteration/3)==0

(03)　　　　dis ← Δ_1 *sqrt(range_legnth(1)^2+range_legnth(2)^2). 这里, range_length 表示设计范围(1e–3)的长度向量;

(04)　　else

(05)　　　　dis ← Δ_2 *sqrt(range_legnth(1)^2+range_legnth(2)^2)

(06)　　end if

(07)　　Gn ← 如果 D(维数)小于 7，则数字为 5D，否则为 2D;

(08)　　M ← 调用拉丁超立方采样以获得定义的子空间中的 Gn 起点;

(09)　　for i=1: Gn

(10)　　　　S_rbf ← 调用 SQP 在 RBF 的第 i 个起点 M(i)上执行优化搜索。将获得的局部最优解保存在定义的子空间中;

(11)　　end for

---

(12)　　S_rbf_select ←从 S_rbf 中选择更好的样本，并确保所选样本点之间的距离大于 dis；

(13)　　for i=1: Gn

(14)　　　　S_Kriging ←调用 SQP 在 Kriging 的第 i 个起点 M(i)上执行优化搜索，将获得的局部最优解保存在定义的子空间中；

(15)　　end for

(16)　　S_krg_select ←从 S_Kriging 中选择更好的样本，并确保所选样本点之间的距离等于 dis；

(17)　　S_new ←[S_rbf_select; S_krg_select]；

算法 6.2(b)　　稀疏采样区的探索

---

(01)　　if　 S_new 为空或连续 10 次迭代当前最优值没有明显变化

(02)　　　　w ←产生 0 到 1 之间的随机值；

(03)　　　　lbmse ← (range_lb+range_ub)/2−w(range_ub−(range_lb+range_ub)/2)；

(04)　　　　ubmse ←(range_lb+range_ub)/2+w(range_ub−(range_lb+range_ub)/2)；

(05)　　　　range_mse ← [lbmse;ubmse]；

(06)　　　　M_mse ←调用拉丁超立方采样以获得定义的 range_mse 中的 Gn 起点；

(07)　　　　for i=1: Gn

(08)　　　　　　S_mse ←调用 SQP 以在 Kriging 的 MSE 函数的第 i 个起点 M_mse(i)处执行优化搜索，将具有局部最大 MSE 值的样本保存在 range_mse 中；

(09)　　　　　　end for

(10)　　　　S_new ← [S_new; S_mse]；

(11)　　end if

(12)　　S_new_checked ←检查 S_new 中的重复点并将其删除；

在算法 6.2(a)中，距离 dis 使样本具有多样性。当 iteration 为 3 的倍数时，dis 的系数为 $\varDelta_1$；否则，系数定义为 $\varDelta_2$。在随后的测试中，$\varDelta_1$ 为 1e–3 而 $\varDelta_2$ 为 1e–6。在循环中，不同大小的 dis 影响从预测集 S_rbf 以及 S_Kriging 中选择样本。dis 越大，选择将越严格。最终，将从 Kriging 和 RBF 中选择有价值的样本并收集到样本集 S_new 中。

当 dis 变大时多起点优化可能很难从 Kriging 和 RBF 中找到令人满意的解，这使得 S_new 为空；或者，算法可能会卡在局部最优区域附近，并且当前的最优解无法在多次迭代中得到改善。一旦发生上述情况，将激活算法 6.2(b)来探索稀疏采样区域。如图 6.3 所示, 由于 Kriging 的 MSE 在稀疏区域具有最大值, 因此提出的多起点优化方法可用于获取稀疏区域的更新样本。图 6.4 为通过最大化 MSE 求得的样本, 显示了稀疏区域捕获的新样本。

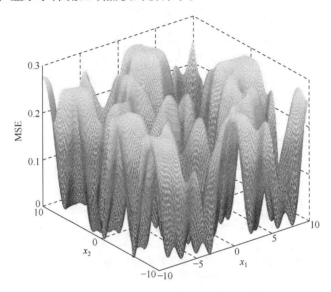

图 6.3 Kriging 的 MSE

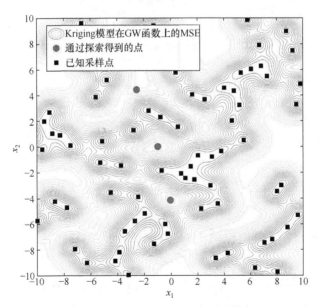

图 6.4 通过最大化 MSE 求得的样本

3) 整体优化流程

HSOSR 优化流程如图 6.5 所示，其中"利用"和"探索"相互影响，同时共同寻找全局最优值，终止标准用于以下比较测试：

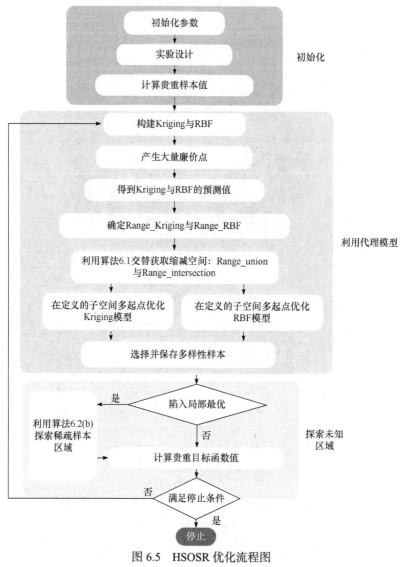

图 6.5　HSOSR 优化流程图

$$\begin{cases} \dfrac{\left| y_{\text{optimal}} - y_{\text{best}} \right|}{\left| y_{\text{optimal}} \right|} \leqslant 1\% \text{ 或 NFE} > 300, \quad y_{\text{optimal}} \neq 0 \text{ 且 } \dim < 8 \\[4mm] \dfrac{\left| y_{\text{optimal}} - y_{\text{best}} \right|}{\left| y_{\text{optimal}} \right|} \leqslant 1\% \text{ 或 NFE} > 500, \quad y_{\text{optimal}} \neq 0 \text{ 且 } \dim \geqslant 8 \end{cases}$$

$$\begin{cases} y_{\text{best}} < 0.001 \ \text{或} \ \text{NFE} > 300, & y_{\text{optimal}} == 0 \ \text{且} \ \text{dim} < 8 \\ y_{\text{best}} < 0.001 \ \text{或} \ \text{NFE} > 500, & y_{\text{optimal}} == 0 \ \text{且} \ \text{dim} \geqslant 8 \end{cases} \tag{6.4}$$

式中，y_{best} 为当前最优值；y_{optimal} 为真正最优值；NFE 为函数计算次数；dim 为问题维度。

6.2　对　比　实　验

为了验证算法的效率和鲁棒性，本章给出了 15 个代表性基准算例用于比较测试，其中有 10 个低维问题(Ackley、GW、Peaks、ST、Alpine、F1、Him、GF、Levy、HN6)和 5 个高维问题(Schw3、Trid10、Sums、Sphere、F16)。值得注意的是，大多数基准算例是高度非线性问题。

本章采用了五种算法与 HSOSR 进行对比，分别为 EGO、CAND、HAM、MKRG 和 MRBF。其中，EGO 是基于 Kriging 的全局优化算法，通过最大化 EI 函数来获得新样本。CAND 是 Regis 和 Shoemaker 提出的一种随机 RBF 算法[21]，使用 Müller 的代理工具箱实现。HAM 是一种基于混合元模型的方法，使用三个替代方法预测全局最优值，在大多数数学情况下具有出色的性能。MKRG 和 MRBF 与 HSOSR 的思路相同，但是 MKRG 和 MRBF 仅使用自身的预测信息(一个来自 Kriging，另一个来自 RBF)，并在全局设计空间中进行探索。图 6.6 显示了在 300 次 NFE 中，6 种算法在上述 15 种基准算例下的迭代结果。由于这些算例大多是多峰问题，算法很容易陷入局部最优解。如图 6.6(a)所示，其中 CAND、HSOSR 和 MRBF 更加接近真实目标，而 EGO、HAM 和 MKRG 则陷入了某些局部最优区域。从图 6.6(c)、图 6.6(e)、图 6.6(h)、图 6.6(j)可以看出，HAM 结果最差，并且不能在 300 次 NFE 中跳出局部区域。从图 6.6(a)、图 6.6(g)、图 6.6(i)、图 6.6(l)中可以发现，EGO 难以求解 Ackley、Him、Levy 和 Trid 的最优区域。此外，CAND 在高维问题(Schw3、Trid10、Sums、F16 和 Sphere)上的表现较差。虽然 MKRG 在一开始下降缓慢，如图 6.6(c)、图 6.6(i)、图 6.6(j)、图 6.6(l)、图 6.6(n)所示，但是最终可以接近目标值。HSOSR 和 MRBF 相对其他方法更为有效。在大多数情况下，HSOSR 和 MRBF 可以快速找到全局最优值。然而，与图 6.6(a)和图 6.6(b)中的 HSOSR 相比，MRBF 的收敛速度较慢。总而言之，图 6.6 是这 6 种算法迭代结果的初步比较。一方面，显示了这些不同算法的收敛能力。另一方面，证明了 HSOSR 在这些基准算例中比其他方法更为有效。

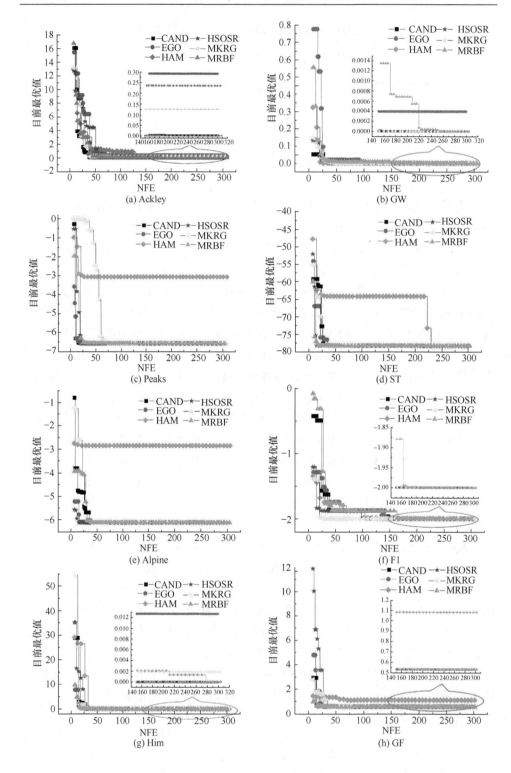

(a) Ackley

(b) GW

(c) Peaks

(d) ST

(e) Alpine

(f) F1

(g) Him

(h) GF

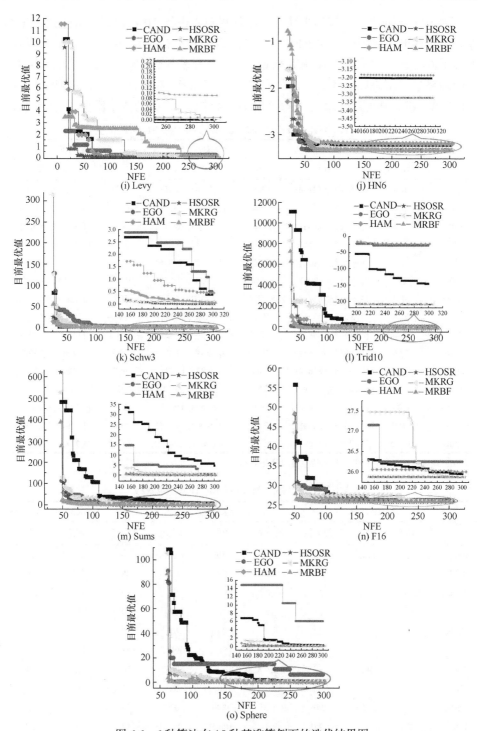

图 6.6　6 种算法在 15 种基准算例下的迭代结果图

因为这 6 种算法具有随机性，所以都将独立进行 10 次测试，并采用式(6.4)作为终止标准，式中的最大 NFE 取 300，结果见表 6.1～表 6.4。表 6.1 和表 6.3 列出了 6 种算法的平均 NFE 和最优值。表 6.2 和表 6.4 列出了 NFE 的统计结果。其中最终最优结果以黑体标记。带有符号">"的结果表示至少有一项测试无法在已定的 NFE 中找到目标值。表 6.2 和表 6.4 中，"( )"中的数字反映了失败次数。

表 6.1　HSOSR、MKRG 和 MRBF 的平均 NFE 和最优值

函数	HSOSR		MKRG		MRBF	
	NFE	最优值	NFE	最优值	NFE	最优值
Ackley	**139**	**[1.18e−4, 9.43e−4]**	>300	[0.067, 4.331]	>131	[3.91e−5, 2.580]
GW	**90**	**[1.37e−7, 5.57e−4]**	133.2	[9.42e−7, 4.45e−4]	149.4	[4.65e−5, 7.46e−4]
Peaks	**30.3**	**[−6.551, −6.491]**	36.2	[−6.548, −6.512]	85	[−6.547, −6.487]
ST	38.4	[−78.329, −77.599]	30.1	[−78.332, −77.679]	30.2	[−78.173, −77.585]
Alpine	**19.2**	**[−6.128, −6.074]**	35.4	[−6.129, −6.076]	40.3	[−6.119, −6.079]
F1	136.7	[−2.000, −1.993]	>161.5	[−2.000, −1.879]	>186.1	[−1.999, −1.879]
Him	**30.4**	**[5.96e−6, 7.02e−4]**	>142.6	[8.62e−7, 1.23e−2]	50.6	[5.02e−4, 9.13e−4]
GF	52.4	[0.524, 0.527]	30.4	[0.523, 0.528]	>148.4	[0.525, 0.678]
Levy	**190.6**	**[4.91e−4, 9.60e−4]**	>278.7	[3.95e−4, 1.951]	>230.6	[7.97e−4, 3.090]
HN6	**52.6**	**[−3.313, −3.291]**	103.8	[−3.315, −3.289]	92.5	[−3.306, −3.290]
Schw3	**299.8**	**[5.26e−4, 9.84e−4]**	>500	[0.075, 1.823]	>402	[7.67e−4, 2.83e−3]
Trid10	**169.9**	**[−208.785, 207.92]**	171.3	[−208.949,207.911]	292.6	[−208.336, −207.91]
Sums	**304.6**	**[5.61e−4, 9.96e−4]**	>500	[0.018, 0.059]	315	[5.18e−4, 9.91e−4]
F16	**69**	**[26.016, 26.133]**	174.6	[26.002, 26.128]	71.5	[25.927, 26.129]
Sphere	124.5	[5.32e−4, 9.41e−4]	>500	[8.08e−3, 5.84e−2]	**111.7**	**[5.70e−4, 9.42e−4]**

注：黑体为具有最小 NFE 平均值的结果。后表含义同。

表 6.2　HSOSR、MKRG 和 MRBF 的 NFE

函数	HSOSR			MKRG			MRBF		
	最小值	中值	最大值	最小值	中值	最大值	最小值	中值	最大值
Ackley	**88**	**113.5**	**245**	>300	>300	>300(10)	94	112.5	>300(1)
GW	**28**	**93**	**193**	62	150	205	38	162	243
Peaks	**16**	**24**	**59**	20	35	56	20	68	247
ST	16	33	86	16	28	52	12	28	68
Alpine	**10**	**20**	**22**	19	34	62	17	35	97
F1	92	131	223	98	159.5	>300(1)	53	196	>300(2)
Him	**27**	**30.5**	**36**	28	98.5	>300(2)	30	46.5	79
GF	27	54	82	16	30	53	25	119.5	>300(2)
Levy	**95**	**187.5**	**299**	203	>300	>300(7)	82	>300	>300(6)
HN6	**37**	**52**	**72**	60	106.5	129	42	75	211

续表

函数	HSOSR			MKRG			MRBF		
	最小值	中值	最大值	最小值	中值	最大值	最小值	中值	最大值
Schw3	**218**	**281**	**464**	>500	>500	>500(10)	283	422.5	>500(3)
Trid10	**115**	**163**	**237**	145	161	246	208	291	397
Sums	**242**	**311**	**336**	>500	>500	>500(10)	234	303.5	426
F16	**60**	**68**	**80**	113	164	299	61	70	85
Sphere	106	119.5	149	>500	>500	>500(10)	**101**	**112.5**	**132**

表 6.3　HAM、EGO 和 CAND 的平均 NFE 和最优值

函数	HAM		EGO		CAND	
	平均 NFE	最优值	平均 NFE	最优值	平均 NFE	最优值
Ackley	>300	[2.78e−3, 1.664]	>300	[0.037, 0.503]	>241.9	[7.49e−4, 2.24e−3]
GW	>164.8	[3.10e−5, 7.40e−3]	97.4	[1.42e−6, 7.73e−4]	>205.3	[1.57e−4, 7.40e−3]
Peaks	>113	[−6.551, −3.050]	31.5	[−6.551, −6.518]	35.3	[−6.550, −6.494]
ST	>71.3	[−78.325, −64.196]	33.5	[−78.332, −77.803]	**27.2**	**[−78.252, −77.555]**
Alpine	>53.6	[−6.128, −2.854]	23.5	[−6.126, −6.073]	26.8	[−6.124, −6.080]
F1	85.5	[−2.000, −1.983]	**73.7**	**[−2.000, −1.986]**	>226.3	[−1.999, −1.879]
Him	76.2	[7.70e−6, 7.99e−4]	>112.2	[1.78e−4, 7.39e−3]	82.8	[1.91e−5, 9.94e−4]
GF	>164.9	[0.524, 1.079]	>136.9	[0.523, 0.550]	**25.9**	**[0.523, 0.528]**
Levy	>263	[2.15e−4, 7.10e−2]	>300	[0.016, 0.413]	224.1	[3.55e−4, 9.92e−4]
HN6	>144.4	[−3.317, −3.176]	>82	[−3.310, −3.202]	>157.8	[−3.314, −3.137]
Schw3	>500	[0.144, 2.693]	>300	[0.422, 2.127]	>500	[0.036, 0.447]
Trid10	>500	[−161.737, 26.035]	>300	[−29.129, −18.946]	>493.9	[−207.901, 91.161]
Sums	>500	[1.45e−3, 3.191]	>300	[1.256, 6.426]	>500	[0.027, 0.347]
F16	>351.5	[26.109, 26.651]	>283.2	[25.994, 26.527]	205	[26.042, 26.129]
Sphere	>500	[5.80e−3, 0.414]	>300	[2.495, 9.393]	>500	[3.45e−3, 2.37e−2]

表 6.4　HAM、EGO 和 CAND 的 NFE

函数	HAM			EGO			CAND		
	最小值	中值	最大值	最小值	中值	最大值	最小值	中值	最大值
Ackley	>300	>300	>300(10)	>300	>300	>300(10)	94	>290.5	>300(5)
GW	27	112.5	>300(4)	32	100	137	117	199.5	>300(2)
Peaks	22	43.5	>300(2)	20	30	45	18	28	60
ST	21	39.5	>300(1)	13	30	83	17	29	38
Alpine	14	24	>300(1)	11	23	38	**17**	**19**	**49**
F1	27	66.5	205	**25**	**57.5**	**166**	90	234.5	>300(2)

续表

函数	HAM			EGO			CAND		
	最小值	中值	最大值	最小值	中值	最大值	最小值	中值	最大值
Him	44	65.5	185	30	32.5	>300(3)	52	79.5	129
GF	63	122	>300(3)	22	58	>300(3)	**17**	**24**	**40**
Levy	115	>300	>300(7)	>300	>300	>300(10)	157	223	278
HN6	48	88	>300(3)	38	46	>300(1)	52	79	>300(4)
Schw3	>500	>500	>500(10)	>300	>300	>300(10)	>500	>500	>500(10)
Trid10	>500	>500	>500(10)	>300	>300	>300(10)	439	>500	>500(9)
Sums	>500	>500	>500(10)	>300	>300	>300(10)	>500	>500	>500(10)
F16	160	343.5	>500(4)	192	>300	>300(8)	182	193	259
Sphere	>500	>500	>500(10)	>300	>300	>300(10)	>500	>500	>500(10)

从表 6.1～表 6.4 中可以发现，MKRG、MRBF、HAM、EGO 和 CAND 在低维多峰问题上失败多次。HAM 没有跳出局部区域的策略，因此在多峰问题上的表现最差。如前所述，Ackley 拥有许多局部最优解，在 300 次 NFE 中，MKRG、EGO 和 HAM 在 Ackley 上几乎找不到 0.001 以下的值。同样，MKRG、MRBF、EGO、HAM 也很难与 Levy 进行比较。

直观地讲，HSOSR 在低维问题上的性能最强，此外，HSOSR 可以使用较少的 NFE 来获得目标值。

对于高维测试，MKRG、HAM、EGO 和 CAND 很难在 Schw3、Trid10、Sums 和 Sphere 上表现良好。但是 MKRG、HAM 和 CAND 可以有效地获取 F16 上的目标值。HSOSR 和 MRBF 都可以很好地解决高维情况，但是在 Schw3 和 Trid10 上，HSOSR 使用的 NFE 比 MRBF 少。此外，HSOSR 仅使用约 69 次 NFE 就找到了 F16 的解。

表 6.5 为表 6.1～表 6.4 的总结，显示所有情况下总 NFE 的均值、失败次数、成功率以及计算效率(RICE)和成功率(RISR)的相对提高率。与其他五种算法相比，HSOSR 的 RICE 和 RISR 均表现最好。综上所述，HSOSR 对贵重黑箱问题具有较好的表现。

表 6.5　不同算法计算结果总结

算法	总 NFE 的均值	失败次数	成功率	提高率	
				RICE	RISR
HSOSR	1747.4	0	100%	—	—
MKRG	>3097.8	50	66.67%	>77.28%↑	50%↑
MRBF	>2336.9	14	90.67%	>33.74%↑	10.29%↑

续表

算法	总 NFE 的均值	失败次数	成功率	提高率	
				RICE	RISR
HAM	>3788.2	75	50%	>116.79%↑	100%↑
EGO	>2673.9	75	50%	>53.02%↑	100%↑
CAND	>3452.3	52	65.33%	>97.57%↑	53.07%↑

6.3　本 章 小 结

本章提出了一种基于混合代理模型的全局优化算法 HSOSR，可以有效解决贵重黑箱优化问题。HSOSR 分别构造了 RBF 和 Kriging 模型来近似真正的贵重问题。在每次迭代中，使用一组样本从 RBF 和 Kriging 获得预测值。这些预测值确定了来自 Kriging 和 RBF 的两个潜在较好的区域。考虑到两个潜在较好区域之间的关系，创建了两个简化的子空间，优化搜索在两个子空间中交替运行。RBF 和 Kriging 模型始终可以生成多个预测最优位置，因此提出了一种多起点优化算法来搜索补充样本，同时该算法可以保证新样本与获得的样本保持定义的距离。对于样本的多样性，本章提出了两种不同的距离。一旦 HSOSR 陷入局部区域，将对 Kriging 的 MSE 运行多起点优化算法，以探索稀疏的采样区域。

为了验证 HSOSR 的效率和鲁棒性，测试了 10 个低维多峰函数和 5 个高维函数，并使用其他 5 种算法作为对比算法。结果表明，HSOSR 在处理贵重的黑箱优化问题方面具有强大的功能。与其他经典算法相比，HSOSR 可以使用更少的 NFE 接近真实的全局最优值。

参 考 文 献

[1] CRAVEN R, GRAHAM D, DALZEL-JOB J. Conceptual design of a composite pressure hull[J]. Ocean Engineering, 2016,128: 153-162.

[2] MIRJALILI S, MIRJALILI S M, LEWIS A. Grey wolf optimizer[J]. Advances in Engineering Software, 2014, 69: 46-61.

[3] JP A, KYK B. Meta-modeling using generalized regression neural network and particle swarm optimization[J]. Applied Soft Computing, 2017, 51: 354-369.

[4] WANG G G, SHAN S. Review of metamodeling techniques in support of engineering design optimization[J]. Journal of Mechanical Design, 2007, 129(4): 370-380.

[5] QUEIPO N V, HAFTKA R T, SHYY W. Surrogate-based analysis and optimization[J]. Progress in Aerospace Sciences, 2005, 41(1): 1-28.

[6] YOUNIS A, DONG Z. Trends, features, and tests of common and recently introduced global optimization methods[J]. Engineering Optimization, 2010, 42(8): 691-718.

[7] TANG Y, CHEN J, WEI J. A surrogate-based particle swarm optimization algorithm for solving optimization

problems with expensive black box functions[J]. Engineering Optimization, 2013, 45(5): 557-576.

[8] FORRESTER A I J, KEANE A J. Recent advances in surrogate-based optimization[J]. Progress in Aerospace Sciences, 2009, 45(1): 50-79.

[9] KLEIJNEN J P C. Kriging metamodeling in simulation: A review[J]. European Journal of Operational Research, 2009, 192 (3) : 707-716.

[10] GUTMANN H M. A radial basis function method for global optimization[J]. Journal of Global Optimization, 2001, 9(3): 201-227.

[11] MYERS R H, MONTGOMERY D C, VINING G G, et al. Response surface methodology: A retrospective and literature survey[J]. Journal of Quality Technology, 2004, 36(1): 53-77.

[12] ONG Y S, NAIR P B, KEANE A J. Evolutionary optimization of computationally expensive problems via surrogate modeling[J]. AIAA Journal, 2003, 41(4): 687-696.

[13] WILD S M, REGIS R G, Shoemaker C A. ORBIT: Optimization by radial basis function interpolation in trust-regions[J]. SIAM Journal on Scientific Computing, 2008, 30(6): 3197-3219.

[14] PARK J, KIM K Y. Meta-modeling using generalized regression neural network and particle swarm optimization[J]. Applied Soft Computing, 2017, 51: 354-369.

[15] LI Y, WU Y, ZHAO J, et al. A Kriging-based constrained global optimization algorithm for expensive black-box functions with infeasible initial points[J]. Journal of Global Optimization, 2017, 67(1-2): 343-366.

[16] ZHOU X J, MA Y Z, LI X F. Ensemble of surrogates with recursive arithmetic average[J]. Structural and Multidisciplinary Optimization, 2011, 44(5): 651-671.

[17] GU J, LI G Y, DONG Z. Hybrid and adaptive meta-model-based global optimization[J]. Engineering Optimization, 2012, 44(1) :87-104.

[18] VIANA F A C, HAFTKA R T, WATSON L T. Efficient global optimization algorithm assisted by multiple surrogate techniques[J]. Journal and Global Optimization, 2013, 56(2) :669-689.

[19] HARDY R L. Multiquadric equations of topography and other irregular surfaces[J]. Journal of Geophysical Research, 1971, 76(8): 1905-1915.

[20] DYN N, LEVIN D, RIPPA S. Numerical procedures for surface fitting of scattered data by radial functions[J]. SIAM Journal on Scientific and Statistical Computing, 1986, 7(2): 639-659.

[21] REGIS R G, SHOEMAKER C A. A stochastic radial basis function method for the global optimization of expensive functions[J]. Informs Journal on Computing, 2007,19(4): 497-509.

第 7 章　基于打分机制的多代理模型全局优化方法

　　由于现代工程的快速发展和不断进步，与高保真仿真相关的优化设计方法受到越来越多的关注[1-5]。先进的仿真技术为实际应用提供精确分析的同时，也带来了巨大的计算成本[6-8]。许多复杂的仿真模型是多峰的、黑箱的和耗时的，这对于全局优化是一个挑战。

　　通常，基于导数的优化方法很难解决贵重的黑箱优化问题[9]。这是因为在贵重的模型上进行大量评估，会产生很大的计算代价。同时，不确定的错误或来自仿真代码的噪声会影响近似导数的准确性。此外，基于导数的方法过分依赖起点，容易在多峰问题上陷入局部最优。进化计算(EC)或群智能(SI)的无导数优化算法[10-13]已经发展了数十年，可以并行优化黑箱模型。这些算法包括粒子群优化(PSO)算法[14]、灰狼优化(GWO)算法、蝙蝠算法(BA)、差分进化(DE)算法[15]等，已在实际中广泛使用。尽管 EC 和 SI 在全局优化方面具有显著优势，但它们必须利用大量函数评估探索设计空间，对于 EBOPs 而言效率不高，解决此类问题的有效方法是在优化过程中构建代理模型。

　　代理模型(即元模型或响应面)通常使用贵重样本构建简单的数学表达式来作为复杂问题的近似模型[16]。常用的代理模型，如 Kriging、RBF[17]和 QRS 可以预测样本点的函数值。尽管预测误差是不可避免的，但代理模型仍然可以提供有用的指导信息进行优化以提高搜索效率。通常，一个完整的基于代理的全局优化(SBGO)过程包括以下步骤：①实验设计(DOE)，即初始采样过程；②在每个循环动态构建代理模型；③利用代理模型寻找有价值的样本；④探索稀疏区域；⑤评估获得的新样本的确切函数值；⑥重复步骤②～⑤，直到满足终止标准。SBGO 算法的关键点是在开发和探索之间找到平衡。开发是指基于代理模型的搜索，使用局部或全局优化器找到可预测的最优样本以进行后续模型更新。尽管优化效率得到了提高，但单纯的"局部开发"可能会使上述搜索陷入局部最优。探索表示在稀疏采样区域中搜索，可以使算法跳出局部区域并继续寻找全局最优值。

　　EBOPs 在各个领域的应用使得 SBGO 受到了广泛的关注。Gutmann 提出了一种独特的 SBGO 策略，该策略包括两个步骤：①假定真实全局最优目标值；②选择下一个样本(与目标值结合)，以使代理模型的"凸凹度"最小。Wang 等[18]提出了一种用于 SBGO 的采样方法，该方法可以在潜在较优解附近生成更多样本，同时基于 QRS 检测可能包含全局最小值的区域。Regis 和 Shoemaker[19]提出了一种随机响应面方法，该方法可以通过 RBF 近似从每次循环的一组候选点中选择一个补充样本。Younis 和 Dong[20]提出了一种区域消除算法，该算法可识别几个关键的单峰区域以加快局部搜索的速度。尽管上述方法大多具有更好的全局收敛能力，但是在每个循环中的采样效率较低。换句话说，这些算法不具备强大的并行能力。

因此，一些学者开始关注 SBGO 算法的总计算成本和迭代效率(并行性)[21]。Ong 等[9]开发了一种并行 SBGO 算法，将其提出的混合优化器与 RBF 结合。一方面，混合优化器利用进化算法进行全局搜索；另一方面，它采用序列二次规划算法实现对 RBF 的局部搜索并将传统进化算法的并行性保留在该方法中。为了在每个循环中补充多个样本，Viana 等[22]开发了一种多代理 EGO(MSEGO)算法。MSEGO 不是使用单一克里金的代理模型，而是将多个代理中的"预期改进"标准最大化。Krityakierne 等[23]提供了一种多点 SBGO 策略，该策略从多目标优化思想中吸取了经验。一个目标是一个点的贵重函数值，另一个目标是该点到其他点的最小距离。一旦获得了帕累托边界，便可以通过候选搜索策略选择多个样本点。Li 等[24]将大规模优化空间分解为几个子空间用于开发和探索，这可以避免在构建具有大量训练数据的克里金模型时遇到的困难。此外，提出了一种启发式标准，用于从每次迭代的这些子空间获得的候选点中选择有价值的样本。

本章针对无约束贵重的黑箱优化问题介绍了一种新的基于计分机制的多代理模型全局优化(multi-surrogate-based global optimization using a score-based infill criterion, MGOSIC)算法。在 MGOSIC 中，分别构建了克里金、径向基函数和二次响应面三个代理模型。此外，提出了一种多点填充准则来获取每个循环中的新样本，并采用一种基于计分的策略标记由拉丁超立方采样生成的廉价点，根据各代理模型的预测值，实验样本将被分配不同的分数。同时，使用最大最小准则获得更多具有多样性的样本，并从得分较高的样本中选择有价值的样本。此外，由 Kriging、RBF 和 QRS 预测的最优解也分别记录并作为补充样本。当 MGOSIC 陷入局部区域中，Kriging 的估计均方误差将最大化，以探索采样稀疏区域。而且，整个优化过程是在全局空间和缩减空间中交替执行的。综上所述，MGOSIC 不仅为多点采样带来了新思路，而且在开发和探索之间建立了合理的平衡。

7.1　MGOSIC 算法流程

在 MGOSIC 开始之前，需要对算法参数如设计范围、代理模型的内部参数、终止变量、目标值等[25]进行初始化。本节给出了所提算法的流程，具体步骤如下。

步骤 1：利用优化的拉丁超立方采样(LHS)[26]确定初始设计范围内的初始采样点，然后评估其准确的函数值。

步骤 2：创建一个数据库保存这些贵重的样本。此外，对所有样本按其贵重的函数值进行排序。

步骤 3：分别根据数据库中的样本构造 Kriging、RBF 和 QRS 模型。

步骤 4：围绕当前最优解创建缩小的子空间，以加快局部收敛。

$$
\begin{cases}
\mathrm{Lb}_i^{\mathrm{Sub}} = S_i^{\mathrm{best}} - w \cdot \left(\mathrm{Ub}_i^{\mathrm{range}} - \mathrm{Lb}_i^{\mathrm{range}} \right) \\
\mathrm{Ub}_i^{\mathrm{Sub}} = S_i^{\mathrm{best}} + w \cdot \left(\mathrm{Ub}_i^{\mathrm{range}} - \mathrm{Lb}_i^{\mathrm{range}} \right) \\
\mathrm{Lb}_i^{\mathrm{Sub}} < \mathrm{Lb}_i^{\mathrm{range}}, \ \mathrm{Lb}_i^{\mathrm{Sub}} \leftarrow \mathrm{Lb}_i^{\mathrm{range}} \\
\mathrm{Ub}_i^{\mathrm{Sub}} > \mathrm{Ub}_i^{\mathrm{range}}, \ \mathrm{Ub}_i^{\mathrm{Sub}} \leftarrow \mathrm{Ub}_i^{\mathrm{range}} \\
\qquad \forall i = 1, 2, \cdots, d \\
\mathrm{Subspace}_i = \left[\mathrm{Lb}_i^{\mathrm{Sub}}, \mathrm{Ub}_i^{\mathrm{Sub}} \right]
\end{cases}
\tag{7.1}
$$

式中，S_i^{best} 为当前最优解；$\mathrm{Lb}_i^{\mathrm{range}}$ 为初始设计空间的下边界；$\mathrm{Ub}_i^{\mathrm{range}}$ 为初始设计空间的上边界；$\mathrm{Lb}_i^{\mathrm{Sub}}$ 和 $\mathrm{Ub}_i^{\mathrm{Sub}}$ 为新子空间的边界，为确定该子空间的大小，本章将权重因子 w 设置为 0.1。

步骤 5：根据当前迭代次数，确定搜索空间是子空间还是全局空间。分别定义子空间和全局空间中总廉价点(N_1 和 N_2)的数量，以及有价值样本(M_1 和 M_2)的数量。在随后的测试中，N_1=10000，N_2=1000；M_1=100，M_2=500。

步骤 6：判断 MGOSIC 是否陷入了局部优化中。如果是，则选择 Kriging 中 MSE 较大的样本对稀疏采样区域进行探索。后文将进行更详细的讨论。

步骤 7：在 N 个廉价样本点上计算 Kriging、RBF 和 QRS 的值，并从三组结果中分别选取前 M 个样本。如果一个点处于三个代理模型的前 M 个样本中，则它的得分为 3；处于两个代理模型的前 M 个样本点中，则它的得分为 2。

步骤 8：首先，分别从 Kriging、RBF 和 QRS 中保存预测的最优点。然后，分别从得分为 2 和 3 的点集中选择 K_1 和 K_2 有价值的点，这些点将用于更新的数据库。后续将介绍步骤 7 和步骤 8 的更多详细信息。

步骤 9：删除重复样本点。

步骤 10：在新添加的采样点上评估贵重的函数值并对其进行排序。重复步骤 2～步骤 10，直到满足终止条件。

图 7.1 给出了代理模型构建具体示例，以演示步骤 1～步骤 3。所使用的函数

称为 Himmelblau，是一个多峰问题。由图 7.1 可以看出，Kriging 和 RBF 可以得到 Himmelblau 的非线性特征，而 QRS 可以识别总体趋势。

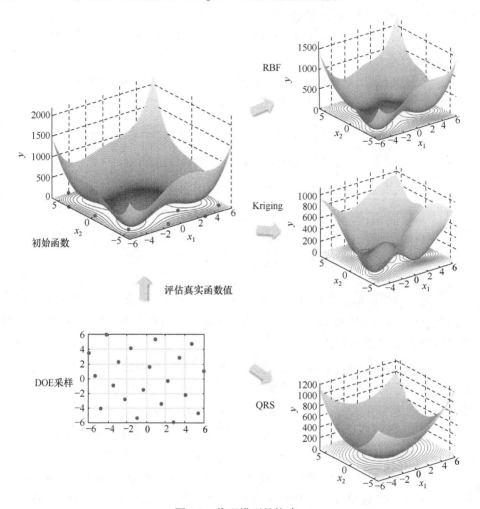

图 7.1　代理模型的构建

MGOSIC 的流程图如图 7.2 所示。后续测试的终止准则如式(7.2)所示。

$$\begin{cases} \dim > 2, & y_{\text{best}} \leqslant \text{target},\ \text{NFE} > 500 \\ \dim \leqslant 2, & y_{\text{best}} \leqslant \text{target},\ \text{NFE} > 300 \end{cases} \tag{7.2}$$

式中，NFE 为函数计算次数；target 为代价贵重的黑箱问题的目标值；dim 为维度。

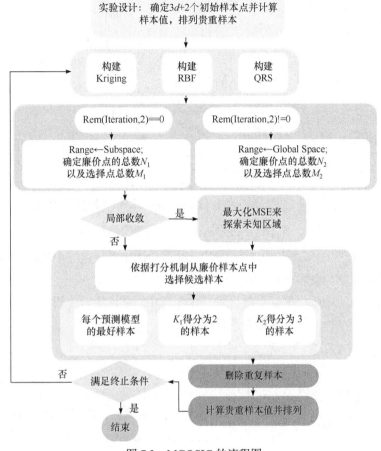

图 7.2 MGOSIC 的流程图

7.2 多点加点准则

本章介绍提出的加点准则之前,先例举一个示例使其更易于理解。假设有一商人想从 1000 只兔子中购买 10 只较好的兔子,有 3 位经验丰富的专家可以各自为商人推荐 100 只较好的兔子。商人在选择时,首先挑选被三位专家同时推荐的,其次挑选被两位专家同时推荐的,最后挑选只被一位专家推荐的。

Kriging、RBF 和 QRS 类似三位经验丰富的专家,可以指导优化过程,MGOSIC 是商人,样本点就是那些兔子。廉价点的总数为 N,需要样本点的数量为 M。本章提出的加点准则中,首先基于这三个代理模型选择三个最优解。具体公式如式(7.3)所示。

$$
\begin{cases}
\begin{bmatrix}
S_1^1, S_2^1, \cdots, S_d^1, & Y_{\text{krg}}^1, Y_{\text{rbf}}^1, Y_{\text{qrs}}^1 \\
S_1^2, S_2^2, \cdots, S_d^2, & Y_{\text{krg}}^2, Y_{\text{rbf}}^2, Y_{\text{qrs}}^2 \\
\vdots \quad \vdots \quad\quad \vdots & \vdots \quad \vdots \quad \vdots \\
S_1^N, S_2^N, \cdots, S_d^N, & Y_{\text{krg}}^N, Y_{\text{rbf}}^N, Y_{\text{qrs}}^N
\end{bmatrix}
\Rightarrow
\begin{cases}
\text{Matrix}_{\text{krg}}^{\text{top}M} \Rightarrow \boldsymbol{S}_{\text{krg}}^{\text{rank}1} \\
\text{Matrix}_{\text{rbf}}^{\text{top}M} \Rightarrow \boldsymbol{S}_{\text{rbf}}^{\text{rank}1} \\
\text{Matrix}_{\text{qrs}}^{\text{top}M} \Rightarrow \boldsymbol{S}_{\text{qrs}}^{\text{rank}1}
\end{cases} \\
\text{Matrix}_{\text{sm}}^{\text{top}M} =
\begin{bmatrix}
S_{\text{sm}1}^{\text{rank}1}, S_{\text{sm}2}^{\text{rank}1}, \cdots, S_{\text{sm}d}^{\text{rank}1}, & Y_{\text{sm}}^{\text{rank}1} \\
S_{\text{sm}1}^{\text{rank}2}, S_{\text{sm}2}^{\text{rank}2}, \cdots, S_{\text{sm}d}^{\text{rank}2}, & Y_{\text{sm}}^{\text{rank}2} \\
\vdots \quad \vdots \quad\quad \vdots & \vdots \\
S_{\text{sm}1}^{\text{rank}M}, S_{\text{sm}2}^{\text{rank}M}, \cdots, S_{\text{sm}d}^{\text{rank}M}, & Y_{\text{sm}}^{\text{rank}M}
\end{bmatrix}, \text{sm} \in \{\text{krg, rbf, qrs}\}
\end{cases}
\tag{7.3}
$$

式中，$Y_{\text{krg}}^{\text{rank}i}$、$Y_{\text{rbf}}^{\text{rank}i}$ 和 $Y_{\text{qrs}}^{\text{rank}i}$ 分别为来自 Kriging、RBF 和 QRS 的第 i 个排名的预测值；$\boldsymbol{S}_{\text{krg}}^{\text{rank}1}$、$\boldsymbol{S}_{\text{rbf}}^{\text{rank}1}$、$\boldsymbol{S}_{\text{qrs}}^{\text{rank}1}$ 分别为从这三种代理模型获得的最优解。为了提高搜索精度，$\boldsymbol{S}_{\text{krg}}^{\text{rank}1}$、$\boldsymbol{S}_{\text{rbf}}^{\text{rank}1}$、$\boldsymbol{S}_{\text{qrs}}^{\text{rank}1}$ 可以通过全局优化器从这三个代理模型获得，所选用的优化器为灰狼优化算法。

随后，MGOSIC 将采样点融合到一个矩阵中，在该矩阵中通常存在多组重复的采样点。本章提出评分策略如式(7.4)所示。

$$
\begin{bmatrix}
S_{\text{krg}1}^{\text{rank}1}, S_{\text{krg}2}^{\text{rank}1}, \cdots, S_{\text{krg}d}^{\text{rank}1} \\
\vdots \quad\quad \vdots \\
S_{\text{krg}1}^{\text{rank}M}, S_{\text{krg}2}^{\text{rank}M}, \cdots, S_{\text{krg}d}^{\text{rank}M} \\
S_{\text{rbf}1}^{\text{rank}1}, S_{\text{rbf}2}^{\text{rank}1}, \cdots, S_{\text{rbf}d}^{\text{rank}1} \\
\vdots \quad\quad \vdots \\
S_{\text{rbf}1}^{\text{rank}M}, S_{\text{rbf}2}^{\text{rank}M}, \cdots, S_{\text{rbf}d}^{\text{rank}M} \\
S_{\text{qrs}1}^{\text{rank}1}, S_{\text{qrs}2}^{\text{rank}1}, \cdots, S_{\text{qrs}d}^{\text{rank}1} \\
\vdots \quad\quad \vdots \\
S_{\text{qrs}1}^{\text{rank}M}, S_{\text{qrs}2}^{\text{rank}M}, \cdots, S_{\text{qrs}d}^{\text{rank}M}
\end{bmatrix}
\Rightarrow
\begin{cases}
\{\boldsymbol{S}_1^{\text{score}3}, \boldsymbol{S}_2^{\text{score}3}, \cdots, \boldsymbol{S}_{k_1}^{\text{score}3}\} \Leftrightarrow 三分 \\
\{\boldsymbol{S}_1^{\text{score}2}, \boldsymbol{S}_2^{\text{score}2}, \cdots, \boldsymbol{S}_{k_2}^{\text{score}2}\} \Leftrightarrow 二分 \\
\{\boldsymbol{S}_1^{\text{score}1}, \boldsymbol{S}_2^{\text{score}1}, \cdots, \boldsymbol{S}_{k_3}^{\text{score}1}\} \Leftrightarrow 一分
\end{cases}
\tag{7.4}
$$

式中，采样点的分数等于它们出现的次数；k_1、k_2 和 k_3 分别为三组样本点的数量。下面给出了本章提出的评分机制的伪代码，如算法 7.1 所示。

算法 7.1　评分机制

---

(01)　　　S_hybrid ← $S_{\text{krg}}^{\text{top}M}$，$S_{\text{rbf}}^{\text{top}M}$，$S_{\text{qrs}}^{\text{top}M}$

---

(02)　　　　m ←计算 S_hybrid 中的采样点总数。

(03)　　　　Score ←定义长度为 m 的单位向量。

(04)　　　　Z ←定义一个空的逻辑变量。

(05)　　　　for i ← 1 to m−1

(06)　　　　　for j ← i+1 to m

(07)　　　　　　Z ←S_hybrid(i,:)== S_hybrid(j,:).

(08)　　　　　　Ztemp ←True value 1.

(09)　　　　　　for k ← 1 to d

(10)　　　　　　　Ztemp ←Ztemp && Z(k)

(11)　　　　　　end for

(12)　　　　　　if Ztemp == 1

(13)　　　　　　　Score(i) ← Score(i)+1；

(14)　　　　　　　Score(j) ← Score(j)+1；

(15)　　　　　　end if

(16)　　　　　end for

(17)　　　　end for

(18)　　　　S^{score3}←删除 S_hybrid((Score == 3),:)中重复的点并保存。

(19)　　　　S^{score2}←删除 S_hybrid((Score == 2),:)中的重复点并保存。

(20)　　　　S^{score1}←删除 S_hybrid((Score == 1),:)中的重复点并保存。

　　图 7.3 提供了 Ackley 及其代理模型的示例，以清晰地展示评分策略。假设有 10 个贵重的样本[图 7.3(a)中的圆形点]，并且在图 7.2 和图 7.3 中构造 Kriging、RBF 和 QRS，分别见图 7.3(b)、图 7.3(c)和图 7.3(d)。LHS 用于生成 10000 个廉价点，并且每个代理模型都基于式(7.3)提供各自的前 500 个点。最后，图 7.4 显示了通过式(7.4)获得分数为 1、2 和 3 的点集。

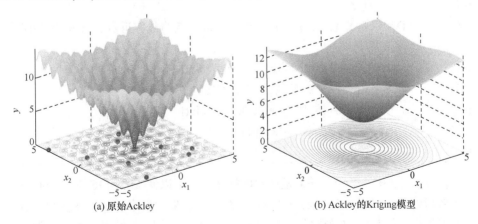

(a) 原始Ackley　　　　　　　　　　　　(b) Ackley的Kriging模型

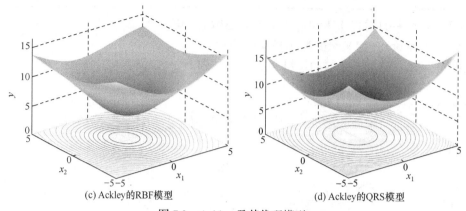

(c) Ackley的RBF模型　　　　　　　(d) Ackley的QRS模型

图 7.3　Ackley 及其代理模型

　　该算法中，将从得分为 3 和 2 的点集中选择新添加的采样点。此外，为了保持采样多样性，要添加的点必须满足建议的最大最小准则。其伪代码如算法 7.2 所示。

算法 7.2　最大最小准则

---

(01)　　　S_temp←目前所有的贵重样本。

(02)　　　S^{scoreX}_new←空向量。

(03)　　　if　集合 S^{scoreX} 中点的个数> N (在本章中，N 设为 2)

(04)　　　　　K ← N.

(05)　　　else

(06)　　　　　K ← S^{scoreX} 中的点数。

(07)　　　end if

(08)　　　for i ← 1 到 K

(09)　　　　　Dis ←在 S_temp 中找到 S^{scoreX} 中每个点的最邻近点，并获得最小距离矢量。

(10)　　　　　Max_dis ←求离 dis 的最大距离。

(11)　　　　　Max_point ←在 S^{scoreX} 找到对应的点。

(12)　　　　　S^{scoreX}_new ← [S^{scoreX}_new; Max_point]

(13)　　　　　S_temp ← [S_temp; Max_point]

(14)　　　end for

　　在算法 7.2 中，S^{scoreX}_new 是选定的样本点，可以使 MGOSIC 在当前有价值的区域附近具有更好的空间填充特性。实际上，该最大最小准则旨在从两个有价值的点集中选择与已知贵重样本具有最大差异的点。图 7.5 给出了一个示例，说明最大最小准则。首先，每个新点(●)需要找到其最近的点(■)和空间中相应的最

小距离。如图 7.5 所示，四个最小距离为 0.2558、0.3245、0.3360 和 0.7933，将选择点 3 和点 4 作为补充采样点。

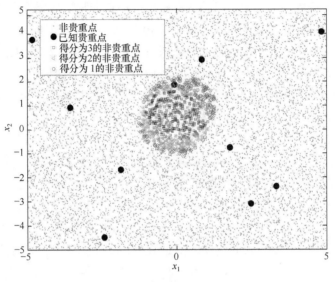

图 7.4　评分策略示意图

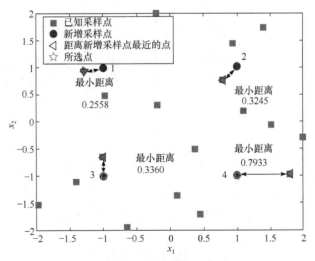

图 7.5　最大最小准则示意图

如 7.1 节中的步骤 4 所述，从 Kriging、QRS 和 RBF 获得最优样本是在初始设计空间中进行的，并且在缩小的空间和初始空间中交替选择评分的样本。图 7.6 显示了 MGOSIC 在 Ackley 上的搜索过程，其中▲是 DOE 点，·是 LHS 生成的廉价点，●是当前迭代中的更新点，而■是上次迭代中的补充点。图 7.6(a) 中，从初始设计空间捕获了 7 个新点，而在图 7.6(b)中获得了 5 个新点。在第一次迭代期间，分别从这三种代理模型中获得了三个最优预测解[−0.7137，0.7144]、[−0.7346，0.5641]和[−0.0504，0.2226]。根据本章提出的加点准则，从廉价点中选择了四个点[−0.8786，3.8146]、[−3.8661，2.1467]、[0.5865，−2.0495]和[−3.4302，1.7663]。可以发现，四个填充点可以有效地探索设计空间上采样稀疏的区域。此外，在第二次迭代中，补充了三个最优预测解[0.0412，0.1741]、[0.8092，0.0452]和[0.0832，0.1683]，同时利用本章提出的策略获得了围绕当前最优解的两个填充点[0.1704，0.1415]和[0.0243，0.0981]。在两次迭代之后，找到了接近全局最优值[0，0]的最优解[0.0243，0.0981]。显然，图 7.6(a)中的廉价点分布在整个设计空间中，实现了全局探索。在图 7.6(b)中，围绕当前最优解周围有探索价值的空间中收集的廉价点有效地增强了局部搜索。值得注意的是，式(7.1)中的系数 w 决定缩小空间的大小，同时影响廉价点的密度。本质上，较小的 w 可以为当前最优解带来高密度的廉价点，从而促进局部搜索。然而，当 w 过小时，搜索空间被过度限制，可能降低搜索效率。因此，w 的建议范围是[0.05，0.15]，在随后的测试中 w 被定义为 0.1。

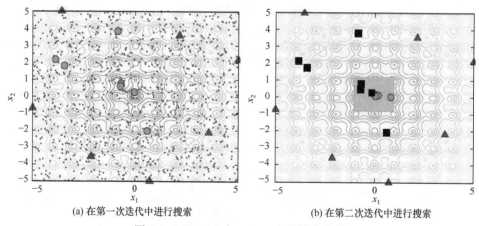

(a) 在第一次迭代中进行搜索　　　　　　　　　　(b) 在第二次迭代中进行搜索

图 7.6　MGOSIC 在 Ackley 上的搜索过程

7.3　探索未知区域

上述加点准则主要集中在由 Kriging、RBF 和 QRS 预测的有价值的位置上。此外，本章提出的最大最小准则可以使 MGOSIC 在局部区域具有更好的空间填充性能，但不能探索全局空间中稀疏采样的区域。因此，本章利用 Kriging 模型估计的 MSE 探索全局空间的未知区域，定义了一个局部条件来判断 MGOSIC 是否陷入了局部优化中。在每次迭代中，记录前 P 个响应值的平均变化。此外，如果它们在几次连续的迭代过程中没有明显改变，则探索策略将开始起作用。探索策略的伪代码如算法 7.3 所示。

算法 7.3　探索未知的区域

---

(01)　　Rank_value ← 排序所有当前的最优响应值。

(02)　　MeanbestY(iteration) ←得到每个迭代中 P 个响应值的平均值(本章设 P 为 3)。

(03)　　if　迭代次数> Q (本章设 Q 为 5)

(04)　　　　GVI ← | MeanbestY(end)−MeanbestY(end−5)|.

(05)　　end if

(06)　　if　GVI < Δ(在本章中，Δ默认值为 1e−4)

(07)　　　　Smse ← 通过 LHS 得到初始设计范围内的多个样本点。

(08)　　　　for i ← 1 to m (在这里，m 等于 30d)

(09)　　　　　　MSE ← 在 Smse 得到 Kriging 的估计 MSE 值。

(10)　　　　end for

(11)　　　　S_exploration ← 排序 MSE 并选择两个 MSE 值最大的样本。

(12)　　end if

7.4　对　比　实　验

为了证明 MGOSIC 的性能，基准算例包含低维问题(d=2～5)和高维问题(d=6～20)。这些代表性的算例具有不同的特征，包括多峰、凸、大规模等。此外，本章给出了所有算例的特定目标值，更多详细信息在表 7.1 和表 7.2 中列出。可以发现，所有的目标值都非常接近真实的全局最小值。最后，当满足式(7.2)中的终止准则时，算法将停止。

1) 初步比较与分析

如前所述，EGO[27]是一种著名的 SBGO 算法，在低维多峰问题中有优势。同样，Regis 和 Shoemaker[28]提出的 CAND 在低维问题上也有出色的表现。因此，对 Müller[29]提出的 EGO 和 CAND 进行了二维算例测试作为初步对比。考虑到这些算法的随机性，以下所有测试均重复十次。表 7.1 显示了低维问题的比较结果，包括获得的最优值的范围、NFE 和迭代次数(NIT)。表 7.1 中，NFE 和 NIT 是平均值。符号 ">" 表示在最大 NFE 范围内找不到目标值，"()"中的数字表示失败次数。从表 7.1 中可以看出，MGOSIC 可以有效地找到所有目标值。尽管 EGO

和 CAND 在 Peaks、SE 和 F1 上表现出色,但在大多数算例下,它们需要比 MGOSIC 更多的 NFE 和 NIT 才能接近目标值。尤其是,Ackley 和 Rast 有很多局部极小解,使得 EGO 和 CAND 在大多数算例下很难成功。更重要的是,EGO 和 CAND 在每个循环中增加一个点,这导致 NIT 比 MGOSIC 的大。此外,还采用了广泛使用的 DE 算法进行了高维算例下的比较测试。对于 DE 算法,式(7.2)中的最大允许 NFE 为 10000。表 7.2 给出了高维问题的比较结果。显然,在高维算例下,传统的全局优化算法(DE 算法)比 MGOSIC 需要更多的 NFE 和 NIT。

表 7.1 低维问题的比较结果

函数	MGOSIC			EGO			CAND		
	变量范围	NFE	NIT	变量范围	NFE	NIT	变量范围	NFE	NIT
Ackley	[5.98e−7, 7.19e−4]	75.8	12.4	[5.55e−2, 7.87e−1]	>300(10)	>293	[5.30e−4, 1.93e−3]	>227.8(6)	>220.8
BA	[3.66e−6, 9.67e−4]	35.5	5.9	[1.06e−4, 1.34e−2]	>168.6(4)	>161.6	[6.18e−5, 8.56e−4]	217.8	210.8
Peaks	[−6.551, −6.538]	50.9	8.7	[−6.551, −6.505]	27.2	20.2	[−6.550, −6.502]	29.3	22.3
SE	[−1.457, −1.450]	34.5	5.6	[−1.457, −1.450]	45.4	38.4	[−1.456, −1.451]	32.9	25.9
GP	[3.001, 3.005]	93.1	16.8	[3.000, 3.684]	>262(8)	>255	[3.000, 3.009]	111.4	104.4
F1	[−2.000, −1.993]	116.9	19.2	[−2.000, −1.994]	95.4	88.4	[−1.999, −1.992]	202.3	195.3
HM	[3.63e−6, 8.50e−4]	40.5	6.5	[9.71e−5, 6.51e−2]	>225.7(7)	>218.7	[1.09e−5, 9.15e−4]	83.9	76.9
GF	[0.5233, 0.5234]	51	8.9	[0.5233, 0.5459]	>209.8(6)	>202.8	[0.5233, 0.5234]	38.8	31.8
Rast	[3.55e−14, 7.77e−4]	52.7	8.7	[5.03e−3, 3.35e−1]	>300(10)	>293	[6.52e−5, 1.990]	>267.5(8)	>260.5

表 7.2 高维问题的比较结果

函数	MGOSIC			DE		
	变量范围	NFE	NIT	变量范围	NFE	NIT
Levy	[3.36e−4, 9.86e−4]	169	27.9	[2.35e−4, 9.67e−4]	2290	114.5
DP	[2.56e−4, 9.94e−4]	325.8	53.9	[1.80e−4, 9.02e−4]	3860	193
ST	[−195.77, −195.15]	214.7	34.2	[−195.51, −181.49]	>5884(2)	>294.2
HN6	[−3.319, −3.301]	77.5	11.7	[−3.312, −3.300]	3488	174.4
Schw3	[7.54e−5, 9.72e−4]	301.9	47.1	[2.24e−4, 9.08e−4]	3914	195.7
GW	[4.63e−4, 9.94e−4]	332.9	48	[0.426, 0.725]	>1e4(10)	>500
Trid	[−209.99, −209.56]	87.6	13	[−209.73, −209.01]	4672	233.6
Sums	[2.31e−15, 4.27e−13]	145.3	25.1	[7.11e−4, 1.25e−3]	>8556(1)	>427.8
F16	[25.959, 26.096]	81.5	9.1	[26.021, 26.100]	2728	136.4
Sphere	[2.93e−4, 9.98e−4]	171	28.5	[9.47e−4, 7.61e−3]	>9990(9)	>499.5

此外,还将 MGOSIC 与具有多点加点准则的两种基于代理的全局优化算法进行了比较。一种为 SOCE[26],是基于聚类的全局优化算法,使用 Kriging 和 QRS 来构建代理;另一种为由 Viana 等提出的 MSEGO[22],它扩展了初始的 EGO,

使用多个代理在每个循环中采样多个点。表 7.3~表 7.5 提供了统计结果，其中 MSEGO 的结果来自 Long 等[30]，SOCE 的结果来自 Dong 等[31]。EGO 和 MSEGO 在 Viana 的代理工具箱中进行了测试[22]，MSEGO 在测试时每个循环中补充三个 样本点。此外，由于自适应采样功能，SOCE 的采样数不确定，但在大多数算例 下每个循环采样个数为 3。从表 7.3~表 7.5 可以清楚地看出，四种算法都可以非 常接近 SE、Peaks、SC 和 BR 上的真实全局最优值，属于非线性问题，局部最小 值较小，但是 MSEGO 需要更多 NFE。对于拥有很多局部最小值的 F1 和 GN， EGO 和 MSEGO 的性能较差。相较而言，对于 F1 和 GN，MSEGO 在多个代理模 型的帮助下可以找到比 EGO 更好的解，但同时 NFE 也会变得更大。这四种算法 中，EGO 在 41 次迭代中的 GF 和 GP 性能最差，但在 HN6 上效率很高。SOCE 在这 9 种算例下均具有较好的性能，但与 MGOSIC 相比，它通常使用较少的 NFE。 总之，与其他算法相比，MGOSIC 需要更少的 NIT，并且可以始终有效地获取这 些算例下的最优值。

表 7.3 EGO、MSEGO 的统计结果

函数	EGO		MSEGO	
	变量范围	中值	变量范围	中值
SE	[−1.456, −1.436]	−1.453	[−1.456, −1.454]	**−1.456**
Peaks	[−6.550, −6.383]	**−6.550**	[−6.498, −5.979]	−6.498
SC	[−1.032, −1.031]	−1.031	[−1.024, −0.987]	−1.024
BR	[0.398, 0.400]	**0.398**	[0.398, 0.431]	**0.398**
F1	[−1.375, −1.283]	−1.375	[−1.874, −1.636]	−1.874
GF	[0.966, 3.480]	0.966	[0.001, 0.035]	0.001
GP	[7.581, 43.353]	7.581	[3.002, 3.014]	3.002
GN	[0.459, 0.459]	0.459	[0.176, 0.627]	0.177
HN6	[−3.316, −3.308]	**−3.313**	[−3.208, −3.052]	−3.145

表 7.4 SOCE、MGOSIC 的统计结果

函数	SOCE		MGOSIC	
	变量范围	中值	变量范围	中值
SE	[−1.456, −1.448]	**−1.456**	[−1.456, −1.448]	**−1.456**
Peaks	[−6.551, −6.494]	−6.544	[−6.551, −6.494]	−6.544
SC	[−1.032, −1.030]	**−1.032**	[−1.032, −1.030]	**−1.032**
BR	[0.398, 0.399]	0.399	[0.398, 0.399]	0.399
F1	[−2.000, −1.980]	−1.994	[−2.000, −1.980]	−1.994
GF	[0.003, 0.009]	0.007	[0.003, 0.009]	0.007
GP	[3.000, 3.029]	3.008	[3.000, 3.029]	3.008
GN	[3.33e−15, 4.81e−3]	7.33e−4	[3.33e−15, 4.81e−3]	7.33e−4
HN6	[−3.317, −3.290]	−3.306	[−3.317, −3.290]	−3.306

表 7.5 EGO、MSEGO、SOCE 和 MGOSIC 的统计结果汇总

函数	EGO		MSEGO		SOCE		MGOSIC	
	变量范围	中值	变量范围	中值	变量范围	中值	变量范围	中值
SE	52	41	109.6	33.5	**33.4**	9.3	34.5	**5.6**
Peaks	42.6	31.6	130.4	40.5	**37.3**	11.7	50.9	**8.7**
SC	**32.6**	21.6	131.2	40.7	34.9	10	41	**7**
BR	36.1	25.1	112.6	34.5	**25.9**	7.1	40.2	**6.8**
F1	**52**	41	131.4	40.8	108.5	27.8	116.9	**19.2**
GF	**52**	41	132.0	41	113.5	35.1	123.6	**22.7**
GP	**52**	41	120.4	37.1	145.9	45.5	93.1	**16.8**
GN	52	41	132.0	41	95.7	27.2	**44.8**	**7.2**
HN6	**68.8**	13.8	176.0	41	89.1	24.7	77.5	**11.7**

2) 分析与讨论

经过初步比较，MGOSIC 已显示出解决贵重黑箱问题的强大能力。为了进一步证明其重要性，与两个近年提出的 SBGO 算法 MSSR 和 HAM 进行比较。由于 MGOSIC 中的最大每次采样数(MSNPI)为 7，HAM 在大多数算例下每个循环增加了约 7 个样本点，因此在该测试中，MSSR 的 MSNPI 也定义为 7。图 7.7 列出了一组可以反映其平均性能的代表性迭代结果。为了更清楚地说明，局部进行放大，如图 7.7(p)和图 7.7(r)所示，并通过 lg 函数对其进行了改进。直观上，在大多数算例下，MGOSIC 总是可以更快地找到目标值。MGOSIC 有时会在 Peaks、GP、F1、Rast 等多峰问题上陷入局部最优中，但它可以成功跳出局部最优区域并最终找到全局最优值。相反，HAM 缺乏有效的搜索策略，因此经常错过全局最优值。MSSR 仅由 Kriging 指导，因此过度依赖 Kriging 的预测能力。同时，MSSR 在 Ackley、Rast、HN6、Schw3 和 GW 上的性能较差。从这些迭代图中，可以发现 MGOSIC 比 HAM 和 MSSR 更有效。此外，为了比较其稳定性，每个测试重复 10 次，并采用式(7.2)的终止准则，详细数据见表 7.6～表 7.8。表中，"NFE 范围""NIT 范围"和"值范围"分别表示在 10 次测试中获得的 NFE、NIT 和最优值的范围。"R"表示算法的等级，根据平均性能获得。表 7.8 中，"SR"是"成功率"的缩写。

从表 7.6～表 7.8 中可以看出，MGOSIC 具有最高的效率和最强的稳定性。MSSR 和 HAM 在低维问题上具有令人满意的性能。MSSR 可以使用最少的 NFE 在 Peaks 上找到最优值，而 HAM 在 F1 上具有最佳性能。尽管 MSSR 和 HAM 几乎无法在 Ackley 上找到最优值，但有时其结果可以非常接近 1e–4。此外，与 MSSR

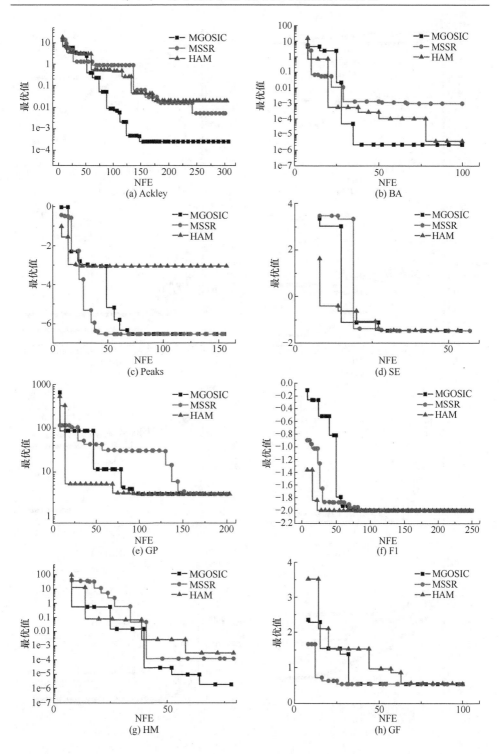

(a) Ackley

(b) BA

(c) Peaks

(d) SE

(e) GP

(f) F1

(g) HM

(h) GF

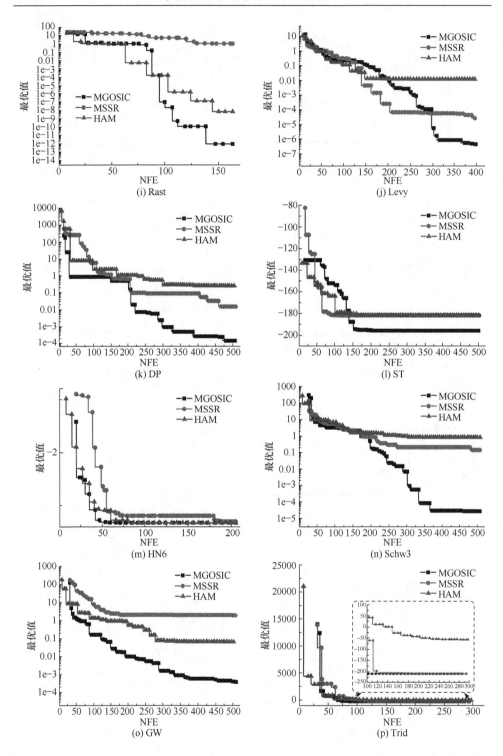

(i) Rast

(j) Levy

(k) DP

(l) ST

(m) HN6

(n) Schw3

(o) GW

(p) Trid

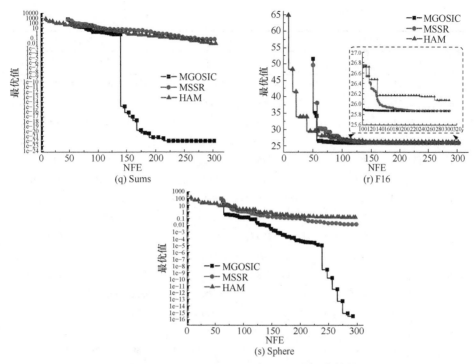

图 7.7　MGOSIC、MSSR 和 HAM 的迭代结果

相比，HAM 在 Peaks 和 SE 的多峰问题上的成功率较低。由于 GF 非常复杂，HAM 无法在 300 次函数计算中找到目标值。尽管 Rast 有很多局部最优解，但具有总体下降趋势，可以由 QRS 准确预测。因此，使用 QRS 构造代理模型的 MGOSIC 和 HAM 具有更高的效率。随着维数的增加，MSSR 和 HAM 的成功率显著下降。特别是，MSSR 和 HAM 几乎找不到 DP、Schw3、GW、Sums 和 Sphere 的目标值。此外，MSSR 和 HAM 在 ST 上的成功率较低。相反，MGOSIC 在高维问题上仍然具有卓越的性能。值得注意的是，MGOSIC 在 Trid 和 F16 上分别仅使用87.6 次和 81.5 次 NFE。此外，对于 20 维问题，MGOSIC 仅需要 171 次 NFE。更重要的是，MGOSIC 在大多数算例下使用了最少的 NIT，这反映了其出色的并行能力。综上所述，MGOSIC 是一种有效的 SBGO 算法，可以应用于贵重黑箱优化问题。

表 7.6　MGOSIC、MSSR 和 HAM 的 NFE 统计

函数	MGOSIC			MSSR			HAM		
	NFE 范围	平均值	R	NFE 范围	平均值	R	NFE 范围	平均值	R
Ackley	[15, 149]	75.8	1	[>300, >300](10)	>300	2	[>300, >300](10)	>300	2
BA	[28, 40]	35.5	1	[51, 141]	89.5	3	[44, 117]	72.8	2

续表

函数	MGOSIC			MSSR			HAM		
	NFE 范围	平均值	R	NFE 范围	平均值	R	NFE 范围	平均值	R
Peaks	[18, 99]	50.9	2	[24, 73]	38.4	1	[26, >300](3)	>114.8	3
SE	[27, 42]	34.5	1	[26, 86]	37.6	2	[22, >300](2)	>91.5	3
GP	[82, 106]	93.1	1	[76, 165]	122.8	3	[81, 172]	110.8	2
F1	[42, 193]	116.9	2	[27, 242]	158	3	[34, 171]	92.8	1
HM	[30, 49]	40.5	1	[34, 145]	59.2	2	[29, 159]	74.1	3
GF	[28, 69]	51	1	[20, 129]	60.3	2	[>300, >300](10)	>300	3
Rast	[15, 95]	52.7	1	[47, >300](4)	>200.3	3	[46, 243]	86.8	2
Levy	[90, 285]	169	1	[154, >500](4)	>337.8	2	[102, >500](7)	>389.8	3
DP	[241, 461]	325.8	1	[>500, >500](10)	>500	3	[326, >500](6)	>440.2	2
ST	[62, 389]	214.7	1	[80, >500](6)	>339.8	2	[124, >500](5)	>373.5	3
HN6	[52, 228]	77.5	1	[59, 218]	107.4	2	[87, >500](2)	>181.1	3
Schw3	[242, 334]	301.9	1	[>500, >500](10)	>500	2	[>500, >500](10)	>500	2
GW	[263, 428]	332.9	1	[>500, >500](10)	>500	3	[375, >500](9)	>490.5	2
Trid	[73, 136]	87.6	1	[162, >500](8)	>438.6	2	[>500, >500](10)	>500	3
Sums	[144, 146]	145.3	1	[>500, >500](10)	>500	3	[368, >500](7)	>466.7	2
F16	[72, 93]	81.5	1	[103, 197]	161.7	2	[184, >500](5)	>363.2	3
Sphere	[152, 186]	171	1	[>500, >500](10)	>500	2	[>500, >500](10)	>500	2

表 7.7 MGOSIC、MSSR 和 HAM 的 NIT 统计

函数	MGOSIC			MSSR			HAM		
	NIT 范围	平均值	R	NIT 范围	平均值	R	NIT 范围	平均值	R
Ackley	[2, 24]	12.4	1	[>48, >59]	>55	3	[>49, 55]	>52.4	2
BA	[5, 7]	5.9	1	[12, 25]	17.5	3	[7, 19]	11.3	2
Peaks	[3, 19]	8.7	1	[7, 22]	10.6	2	[4, >47]	>17.4	3
SE	[4, 7]	5.6	1	[8, 33]	14.2	3	[3, >48]	>13.9	2
GP	[15, 19]	16.8	1	[15, 28]	21.8	3	[13, 28]	17.8	2
F1	[8, 29]	19.2	2	[10, 96]	55	3	[5, 25]	13.7	1
HM	[5, 8]	6.5	1	[9, 28]	14.6	3	[4, 24]	11.1	2
GF	[5, 12]	8.9	1	[7, 24]	15.4	2	[>45, >49]	>47.3	3
Rast	[2, 16]	8.7	1	[13, >84]	>50.5	3	[7, 37]	13	2
Levy	[15, 46]	27.9	1	[35, >85]	>61.6	2	[16, >85]	>64.2	3
DP	[41, 73]	53.9	1	[>74, >93]	>79.8	3	[52, >82]	>70.2	2
ST	[9, 62]	34.2	1	[21, >102]	>61.7	3	[19, >78]	>56.1	2
HN6	[8, 37]	11.7	1	[13, 74]	30.9	3	[13, >78]	>27.4	2

函数	MGOSIC			MSSR			HAM		
	NIT 范围	平均值	R	NIT 范围	平均值	R	NIT 范围	平均值	R
Schw3	[37, 52]	47.1	1	[>87, >121]	>98.1	3	[>80, >83]	>82.3	2
GW	[39, 62]	48	1	[>68, >75]	>69.5	2	[70, >99]	>94.9	3
Trid	[11, 20]	13	1	[26, >84]	>68.8	2	[>83, >88]	>85.8	3
Sums	[25, 26]	25.1	1	[>82, >136]	>109.1	3	[61, >88]	>80	2
F16	[7, 12]	9.1	1	[53, 119]	96.3	3	[28, >85]	>59.5	2
Sphere	[24, 32]	28.5	1	[>122, >146]	>132	3	[>94, >98]	>96.1	2

表 7.8　MGOSIC、MSSR 和 HAM 的最优值统计

函数	MGOSIC			MSSR			HAM		
	值范围	SR	R	值范围	SR	R	值范围	SR	R
Ackley	[5.98e−7, 7.19e−4]	1	1	[8.96e−3, 2.581]	0	2	[3.33e−3, 5.16e−1]	0	2
BA	[3.66e−6, 9.67e−4]	1	1	[7.73e−5, 7.86e−4]	1	1	[3.98e−6, 7.06e−4]	1	1
Peaks	[−6.551, −6.538]	1	1	[−6.551, −6.501]	1	1	[−6.551, −3.050]	0.7	2
SE	[−1.457, −1.450]	1	1	[−1.456, −1.450]	1	1	[−1.457, 2.866]	0.8	2
GP	[3.001, 3.005]	1	1	[3.000, 3.009]	1	1	[3.000, 3.009]	1	1
F1	[−2.000, −1.993]	1	1	[−2.000, −1.992]	1	1	[−2.000, −1.993]	1	1
HM	[3.63e−6, 8.50e−4]	1	1	[2.15e−6, 5.13e−4]	1	1	[8.32e−7, 8.00e−4]	1	1
GF	[0.5233, 0.5234]	1	1	[0.5233, 0.5234]	1	1	[0.5235, 0.5276]	0	2
Rast	[3.55e−14, 7.77e−4]	1	1	[5.96e−6, 0.995]	0.6	2	[1.46e−6, 8.13e−4]	1	1
Levy	[3.36e−4, 9.86e−4]	1	1	[2.97e−4, 1.04e−2]	0.6	2	[1.51e−4, 5.51e−2]	0.3	3
DP	[2.56e−4, 9.94e−4]	1	1	[1.33e−3, 1.14e−1]	0	3	[1.25e−4, 6.17e−1]	0.4	2
ST	[−195.77, −195.15]	1	1	[−195.62, −167.56]	0.4	3	[−195.52, −181.55]	0.5	2
HN6	[−3.319, −3.301]	1	1	[−3.317, −3.302]	1	1	[−3.316, −3.203]	0.8	2
Schw3	[7.54e−5, 9.72e−4]	1	1	[1.38e−2, 1.89e−1]	0	2	[2.51e−2, 1.864]	0	2
GW	[4.63e−4, 9.94e−4]	1	1	[0.691, 2.561]	0	3	[8.07e−4, 0.632]	0.1	2
Trid	[−209.99, −209.56]	1	1	[−209.74, −200.87]	0.2	2	[−207.33, −78.88]	0	3
Sums	[2.31e−15, 4.27e−13]	1	1	[1.01e−2, 2.21e−1]	0	3	[4.87e−4, 1.77e−1]	0.3	2
F16	[25.959, 26.096]	1	1	[26.021, 26.096]	1	1	[25.968, 27.039]	0.5	2
Sphere	[2.93e−4, 9.98e−4]	1	1	[4.90e−3, 9.24e−2]	0	2	[6.30e−3, 4.24e−1]	0	2

3) 工程应用

为了证明 MGOSIC 的工程适用性，使用二维水翼的最优形状设计进行测试。水翼的几何参数化采用类别函数和形状函数变换(CST)方法[32]，其原始表达式如下：

$$\frac{z}{c}\left(\frac{x}{c}\right) = C\left(\frac{x}{c}\right)S\left(\frac{x}{c}\right) + \frac{x}{c} \cdot \frac{z_{TE}}{c} \tag{7.5}$$

$$C\left(\frac{x}{c}\right) = \left(\frac{x}{c}\right)^{N_1}\left[1 - \frac{x}{c}\right]^{N_2} \tag{7.6}$$

$$S\left(\frac{x}{c}\right) = \sum_{r=0}^{n}\left[v_r \cdot S_{r,n}\left(\frac{x}{c}\right)\right] \tag{7.7}$$

式中，$C(\cdot)$ 和 $S(\cdot)$ 分别为类别函数和形状函数；c 为翼型弦长；z_{TE}/c 为尾翼厚度；N_1，N_2 为决定翼型种类的两个系数。值得注意的是，v_r 和 $S_{r,n}$ 来自 Bernstein 多项式。本章中对 CST 公式进行了修改，使其适用于本章提出的优化问题。

$$y_u(x) = y_0(x) + x^{N_1}(1-x)^{N_2}\sum_{i=0}^{n}A_{ui}S_i(x) \tag{7.8}$$

$$y_l(x) = y_0(x) + x^{N_1}(1-x)^{N_2}\sum_{i=0}^{n}A_{li}S_i(x) \tag{7.9}$$

式中，$y_u(x)$、$y_l(x)$ 和 $y_0(x)$ 分别为上限、下限和基准水翼。其中，x 表示水翼弦长方向的坐标，y 表示厚度方向的坐标。类系数 N_1 和 N_2 分别为 0.5 和 1，n 设置为 5。考虑到上下曲线的前边缘半径相同，A_{u0} 等于 $-A_{l0}$。因此，将 9 个 Bernstein 系数 A_i 视为该优化问题的设计变量，其设计范围来自两个基准的翼型：改良型 NACA0008 和 NACA0016。图 7.8 为水翼设计空间。另外，弦长和迎角也被视为设计变量，目的是使阻力系数最小，同时面积和升力系数满足不等式约束。

具体优化公式如下：

$$\begin{cases}\min c_d \\ X = [\text{paraments } A, c, \text{aoa}] \\ 0 \leqslant A_1 \leqslant 0.1141,\ -0.0232 \leqslant A_2 \leqslant 0.1008,\ -0.010 \leqslant A_3 \leqslant 0.1072 \\ -0.0050 \leqslant A_4 \leqslant 0.0815,\ 0.005 \leqslant A_5 \leqslant 0.111,\ -0.1008 \leqslant A_6 \leqslant 0.013 \\ -0.1072 \leqslant A_7 \leqslant 0.022,\ -0.0815 \leqslant A_8 \leqslant -0.0258,\ -0.1112 \leqslant A_9 \leqslant 0.1445 \\ 0.2 \leqslant c \leqslant 0.3,\ 3 \leqslant \text{aoa} \leqslant 4 \\ \text{s.t. } c_1 \geqslant 0.3510 \\ \quad S \geqslant 0.0051 \\ \quad \text{thick} \geqslant 0.12\end{cases} \tag{7.10}$$

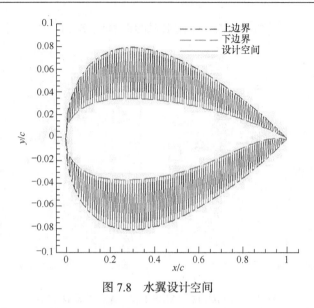

图 7.8　水翼设计空间

式中，c 为弦长；aoa 为迎角；c_1 为升力系数；S 为面积；thick 表示厚度。参考值 0.3510、0.0051 和 0.12 来自参考翼型 NACA0012。考虑到 MGOSIC 和其他比较方法主要是针对盒约束问题开发的，式(7.10)通过罚函数进行了如下修改。

$$\begin{cases} \min c_{\mathrm{d}} + P \cdot \left[\max\left(0.3510 - c_1, 0\right) + \max\left(0.0051 - S, 0\right) + \max\left(0.12 - \mathrm{thick}, 0\right) \right] \\ \mathrm{design\ range}:\ X = [\mathrm{paraments}\ A, c, \mathrm{aoa}] \end{cases}$$

(7.11)

式中，c_{d} 为阻力系数；P 定义为 10^6 的惩罚因子。

　　修改后的目标函数包括所有响应值，如升力系数、风阻系数、面积和厚度，都可以通过代理直接近似，这在实际工程应用中很容易实现。仿真分析是通过计算流体力学(CFD)实现的，最大迭代次数设置为 500，一般可以得到满意的收敛效果。从参数化建模到 CFD 模拟，每个分析过程大约需要 1.5min。本章采用 MGOSIC、MSSR 和 HAM 进行水翼的优化设计，迭代步长为 300。图 7.9 为水翼网格划分，图 7.10 为 NACA0012 水翼的压力分布。

　　三种方法获得的最优结果如表 7.9 所示。MGOSIC 获得了最小的阻力系数，并且与 NACA0012 相比得到了更大的改进。此外，图 7.11 还提供了三种全局优化方法的迭代结果。显然，MGOSIC 具有更快的收敛速度。在前 100 次仿真分析中，MSSR 的性能较差，但可以逐渐找到更好的解。但是，HAM 经过 100 次分析几乎找不到更好的解。MGOSIC 获得的最优形状的压力轮廓如图 7.12 所示。图 7.13 为设计的最优形状和 NACA0012 形状的对比结果，图 7.14 给出了它们的压力曲线对比图。总之，MGOSIC 在水翼的形状优化方面优于其他两种方法。

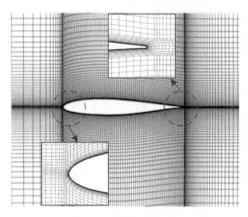

图 7.9　水翼网格划分

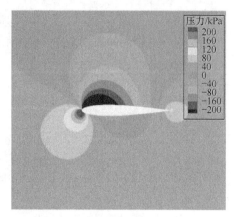

图 7.10　NACA0012 水翼的压力分布

表 7.9　MGOSIC、MSSR 和 HAM 的最优结果

方法	c_d	c_l	S	厚度	提升
NACA0012	0.0153776	0.3510	0.0051	0.12	—
MGOSIC	0.0148780	0.3678	0.0072	0.1298	3.25%↑
MSSR	0.0149357	0.4300	0.0074	0.1269	2.87%↑
HAM	0.0155002	0.3767	0.0071	0.1309	0.80%↓

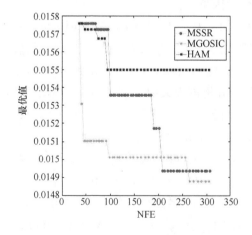

图 7.11　迭代结果对比

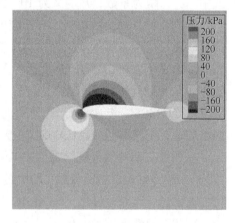

图 7.12　最优形状的压力轮廓

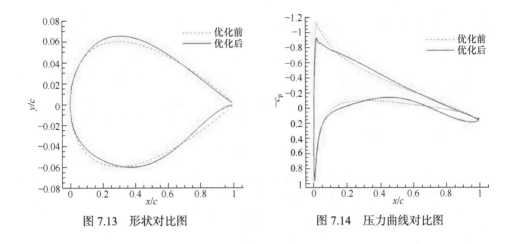

<table>
<tr><td>图 7.13　形状对比图</td><td>图 7.14　压力曲线对比图</td></tr>
</table>

7.5　本章小结

本章针对贵重的黑箱优化问题，提出了一种新的基于代理的全局优化算法 MGOSIC。传统的多代理方法大多利用权重分配来构建模型以进行优化，并且非常注意权重的选择。MGOSIC 提出了一种不同的策略，该策略基于三个代理模型的集成预测信息，从而在每个循环中获取多个采样点。

在 MGOSIC 中，分别采用三种近似方法 Kriging、RBF 和 QRS 来构建代理模型。此外，还提出了一种多点加点准则，以在每次迭代中获得三个模型上的新样本点。在本章提出的加点准则中，新添加的采样点主要来自两部分：一部分是每种代理模型的当前最优解，另一部分是从多个有价值的点集中选择的。这些点集是通过本章提出的基于打分策略创建的，该策略基于 Kriging、RBF 和 QRS 的预测值来标记许多廉价的样本点。将通过最大最小准则从得分更高的集合中选择新的样本点，该方法将新点和获得点之间的最小距离最大化。当 MGOSIC 陷入局部区域时，Kriging 估计的 MSE 将用于探索未知区域。最后，整个优化过程在全局空间和缩减空间中交替执行。与现有的 7 种全局优化算法相比，MGOSIC 具有最佳性能。经过对 19 个基准算例的测试和工程应用，MGOSIC 表现出高效率，强大的稳定性和出色的并行能力。综上所述，MGOSIC 是解决贵重的黑箱问题的有效方法。

参 考 文 献

[1] LAKSHIKA E, BARLOW M, EASTON A. Understanding the interplay of model complexity and fidelity in multiagent systems via an evolutionary framework[J]. IEEE Transactions on Computational Intelligence and AI in

Games, 2017, 9(3): 277-289.

[2] TYAN M, NGUYEN N V, LEE J W. Improving variable-fidelity modelling by exploring global design space and radial basis function networks for aero foil design[J]. Engineering Optimization, 2015, 47(7): 885-908.

[3] ZHOU G, ZHAO W, LI Q, et al. Multi-objective robust design optimization of a novel NPR energy absorption structure for vehicles front ends to enhance pedestrian lower leg protection[J]. Structural and Multidisciplinary Optimization, 2017, 56(5): 1215-1224.

[4] SALA R, BALDANZINI N, PIERINI M. Representative surrogate problems as test functions for expensive simulators in multidisciplinary design optimization of vehicle structures[J]. Structural and Multidisciplinary Optimization, 2016, 54(3): 449-468.

[5] WANG H, FAN T, LI G. Reanalysis-based space mapping method, an alternative optimization way for expensive simulation-based problems[J]. Structural and Multidisciplinary Optimization, 2017, 55(6): 2143-2157.

[6] SINGH P, HERTEN J, DESCHRIJVER D, et al. A sequential sampling strategy for adaptive classification of computationally expensive data[J]. Structural and Multidisciplinary Optimization, 2017, 55(4): 1425-1438.

[7] MASTERS D A, TAYLOR N J, RENDALL T, et al. Multilevel subdivision parameterization scheme for aerodynamic shape optimization[J]. AIAA Journal, 2017, 55: 3288-3303.

[8] GU J, LI G, GAN N. Hybrid meta-model based design space management method for expensive problems[J]. Engineering Optimization, 2016, 49(9): 1573-1588.

[9] ONG Y S, NAIR P B, KEANE A J. Evolutionary optimization of computationally expensive problems via surrogate modeling[J]. AIAA Journal, 2003, 41(4): 687-696.

[10] PAN W T. A new fruit fly optimization algorithm: taking the financial distress model as an example[J]. Knowledge-Based Systems, 2012, 26: 69-74.

[11] MENG Z, PAN J S, XU H. QUasi-Affine TRansformation Evolutionary (QUATRE) algorithm: A cooperative swarm based algorithm for global optimization[J]. Knowledge-Based Systems, 2016, 109: 104-121.

[12] JIANG F, XIA H, TRAN Q A, et al. A new binary hybrid particle swarm optimization with wavelet mutation[J]. Knowledge-Based Systems, 2017, 130: 90-101.

[13] WANG L, PEI J, MENHAS M I, et al. A hybrid-coded human learning optimization for mixed-variable optimization problems[J]. Knowledge-Based Systems, 2017, 127: 114-125.

[14] CS A, JZ A, JPB C, et al. A new fitness estimation strategy for particle swarm optimization[J]. Information Sciences, 2013, 221(2): 355-370.

[15] PAOLO R, OLIVERI G, MASSA A. Differential evolution as applied to electromagnetics[J]. IEEE Antennas & Propagation Magazine, 2011, 53(1): 38-49.

[16] QI Z, YANG W, CHOI S K, et al. A sequential multi-fidelity metamodeling approach for data regression[J]. Knowledge-Based Systems, 2017, 134: 199-212.

[17] ZHOU Q, JIANG P, SHAO X, et al. A variable fidelity information fusion method based on radial basis function[J]. Advanced Engineering Informatics, 2017, 32: 26-39.

[18] WANG L, SHAN S, WANG G G. Mode-pursuing sampling method for global optimization on expensive black-box functions[J]. Engineering Optimization, 2004, 36(4): 419-438.

[19] REGIS R G, SHOEMAKER C A. Improved Strategies for Radial basis Function Methods for Global Optimization[J]. Journal of Global Optimization, 2007, 37(1): 113-135.

[20] YOUNIS A, DONG Z. Metamodelling and search using space exploration and unimodal region elimination for design optimization[J]. Engineering Optimization, 2010, 42(6): 517-533.

[21] CAI X, QIU H, GAO L, et al. A multi-point sampling method based on Kriging for global optimization[J]. Structural and Multidisciplinary Optimization, 2017, 56(1): 71-88.

[22] VIANA F A C, HAFTKA R T, WATSON L T. Efficient global optimization algorithm assisted by multiple surrogate techniques[J]. Journal of Global Optimization, 2013, 56(2): 669-689.

[23] KRITYAKIERNE T, AKHTAR T, SHOEMAKER C A. SOP: parallel surrogate global optimization with Pareto center selection for computationally expensive single objective problems[J]. Journal of Global Optimization, 2016,

66(3): 417-437.

[24] LI Z, RUAN S, GU J, et al. Investigation on parallel algorithms in efficient global optimization based on multiple points infill criterion and domain decomposition[J]. Structural and Multidisciplinary Optimization, 2016, 54(4): 747-773.

[25] EGLAJS V, AUDZE P. New approach to the design of multifactor experiments[J]. Problems of Dynamics and Strengths, 1977, 35(1): 104-107.

[26] JIN R, WEI C, SUDJIANTO A. An efficient algorithm for constructing optimal design of computer experiments[J]. Journal of Statistical Planning and Inference, 2005, 134(1): 268-287.

[27] JONES D R, SCHONLAU M, WELCH W J. Efficient global optimization of expensive black-box functions[J]. Journal of Global Optimization, 1998, 13(4): 455-492.

[28] REGIS R G, SHOEMAKER C A. A stochastic radial basis function method for the global optimization of expensive functions[J]. Informs Journal on Computing, 2007, 19(4): 497-509.

[29] MÜLLER J. User guide for modularized surrogate model toolbox, Department of Mathematics[C]. Tampere University of Technology, Tampere, Finland, 2012.

[30] LONG T, WU D, GUO X, et al. Efficient adaptive response surface method using intelligent space exploration strategy[J]. Structural and Multidisciplinary Optimization, 2015, 51(6): 1335-1362.

[31] DONG H, SONG B, WANG P, et al. Surrogate-based optimization with clustering-based space exploration for expensive multimodal problems[J]. Structural and Multidisciplinary Optimization, 2018, 57(4): 1553-1577.

[32] KULFAN B M. Universal parametric geometry representation method[J]. Journal of Aircraft, 2008, 45(1): 142-158.

第8章 基于空间缩减的代理模型约束全局优化方法

基于代理模型的全局优化算法在现代工业的发展中取得了巨大的进展[1]。虽然现有算法在处理贵重的带边界约束的黑箱优化问题上具有优势，但大多数算法无法处理非线性约束优化问题。

当目标函数和约束函数都是计算贵重的黑箱问题时，优化的复杂性进一步增加。Bjorkman 和 Holmström[2]在 Gutmann 提出的思想上进行了扩展，开发了一种基于径向基函数(RBF)的优化算法，该算法利用罚函数将不等式约束问题转化为边界约束问题，并成功用于列车设计优化。Basudhar 等[3]提出了一种有效的约束全局优化算法。Regis[4]扩展了原有的局部度量随机 RBF(LMSRBF)算法，用于处理贵重的非线性不等式约束问题，通过分别构建目标函数和约束函数的代理模型，预测可行的候选点。Bagheri 等[5]基于 Regis 的研究提出了一种 RBF 近似自调整约束优化算法(SACOBRA)，实现以较少的 NFE 找到高质量的结果。Parr 等提出了一种增强加点抽样准则，将目标改进和约束满足作为两个单独的函数，使用多目标优化选择更新点[6]。此外，也有一些文献关注目标和约束贵重的多目标优化问题[7-8]。Müller 和 Woodbury[9]指出目前可用于解决贵重目标和约束问题的算法较少。

因此，本章旨在针对计算耗时的黑箱约束问题，提出一种新的基于空间缩减的代理模型约束全局优化(surrogate-based constrained global optimization using space reduction, SCGOSR)算法，该算法可以在较少的 NFE 下找到全局最优解，本章所考虑的问题类型可以简单总结为

$$
\begin{cases}
\min f(\boldsymbol{x}) \\
\text{s.t.} \quad g_i(\boldsymbol{x}) \leqslant 0, \qquad \forall j = 1, \cdots, m \\
\quad\quad \text{Lb}_i \leqslant x_i \leqslant \text{Ub}_i, \qquad \forall i = 1, \cdots, n \\
\quad\quad x_i \in R, \qquad \forall i = 1, \cdots, n
\end{cases}
\tag{8.1}
$$

式中，$\boldsymbol{x}$ 为设计变量；$f(\boldsymbol{x})$ 为目标函数；$g(\boldsymbol{x})$ 为约束函数；Lb 为设计变量 x 的下界；Ub 为设计变量 x 的上界。对于式(8.1)中描述的计算贵重问题，可使用较少的函数(目标和约束)评估获得全局最优解。实际工程应用涉及多峰或高非线性模型，因而式(8.1)中的 $f(\boldsymbol{x})$ 和 $g(\boldsymbol{x})$ 均可能具有复杂形式。

本章内容是在第 4 章 MSSR 上的扩展，MSSR 主要用于无约束贵重黑箱问题。

在约束处理上，MSSR 只是在目标函数中添加一个惩罚项，而对于缩减的空间不使用基于惩罚的策略，此外，MSSR 需要对目标函数和约束函数分别建立完整的代理模型。SCGOSR 利用 Kriging 构建目标和约束的代理模型，并提出多起始约束优化算法对 Kriging 模型进行搜索，得到每次迭代的补充样本点。为了快速找到可行域，甚至全局最优解，提出了一种基于惩罚的空间缩减策略。该策略使用两种罚函数方法分别对贵重样本进行排序，并根据现有样本的排序创建两个子空间。考虑到大规模情况下代理模型难以精确预测的问题，对每个迭代周期动态构造两组位于子空间中的局部代理模型。同时，当 SCGOSR 陷入局部最优时，最大限度地利用 Kriging 均方误差探索稀疏采样区域，保证局部搜索和全局搜索的平衡。

8.1　SCGOSR 算法

在 SCGOSR 算法中，Kriging 分别为目标函数和约束函数构建了代理模型。为了在每次迭代中增加多个有价值的样本，提出了一种基于 Kriging 的多起点约束优化算法。此外，提出了一种空间缩减策略，确定两个子空间用于构造两个局部代理模型，并在两个子空间和总体设计空间中交替进行多起点优化。一旦满足局部收敛准则，SCGOSR 将利用 Kriging 的 MSE 来探索稀疏采样区域。

8.1.1　多起点约束优化

通常情况下，对代理模型进行优化会产生多个预测的局部最优解，特别是当目标函数和约束函数均采用 Kriging 模型时。真实的全局最优解可能存在于这些潜在的最优解中，因此获取这些预测的局部最优样本并选择更有价值的样本是非常重要的。本章利用一种多起点约束优化算法来开发 Kriging 模型，与主要针对无约束问题的多起点约束优化算法不同，该多起点约束优化算法利用罚函数对预测结果进行处理，并将预测结果保存在定义的矩阵中。此外，在 MSSR 中，潜在样本点之间的距离被定义为常数，而本章提出的 SCGOSR 是依赖于设计空间大小的距离准则，具体过程描述如下。

首先通过 LHS 在定义的空间中生成几个起始点，然后从这些起始点进行 SQP 优化。SQP 求解器得到的样本和相应的预测值被保存在一个 PLO 矩阵中，式(8.2)给出了多起点约束优化的具体表达式。

$$
\begin{cases}
\text{Multi\_Start} \quad \text{Optimization} \\
\text{StartingPoints}: x_i, i = 1, 2, \cdots, M \\
\text{SQP} \quad \min \hat{Y}_{\text{krg}}(x) \\
\text{s.t.} \quad \hat{g}_{\text{krg}}(x) \leqslant 0 \\
\quad \text{Lb} \leqslant x \leqslant \text{Ub}
\end{cases}
\tag{8.2}
$$

式中，$\hat{Y}_{\text{krg}}(\boldsymbol{x})$ 为精确目标函数的 Kriging 模型；$\hat{g}_{\text{krg}}(\boldsymbol{x})$ 为精确约束函数的 Kriging 模型；M 为起始点个数；x_i 为第 i 个起始点。一旦得到了预测的局部最优值，这些目标和约束的样本和预测值将记录在 PLO 矩阵中。式(8.3)描述了一种将基于 Kriging 的目标和约束转化为增广函数的惩罚方法。

$$\hat{Y}_{\text{aug}}(\boldsymbol{x}) = \hat{Y}_{\text{krg}}(\boldsymbol{x}) + P \cdot \sum_{}^{m} \max(\hat{g}_{i\text{krg}}(\boldsymbol{x}), 0) \tag{8.3}$$

由式(8.4)可知，新的 PLO 矩阵有 M 行和 $(n+1)$ 列。

$$
\text{PLO} = \begin{bmatrix}
S_1^1 & S_2^1 & \cdots & S_n^1 & \hat{Y}_{\text{krg}}^1 & \hat{g}_{\text{krg}1}^1 & \cdots & \hat{g}_{\text{krg}m}^1 \\
S_1^2 & S_2^2 & \cdots & S_n^2 & \hat{Y}_{\text{krg}}^2 & \hat{g}_{\text{krg}1}^2 & \cdots & \hat{g}_{\text{krg}m}^2 \\
\vdots & \vdots & & \vdots & \vdots & \vdots & & \vdots \\
S_1^M & S_2^M & \cdots & S_n^M & \hat{Y}_{\text{krg}}^M & \hat{g}_{\text{krg}1}^M & \cdots & \hat{g}_{\text{krg}m}^M
\end{bmatrix}
$$
$$
\Rightarrow \begin{bmatrix}
S_1^1 & S_2^1 & \cdots & S_n^1 & \hat{Y}_{\text{aug}}^1 \\
S_1^2 & S_2^2 & \cdots & S_n^2 & \hat{Y}_{\text{aug}}^2 \\
\vdots & \vdots & & \vdots & \vdots \\
S_1^M & S_2^M & \cdots & S_n^M & \hat{Y}_{\text{aug}}^M
\end{bmatrix} \tag{8.4}
$$

根据 PLO 中 $\hat{Y}_{\text{aug}}^i$ 的大小，矩阵按升序排列。由于 SQP 求解器可能会得到相似或重复的局部最优解，因此将冗余样本从 PLO 中删除。式(8.4)中的样本需要定义筛选距离，具体如式(8.5)所示：

$$\left\| S^i - S^j \right\| > \Delta \cdot \left\| \text{Ub} - \text{Lb} \right\| \tag{8.5}$$

式中，Ub 为设计上界；Lb 为设计下界；Δ 为决定距离大小的权重因子。一般来说，更小的 Δ 可以带来更多的点，但这些点可能彼此非常接近；更大的 Δ 可能会使 SCGOSR 错过一些有价值的点，因此 Δ 推荐的取值范围为[1e-6, 1e-4]。此外，与所得样本非常接近的样本也会被剔除，最后补充的样本将从过滤后的 PLO 中选择，越小的 $\hat{Y}_{\text{aug}}^i$ 优先级越高。

8.1.2　约束优化的空间缩减

空间缩减(也称为区域消除)可以消除不太有价值和以前探索过的区域，以减少代价高昂的函数评估数量。在大多数情况下，一个缩小的空间是目前最优解的邻域，或者是一个包含几个有价值解的小区域。对于约束优化，最优解不仅要有

最小的目标值, 还要满足所有的约束条件。为了从贵重的样本集中找到这些有价值的样本, 使用两个罚函数, 具体的公式如下:

$$Y_{\text{aug1}} = \begin{cases} Y_{\text{obj}}, & g_i \leqslant 0, \forall i = 1, \cdots, m \\ Y_{\text{obj}} + P, & g_i > 0, \exists i = 1, \cdots, m \end{cases} \tag{8.6}$$

$$Y_{\text{aug2}} = Y_{\text{obj}} + P \cdot \sum_{i=1}^{m} \max(g_i, 0) \tag{8.7}$$

$$\begin{bmatrix} S_1^1 & S_2^1 & \cdots & S_n^1 \\ S_1^1 & S_2^1 & \cdots & S_n^1 \\ \vdots & \vdots & & \vdots \\ S_1^K & S_2^K & \cdots & S_n^K \end{bmatrix} \Rightarrow \begin{bmatrix} Y_{\text{obj}}^1 \\ Y_{\text{obj}}^2 \\ \vdots \\ Y_{\text{obj}}^K \end{bmatrix} + \begin{bmatrix} g_1^1 & g_2^1 & \cdots & g_n^1 \\ g_1^1 & g_2^1 & \cdots & g_n^1 \\ \vdots & \vdots & & \vdots \\ g_1^K & g_2^K & \cdots & g_n^K \end{bmatrix} \Rightarrow \begin{bmatrix} Y_{\text{aug1}}^1 \\ Y_{\text{aug1}}^2 \\ \vdots \\ Y_{\text{aug1}}^K \end{bmatrix}, \begin{bmatrix} Y_{\text{aug2}}^1 \\ Y_{\text{aug2}}^2 \\ \vdots \\ Y_{\text{aug2}}^K \end{bmatrix} \tag{8.8}$$

式中, m 为约束的个数; K 为贵重样本的个数; n 为设计变量的维数; P 为远大于目标函数值的惩罚因子; Y_{aug1} 和 Y_{aug2} 为增广函数。较小的 P 不会对增广的目标函数产生显著的变化, 因此 P 的推荐取值范围为[1e10, 1e20]。式(8.8)表示样本矩阵、贵重的目标向量和贵重的约束矩阵, 利用罚函数得到了两个增广目标向量。直观上, 第一个罚函数会惩罚违反任何约束的解, 而第二个罚函数可以"原谅"那些非常接近约束边界的解。相对而言, 式(8.6)在处理边界解时比式(8.7)更为严格。但是, 约束边界两边的解可以提高 Kriging 模型在边界附近的逼近精度, 换句话说, 违反约束但位于约束边界附近的解也是有价值的。考虑到这一特点, 将 Y_{aug1} 最小化以找到当前最优解, 并对 Y_{aug2} 进行排序以获得所有贵重样本的排名, 具体过程描述如下:

$$\min \begin{bmatrix} Y_{\text{aug1}}^1 \\ Y_{\text{aug1}}^2 \\ \vdots \\ Y_{\text{aug1}}^K \end{bmatrix} \Rightarrow S_{\text{aug1}}^{\min} \text{sort} \begin{bmatrix} Y_{\text{aug2}}^1 \\ Y_{\text{aug2}}^2 \\ \vdots \\ Y_{\text{aug2}}^K \end{bmatrix} \Rightarrow \left\{ S_{\text{aug2}}^{\text{rank1}}, S_{\text{aug2}}^{\text{rank1}}, \cdots, S_{\text{aug2}}^{\text{rank1}} \right\} \tag{8.9}$$

式中, $S_{\text{aug1}}^{\min}$ 可能不等于 $S_{\text{aug2}}^{\text{rank1}}$, 因为它们来自两个不同的评价标准。在上述得到较好样本的基础上, 创建两个子空间, 如下所示:

$$\begin{cases} \text{Lb}_{\text{sub1}} = S_{\text{aug1}}^{\min} - w \cdot (\text{Ub}_{\text{range}} - \text{Lb}_{\text{range}}) \\ \text{若 Lb}_{\text{sub1}}(i) < \text{Lb}_{\text{range}}(i), \text{则 Lb}_{\text{sub1}}(i) = \text{Lb}_{\text{range}}(i) \\ \text{Ub}_{\text{sub1}} = S_{\text{aug1}}^{\min} + w \cdot (\text{Ub}_{\text{range}} - \text{Lb}_{\text{range}}) \\ \text{若 Ub}_{\text{sub1}}(i) > \text{Ub}_{\text{range}}(i), \text{则 Ub}_{\text{sub1}}(i) = \text{Ub}_{\text{range}}(i) \\ \forall i = 1, \cdots, n \\ \text{subspace1}: [\text{Lb}_{\text{sub1}}, \text{Ub}_{\text{sub1}}] \end{cases} \tag{8.10}$$

$$\begin{cases} M = \text{round}(r \cdot K) \\ \text{Lb}_{\text{sub2}}(i) = \min\left(\left\{ S_{\text{aug2}}^{\text{rank1}}(i); \quad S_{\text{aug2}}^{\text{rank2}}(i); \quad \cdots; \quad S_{\text{aug2}}^{\text{rank}M}(i) \right\}\right) \\ \text{Ub}_{\text{sub2}}(i) = \max\left(\left\{ S_{\text{aug2}}^{\text{rank1}}(i); \quad S_{\text{aug2}}^{\text{rank2}}(i); \quad \cdots; \quad S_{\text{aug2}}^{\text{rank}M}(i) \right\}\right) \\ i = 1, 2, \cdots, n \\ \text{Subspace2}: [\text{Lb}_{\text{sub2}}; \text{Ub}_{\text{sub2}}] \end{cases} \tag{8.11}$$

式(8.10)中，Ub_{range} 为原设计空间的上界；Lb_{range} 为原设计空间的下界；w 为权重因子；n 为维数。式(8.11)中，r 为比值系数；K 为贵重样本的数量。

　　用户可自定义两个参数 w 和 r 来决定子空间的大小。如果 w 大于 50%或 r 大于 100%，则会失去空间缩减的意义；相反，如果 w 和 r 太小，局部代理模型就会变得不准确，SCGOSR 可能会错过一些有价值的解。因此，建议 w 和 r 的取值范围分别为[10%, 20%]和[20%, 40%]。可以看出，Subspace1 是来自式(8.6)和式(8.9)最优解的邻域，而 Subspace2 包含了由式(8.7)和式(8.9)定义的几个有价值的样本。在 SCGOSR 中，提出的多起点约束优化算法在子空间 e1、子空间 e2 和全局设计空间中交替探索。正如 Ong 等[10]所指出的，很难构造精确的全局代理模型，特别是当目标函数和约束函数是多峰问题时。因此，基于这两个子空间中的样本，分别构造目标和约束函数的局部 Kriging 代理模型。

8.1.3　未知区域探索

　　一般来说，有效的全局优化算法具有跳出局部最优解、探索未知区域的能力。在 SCGOSR 中，当 PLO 矩阵中所有的新样本都不满足多样性要求，或者连续几次迭代没有得到更好的样本时，算法将对稀疏采样区域进行探索。因此，通过多起点优化算法使 Kriging 的 MSE 最大搜索增加样本点，具体的伪代码如算法 8.1 所示。

算法 8.1 跳出局部最优

(01) Begin

(02) OptSpace ←根据迭代次数确定优化空间(Subspace1、Subspace2、设计空间)

(03) Snew ←从 PLO 矩阵中选择新的样本

(04) $Y_{aug1}^{rank1}, Y_{aug1}^{rank2}, \cdots, Y_{aug1}^{rankK}$ ←对增广函数值进行排序

(05) $Y_{aug1}^{mean} \leftarrow \mathrm{mean}\left(Y_{aug1}^{rank1}, Y_{aug1}^{rank2}, \cdots, Y_{aug1}^{rankm}\right)$，根据排名求出前 m 个增广函数值的均值

(06) $Y_{mean}(\mathrm{iteration}) \leftarrow$ 在每次迭代记录和保存 Y_{aug1}^{mean}

(07) if iteration > 5

(08) GVI ← | Y_{mean}(pre_iter)−Y_{mean}(pre_iter−5)|（"pre_iter" 为当前迭代数）

(09) else

(10) GVI ←1e20

(11) end if

(12) if Snew 为空 or GVI <=1e−6

(13) Snew_mse ←基于式(8.2)~式(8.5)调用多起点约束优化算法以最大化 OptSpace 中的 Kriging 估计 MSE

(14) Snew ← [Snew；Snew_mse]

(15) end if

(16) End

算法 8.1 中，GVI 是一个临时变量，记录了前 m 个增广函数值的变化。从算法 8.1 的第(04)~(06)行可以看出，选取了每次迭代的前 m 个样本，记录其均值。此外，算法 8.1 中第(07)~(12)行表明，如果前 m 个响应值的均值变化不明显或 Snew 为空时，多起点约束优化开始探索未知区域。

8.1.4 优化流程

本节给出了 SCGOSR 的总体流程图，主要包括初始化、挖掘和探索三个部分。对于全局优化算法，挖掘是在现有最优解附近进行快速搜索，探索是在稀疏采样区域补充新点。SCGOSR 具有对局部有价值区域进行密集搜索的能力，同时也具有从局部区域中跳出的能力。SCGOSR 的流程图如图 8.1 所示。

另外，图 8.1 给出了算法 8.1 的局部收敛准则，并定义了全局停止准则：

$$y_{best} \leqslant \mathrm{target} \text{ 或 } NFE > 500 \tag{8.12}$$

式中，target 为定义的目标值；NFE 为目标或约束函数计算次数。

在图 8.1 中，函数 "rem(A，B)" 表示返回 A 除以 B 后的余数。

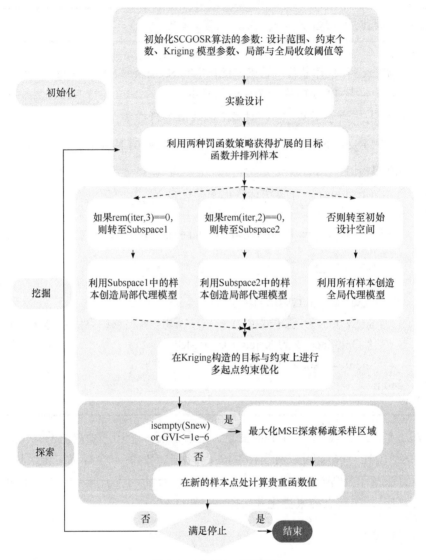

图 8.1　SCGOSR 流程图

8.2　对　比　实　验

　　为了验证 SCGOSR 的能力,测试了具有代表性的不同线性约束优化基准算例,如表 8.1 所示,这些算例包括 8 个常用的基准数学算例(BR、SE、GO、G4、G6、G7、G8、G9)和 5 个常用的工程算例(TSD、WBD、PVD、SRD、SCBD)。

表 8.1　非线性约束优化案例

类别		维度	约束	设计范围	目标值	已知最优值
数学算例	BR	2	1	$[-5,10]\times[0,15]$	0.3980	0.3979
	SE	2	1	$[0,5]^2$	−1.1740	−1.1743
	GO	2	1	$[-0.5,0.5]\times[-1,0]$	−0.970	−0.9711
	G4	5	6	$[78,102]\times[33,45]\times[27,45]^3$	−31025	−31025.56
	G6	2	2	$[13,100]\times[0,100]$	−6960	−6961.81
	G7	10	8	$[-10,10]^{10}$	25	24.3062
	G8	2	2	$[1e-15,10]^2$	−0.0958	−0.0958
	G9	7	4	$[-10,10]^7$	1000	680.6301
工程算例	TSD	3	4	$[0.05,2]\times[0.25,1.3]\times[2,15]$	0.0128	0.01267
	WBD	4	7	$[0.1,2]\times[0.1,10]^2\times[0.1,2]$	1.8	1.7249
	PVD	4	4	$[0.0625,6.1875]^2\times[10,200]^2$	6000	5885.33
	SRD	7	11	$[2.6,3.6]\times[0.7,0.8]\times[17,28]\times$ $[7.3,8.3]^2\times[2.9,3.9]\times[5.0,5.5]$	3000	2994.42
	SCBD	10	11	$([2,3.5]\times[35,60])^5$	65000	62791

表 8.1 中各算例的目标值和已知最优值均来源于已发表的关于约束问题的文献[11-12]。需要说明的是，这些算例具有不同的特点，即涉及不同的维度和约束条件，所以它们可以代表实际工程设计中可能遇到的大多数约束优化问题。在接下来的测试中，式(8.3)、式(8.6)和式(8.7)中的参数 P 设定为 1e10，式(8.5)中的参数 Δ 设定为 1e−5，式(8.10)中的 w 设定为 15%，式(8.11)中的 r 设定为 25%。

8.2.1　初步测试

在 13 个基准算例上对提出的 SCGOSR 算法进行了初步测试，结果如表 8.2 所示，迭代结果如图 8.2 所示。值得注意的是，SCGOSR 在测试中使用"NFE>500"作为全局停止准则。很明显，SCGOSR 可以很容易地找到这些算例的最优值，甚至可以非常接近表 8.1 所示的全局最优值。如图 8.2(a)、图 8.2(e)、图 8.2(f)、图 8.2(g)、图 8.2(i)、图 8.2(l)、图 8.2(m)、图 8.2(o)、图 8.2(p)所示，虽然初始 DOE 在大多数情况下无法提供可行解，但随着迭代的进行，SCGOSR 可以逐渐捕获可行解。

表 8.2 SCGOSR 的初步测试结果

算例	设计变量	响应值
BR	[9.4248, 2.4750]	0.3979
SE	[2.7450, 2.3523]	−1.1743
GO	[0.1092, −0.6234]	−0.9711
G4	[78, 33, 27.0734, 45, 44.9619]	−31025.35
G6	[14.0950, 0.8430]	−6961.80
G7	[2.1640, 2.3825, 8.7750, 5.0870, 0.9753, 1.3864, 1.3067, 9.8169, 8.2413]	24.3187
G8	[1.2315, 4.2450]	−0.0958
G9	[2.0341, 1.9175, −0.6860, 4.4691, −0.2074, 1.7834, 1.6773]	686.8836
TSD	[0.0516, 0.3550, 11.3904]	0.0126653
WBD	[0.2057, 3.4705, 9.0366, 0.2057]	1.7249
PVD	[0.7792, 0.3852, 40.3713, 199.3308]	5888.66
SRD	[3.5002, 0.7000, 17, 7.3000, 7.7153, 3.3503, 5.2867]	2994.78
SCBD	[2.9921, 59.8408, 2.7943, 55.3846, 2.5237, 50.4720, 2.2206, 43.9321, 2, 35.0028]	62874.36

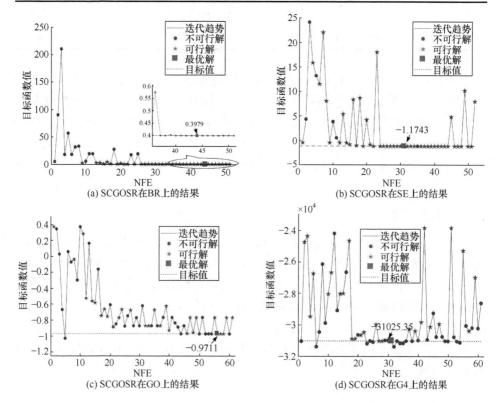

(a) SCGOSR在BR上的结果

(b) SCGOSR在SE上的结果

(c) SCGOSR在GO上的结果

(d) SCGOSR在G4上的结果

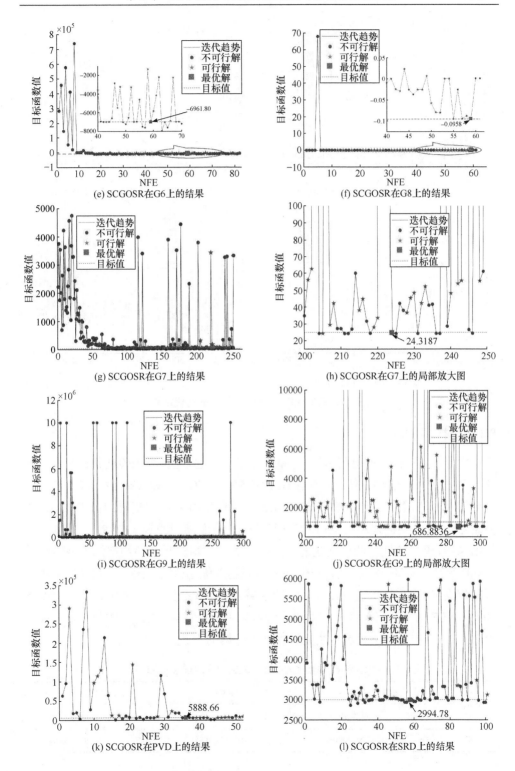

(e) SCGOSR在G6上的结果

(f) SCGOSR在G8上的结果

(g) SCGOSR在G7上的结果

(h) SCGOSR在G7上的局部放大图

(i) SCGOSR在G9上的结果

(j) SCGOSR在G9上的局部放大图

(k) SCGOSR在PVD上的结果

(l) SCGOSR在SRD上的结果

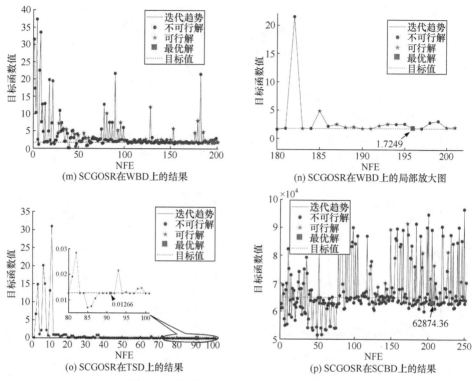

图 8.2　SCGOSR 在不同算例上的迭代结果

8.2.2　对比测试

由于 SCGOSR 的随机特性，本章采用了 10 次独立运行来验证其稳定性，并与 5 种基于代理的约束优化算法(RBFCGOSR、SCGO、MSSR、MS 和 MSRBF)进行了对比测试。RBFCGOSR 与 SCGOSR 均采用 RBF 代理模型，但 RBFCGOSR 使用三阶 RBF 构造代理模型；SCGO 是不进行空间缩减的 SCGOSR 算法；MSSR 是第 4 章提出的处理约束问题的全局优化算法；MS 是不使用空间缩减策略的 MSSR 算法；MSRBF 是一种基于 RBF 的多起点优化算法。此外，SCGOSR 也与近些年提出的 KCGO 进行比较。统计结果见表 8.3～表 8.6。表中，">"表明在 500 次 NFE 中至少有一次测试无法找到目标函数计算值，"()"中的数字表示失败次数，"{}"中的数字表示算法无法找到可行解的次数。

表 8.3　SCGOSR、RBFCGOSR 和 SCGO 的最优值和平均 NFE

算例	SCGOSR		RBFCGOSR		SCGO	
	平均 NFE	最优值	平均 NFE	最优值	平均 NFE	最优值
BR	25.1	[0.3979, 0.3980]	69	[0.3979, 0.3980]	26.7	[0.3979, 0.3980]

续表

算例	SCGOSR		RBFCGOSR		SCGO	
	平均 NFE	最优值	平均 NFE	最优值	平均 NFE	最优值
SE	25.9	[−1.1743, −1.1740]	43.2	[−1.1743, −1.1741]	24.3	**[−1.1743, −1.1741]**
GO	51.1	[−0.9711, −0.9706]	>137.6	[−0.9711, −0.7653]	85.7	[−0.9711, −0.9708]
G4	**53.9**	**[−31026, −31025]**	252.6	[−31026, −31025]	55.7	[−31026, −31025]
G6	78.5	[−6961.8, −6961.4]	**46.4**	**[−6961.8, −6961.2]**	>464	[−6961.6, −6937.3]
G7	**178.2**	**[24.3149, 24.9969]**	247.2	[24.3062, 24.8145]	>290.6	[24.4436, 27.824]
G8	**51.8**	**[−0.0958, −0.0958]**	>178.1	[−0.0958, −0.0936]	115.5	[−0.0958, −0.0958]
G9	115.6	[826.30, 981.86]	124.2	[845.75, 974.07]	165.2	[730.19, 990.14]
TSD	**75.7**	**[1.267e−2, 1.278e−2]**	>293.3	[1.273e−2, 1.287e−2]	110.2	[1.267e−2, 1.279e−2]
WBD	**101.9**	**[1.7249, 1.7888]**	194	[1.7449, 1.7983]	>392.4	[1.7745, 2.7610]
PVD	42.9	[5885.3, 5982.1]	174.2	[5885.4, 5972.7]	31.9	[5885.3, 5981.7]
SRD	**88.1**	**[2994.5, 2997.8]**	232.6	[2994.5, 2994.5]	147.8	[2994.5, 2999.3]
SCBD	**152.5**	**[62861, 64895]**	>256.9	[62791, 70594]	216.3	[63079, 64699]

表 8.4　SCGOSR、RBFCGOSR 和 SCGO 的 NFE 统计

算例	SCGOSR			RBFCGOSR			SCGO		
	最小值	中值	最大值	最小值	中值	最大值	最小值	中值	最大值
BR	21	25.5	29	28	60	160	17	24	48
SE	18	24.5	41	25	33	128	**20**	**25**	**30**
GO	17	28	156	22	60.5	>500(1)	18	21	297
G4	**32**	**35.5**	**174**	188	253	307	21	25.5	181
G6	33	65.5	171	**27**	**44.5**	**71**	123	>500	>500(9)
G7	**102**	**199.5**	**239**	107	200.5	459	64	>293.5	>500(5)
G8	**24**	**47.5**	**80**	32	104.5	>500(2)	44	97	297
G9	54	112	198	58	121	213	31	187.5	235
TSD	**43**	**69**	**114**	113	244	>500(1)	62	96.5	249
WBD	**72**	**97**	**153**	112	180.5	372	186	408	>500(3)
PVD	27	41	63	92	159	285	26	31.5	36
SRD	**35**	**60.5**	**272**	143	219.5	345	35	127	331
SCBD	**62**	**119.5**	**297**	134	222.5	>500(1)	42	209	470

表 8.5　MSSR、MS 和 MSRBF 的最优值和平均 NFE

算例	MSSR		MS		MSRBF	
	平均 NFE	最优值	平均 NFE	最优值	平均 NFE	最优值
BR	22.6	[0.3979, 0.3980]	**21.8**	**[0.3979, 0.3979]**	>145.9	[0.3979, 0.3981]
SE	>162.8	[−1.1743, −1.1739]	>233.7	[−1.1743, −1.1735]	>74.5	[−1.1743, −1.1729]
GO	**33.6**	**[−0.9711, −0.9701]**	41.8	[−0.9711, −0.9703]	>357.7	[−0.9708, −0.1664]
G4	>272.3	[−31026, −31020]	>310.5	[−31026, −30742]	>232.2	[−31026, −31024]
G6	>253.5	[−6961.4, −6958.3]	>454.6	[−6960.9, −6918.7]	147.2	[−6961.8, −6961.8]
G7	>147.8	[24.3540, 25.1828]	>213.4	[24.3342, 27.8559]	>500	[25.0043, 1e10] {*1}
G8	68.9	[−0.0958, −0.0958]	94.8	[−0.0958, −0.0958]	>427.8	[−0.0958, −2.89e−5]
G9	**109.1**	**[828.79, 999.87]**	160.8	[822.56, 999.99]	>438.1	[946.63, 11690]
TSD	95.4	[1.267e−2, 1.279e−2]	100.7	[1.268e−2, 1.279e−2]	179.2	[1.267e−2, 1.278e−2]
WBD	156	[1.7354, 1.7976]	>348.4	[1.7643, 2.8849]	>311.6	[1.7333, 2.7608]
PVD	30.4	[5891.2, 5951.5]	**29.7**	**[5885.4, 5965.3]**	>150.2	[5885.4, 6025.5]
SRD	>209.6	[2994.5, 3019.2]	>322.3	[2994.5, 3018.7]	>328.3	[2994.5, 5448.7]
SCBD	284.4	[62858, 64648]	307	[62791, 64731]	>387.8	[62791, 1e10] {*3}

表 8.6　MSSR、MS 和 MSRBF 的 NFE 统计

算例	MSSR			MS			MSRBF		
	最小值	中值	最大值	最小值	中值	最大值	最小值	中值	最大值
BR	17	23	28	**19**	**20.5**	**30**	45	79	>500(1)
SE	25	124.5	>500(1)	22	116	>500(4)	20	26	>500(1)
GO	**13**	**33**	**54**	14	42.5	74	17	>500	>500(7)
G4	21	>288.5	>500(5)	22	>500	>500(6)	161	198	>500(1)
G6	15	190	>500(4)	230	>500	>500(8)	53	75	408
G7	72	104	>500(1)	73	98	>500(3)	>500	>500	>500(10)
G8	39	64.5	109	42	95.5	152	31	>500	>500(8)
G9	**60**	**102.5**	**189**	83	145	295	139	>500	>500(8)
TSD	52	101	153	53	84	249	75	167	399
WBD	98	133	411	178	358	>500(2)	60	299	500(4)
PVD	26	31	37	**23**	**28**	**49**	46	63	>500(1)
SRD	31	201.5	>500(1)	34	364	>500(2)	120	305	>500(3)
SCBD	52	310.5	384	146	317.5	466	147	>500	>500(6)

可以看出，SCGOSR 可以在 500 次函数评估范围内找到所有算例的最优值，但是其他 5 种算法都不同程度地失效。在本章中，二维 BR、SE、GO、G6 和 G8 是非线性约束问题。对于这些低维问题，可以看出 MS 和 MSRBF 失效的可能性较大，而 RBFCGOSR 和 MSSR 在大多数算例下都可以成功找到最优解。因为 BR 是一种相对简单的算例，所以这些算法可以很容易地找到全局最优解。另外，基于 RBF 的两种算法(RBFCGOSR 和 MSRBF)都难以快速找到 GO 和 G8 的最优值，而且 MSSR、MS 和 MSRBF 有时会接近 SE 的最优值，但最终无法达到最优值。

当维数和约束条件增加时，基于代理的优化算法寻找最优值的难度增大。对于 5 维 6 约束的 G4，提出的 SCGOSR、RBFCGOSR 和 SCGO 能够以较少的 NFE 成功地找到最优值，但 MSSR、MS 和 MSRBF 总是失败，特别是 MSRBF 有时在最大计算次数下也找不到可行解。在这些数学算例中，G7 和 G9 是最复杂的，因为这些算法均需要较多的 NFE。

在工程算例中，SCGOSR 和 MSSR 的性能表现较好。由于 MSRBF 缺少一种有助于摆脱局部最优的探索策略，容易陷入局部最优区域。因此，在大多数工程实例中，MSRBF 是不稳定的。此外，由于 SRD 和 SCBD 都有 11 个约束条件，给优化带来了挑战，RBFCGOSR、MSSR、MS 和 MSRBF 均需要使用更多的 NFE 来搜索其最优值。

表 8.7 给出了 SCGOSR 与 KCGO 的比较结果。表中，G4′不同于之前引入的 G4[11]，区别在于将 G4 中的系数 0.00026 改为 G4′中的 0.0006262。已知 G4′的全局最优值是−30665.54，对比发现，KCGO 具有卓越的求解能力，仅用 24 次 NFE 就找到 G4′上的近似最优值，而 SCGOSR 虽然总能在 G4′上得到满意的值，但至少需要 33 次函数计算，不过 SCGOSR 有时可以找到真正的全局最优值−30665.54。同样，在 G6 上，SCGOSR 可以找到比 KCGO 更好的值，但是 KCGO 使用更少的函数计算次数。对于 G7 来说，KCGO 可以比 SCGOSR 得到更准确的结果，但 SCGOSR 有时更高效。在 G8 上，SCGOSR 的表现大多优于 KCGO，因为 KCGO 的最优值在 SCGOSR 的取值范围之外，且 SCGOSR 可以使用较少的函数计算次数。对于 G9，在 NFE 较小的情况下，SCGOSR 能够找到比 KCGO 更好的值 826.30。另外，SCGOSR 的平均 NFE(115.6)也远小于 163。对于 TSD、WBD 和 SRD，SCGOSR 比 KCGO 得到的结果更为准确，此外 SCGOSR 的执行效率也很高。

无论在数学算例还是工程应用中，SCGOSR 都取得了令人满意的性能。更重要的是，与其他算法相比，SCGOSR 在稳定性和效率方面具有明显优势。总之，SCGOSR 是一种很有效的约束优化算法，可用于解决贵重的黑箱问题。

表 8.7 SCGOSR 和 KCGO 对比

算例	SCGOSR			KCGO	
	平均 NFE	NFE 范围	最优值	NFE	最优值
G4′	60.3	[33, 163]	[**−30665.54**, −30665.20]	**24**	−30665.51
G6	78.5	[33, 171]	[**−6961.8**, −6961.4]	**31**	−6677.68
G7	178.2	[**102**, 239]	[24.3149, 24.9969]	107	**24.3093**
G8	51.8	[**24**, 80]	[**−0.0958**, −0.0956]	39	−0.0956
G9	115.6	[**54**, 198]	[**826.30**, 981.86]	163	860.9243
TSD	75.7	[43, 114]	[**1.267e−2**, 1.278e−2]	**38**	0.0135
WBD	101.9	[**72**, 153]	[**1.7249**, 1.7888]	115	2.3230
SRD	88.1	[35, 272]	[**2994.5**, 2997.8]	43	2999.76

8.2.3 深入对比和分析

此外,为了证明 SCGOSR 的广泛适用性,还需进一步进行测试。采用 superEGO 约束优化算法作为对比。superEGO[13]被开发用来解决具有不连通可行区域的计算昂贵问题。本章对 Sasena 等[13]提出的 Gomez 和 newBranin 两个基准算例进行了测试,其中 newBranin 的三个可行区域只占设计空间的 3%左右,而不连通的 Gomez 可行区域约占设计空间的 19%。根据文献[13],SCGOSR 也利用 LHS 生成 10 个初始样本点,并在两个算例上运行 10 次。此外,当在真实全局最优解附近的一个方框内(设计空间范围的±1%)得到一个可行解时,SCGOSR 将停止,记录 NFE。表 8.8 的主要数据来自文献[13],可以看出 superEGO2 在这两个算例上表现最好,但是 SCGOSR 也有令人满意的性能。对于 newBranin 来说,SCGOSR 非常接近 superEGO2 的结果,但是在 Gomez 上,SCGOSR 比 superEGO2 需要更多的函数计算次数。此外,SCGOSR 的性能优于确定性优化算法 DIRECT[14]、基于梯度的算法 SQP 和基于自然的算法 SA[15]。

为了演示 SCGOSR 如何处理不连通可行区域的问题,图 8.3 和图 8.4 给出了图形示例。图中★为全局最优解,■为 DOE 样本点,●为之前添加的点,●为当前添加的点,虚线为约束边界。

为了验证 SCGOSR 的优越性,选择较差的初始样本点,即初始样本点不能在初始阶段为 SCGOSR 找到全局最优点提供积极的指导。从图 8.3 中可以看出,搜索首先集中在"错误的"可行域上,图 8.3(b)和图 8.3(c)显示搜索逐渐接近最重要的可行域。另外,由于 SCGOSR 可以在每次迭代内捕获多个局部最优点,对这三个可行域进行了充分的探索,最后用 44 次 NFE 来寻找最优解 [3.2340,0.9547]。

表 8.8　newBranin 和 Gomez 的平均 NFE 对比

算法	newBranin	Gomez
SCGOSR	24.6	47.5
superEGO1	22.2	66.3
superEGO2	22.0	36.5
DIRECT	76	93
SQP	363	831
SA	5371	7150

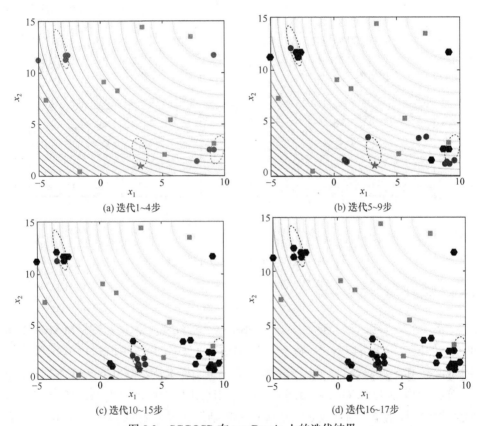

(a) 迭代1~4步　　　　　　　　　　(b) 迭代5~9步

(c) 迭代10~15步　　　　　　　　　(d) 迭代16~17步

图 8.3　SCGOSR 在 newBranin 上的迭代结果

从图 8.4 可以看出，Gomez 比 newBranin 的搜索更为复杂。搜索从包含初始样本点的左侧可行域开始，在前 20 次迭代中，SCGOSR 忙于探索"错误的"可行区域。SCGOSR 在探索了 5 个可行区域后，开始关注全局最优点的邻域。最后，通过 35 次迭代，79 次函数计算，SCGOSR 得到了满意的可行解[0.1110，−0.6233]。综上所述，SCGOSR 可以解决具有不连通可行域的复杂问题。

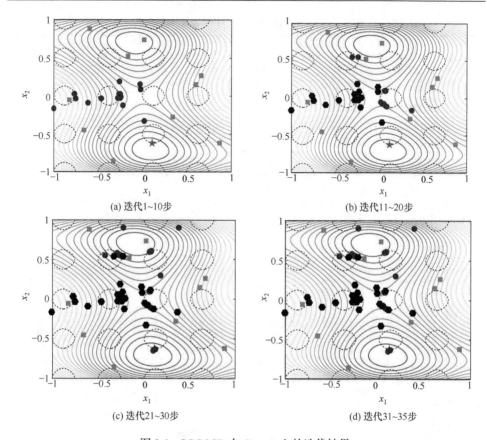

(a) 迭代1~10步   (b) 迭代11~20步

(c) 迭代21~30步   (d) 迭代31~35步

图 8.4　SCGOSR 在 Gomez 上的迭代结果

8.2.4　空间缩减的具体分析

与其他方法的比较，显示了 SCGOSR 显著的性能。从表 8.3 中 SCGOSR 和 SCGO 的比较结果可以看出，两个子空间加快了 SCGOSR 的搜索过程。为了分析 Subspace1 和 Subspace2 的贡献，分别测试了 SCGOSR_S1 和 SCGOSR_S2 两种算法。这两种算法与 SCGOSR 相同，只是分别使用了两个子空间，表 8.9 给出了两种算法的统计结果。结合表 8.3 的 SCGOSR 结果和表 8.9 的结果，在表 8.10 中给出了三种算法的具体排名。直觉上，SCGOSR_S2 在 G6 和 WBD 上失败了几次，但是在 GO、G4、G8、PVD 和 SRD 上的性能最好。SCGOSR_S1 在 BR、G7、G9 和 WBD 上使用最少的 NFE，但是在 SRD 和 SCBD 上表现很差。相对而言，SCGOSR 的表现最为稳定，总体排名最好。虽然这两个子空间的组合使用可能会在一些问题上增加 NFE，但可使空间缩减策略更稳健。

表 8.9 SCGOSR_S1 和 SCGOSR_S2 的最优值和平均 NFE

算例	SCGOSR_S1		SCGOSR_S2	
	平均 NFE	最优值	平均 NFE	最优值
BR	23.7	[0.3979, 0.3980]	28.3	[0.3979, 0.3980]
SE	27.7	[−1.1743, −1.1742]	26.5	[−1.1743, −1.1741]
GO	64.2	[−0.9711, −0.9704]	26.7	[−0.9711, −0.9701]
G4	96.2	[−31026, −31025]	37	[−31026, −31025]
G6	80.3	[−6961.8, −6960.0]	>362.8(7)	[−6961.8, −6914.1]
G7	152.6	[24.3083, 24.9307]	220.3	[24.3086, 24.8412]
G8	79.6	[−0.0958, −0.0958]	46.2	[−0.0958, −0.0958]
G9	96.9	[782.31, 988.15]	118.5	[720.83, 982.69]
TSD	120.8	[1.267e−2, 1.276e−2]	77.7	[1.267e−2, 1.272e−2]
WBD	89.5	[1.7249, 1.7998]	>150.7(1)	[1.7286, 2.5605]
PVD	40.9	[5907.3, 5995.1]	36.8	[5885.4, 5959.5]
SRD	168.6	[2994.5, 2999.5]	60.9	[2994.5, 2999.9]
SCBD	223.4	[62792, 64846]	157.7	[62791, 64318]

表 8.10 SCGOSR、SCGOSR_S1 和 SCGOSR_S2 的排名

算例	SCGOSR	SCGOSR_S1	SCGOSR_S2
BR	2	1	3
SE	1	3	2
GO	2	3	1
G4	2	3	1
G6	1	2	3
G7	2	1	3
G8	2	3	1
G9	2	1	3
TSD	1	3	2
WBD	2	1	3
PVD	3	2	1
SRD	2	3	1
SCBD	1	3	2
总排名	23	29	26

8.3　本章小结

　　本章提出了一种基于代理模型的全局约束优化算法 SCGOSR，用于处理实际工程设计中经常出现的具有贵重目标和约束的问题。在 SCGOSR 中，Kriging 被用来构建代理模型，该代理模型将随着迭代的进行而更新。此外，提出了一种基于代理模型的多起点优化方法，实现从预测局部最优解中选择新的样本点。为了加快 Kriging 的搜索速度，采用两个罚函数建立了两个子空间。其中，Subspace1 是当前最优解的附近区域，Subspace2 是包含多个有价值解的区域。在此基础上，分别用这两个子空间中的样本构造了两组局部代理模型。一方面，局部代理可以提高局部收敛效率；另一方面，局部代理使 SCGOSR 在构造目标函数和约束函数的 Kriging 模型上花费更少的时间。多起点优化在子空间 e1、子空间 e2 和总体设计空间上交替进行，当 SCGOSR 被困在一个局部最优区域并满足所提出的局部收敛准则后，SCGOSR 开始对稀疏采样区域进行探索。

　　最后，通过对 8 个数学算例和 5 个工程应用的对比实验，证明了 SCGOSR 在处理贵重黑箱约束优化问题的强大能力。

参 考 文 献

[1] TOLSON B A, SHOEMAKER C A. Dynamically dimensioned search algorithm for computationally efficient watershed model calibration[J]. Water Resources Research, 2007, 43(1): 1-16.

[2] BJRKMAN M, HOLMSTRÖM K. Global optimization of costly nonconvex functions using radial basis functions[J]. Optimization and Engineering, 2000, 1(4): 373-397.

[3] BASUDHAR A, DRIBUSCH C, LACAZE S, et al. Constrained efficient global optimization with support vector machines[J]. Structural and Multidisciplinary Optimization, 2012, 46(2): 201-221.

[4] REGIS R G. Stochastic radial basis function algorithms for large-scale optimization involving expensive black-box objective and constraint functions[J]. Computers and Operations Research, 2011, 38(5): 837-853.

[5] BAGHERI S, KONEN W, EMMERICH M, et al. Self-adjusting parameter control for surrogate-assisted constrained optimization under limited budgets[J]. Applied Soft Computing, 2017, 61: 377-393.

[6] PARR J M, FORRESTER A, KEANE A J, et al. Enhancing infill sampling criteria for surrogate-based constrained optimization[J]. Journal of Computing Methods Science in Engineering, 2012, 12(1) : 25-45.

[7] AUDET C, SAVARD G, ZGHAL W. A mesh adaptive direct search algorithm for multiobjective optimization[J]. European Journal of Operational Research, 2010, 204(3): 545-556.

[8] DURANTIN C, MARZAT J, BALESDENT M. Analysis of multi-objective Kriging-based methods for constrained global optimization[J]. Computational Optimization and Applications, 2016, 63(3): 903-926.

[9] MÜLLER J, WOODBURY J D. GOSAC: global optimization with surrogate approximation of constraints[J]. Journal of Global Optimization, 2017, 1-20.

[10] Ong Y S, Nair P B, Keane A J. Evolutionary optimization of omputationally expensive problems via surrogate

modeling[J]. AIAA journal, 2003, 41(4): 687-696.

[11] GARG H. Solving structural engineering design optimization problems using an artificial bee colony algorithm[J]. Journal of Industrial and Management Optimization, 2014, 10(3): 777-794.

[12] THANEDAR P B, VANDERPLAATS G N. Survey of discrete variable optimization for structural design[J]. Journal of Structural Engineering, 1995, 121(2): 301-306.

[13] SASENA M, PAPALAMBROS P, GOOVAERTS P. Global optimization of problems with disconnected feasible regions via surrogate modeling[C]. Proceedings 9th AIAA/ISSMO Symposium on Multidisciplinary Analysis and Optimization, Atlanta, 2002.

[14] JONES D R. Direct global optimization algorithm[J]. Encyclopedia of optimization, 2009, 1(1): 431-440.

[15] KIRKPATRICK S, GELATT C D, VECCHI A. Optimization by simulated annealing[J]. Science, 1983, 220(4598): 671-680.

第9章 克里金辅助的教与学约束优化方法

随着高保真仿真技术的迅速发展和广泛应用，贵重的黑箱全局优化问题已成为最具挑战性的工程优化问题之一[1-3]。通常，仿真分析越准确，带来的计算成本越高，有时必须牺牲一些时间来获得令人满意的精度。另外，贵重的黑箱约束可能会进一步增加优化的复杂性并带来更大的挑战[4-7]，很难在可接受的计算预算范围内找到实际工程应用的可行解[8-9]。具体来说，贵重的黑箱约束问题可以描述如下。

$$\begin{cases} \min f(\boldsymbol{x}), & \boldsymbol{x} \in [\mathrm{lb}, \mathrm{ub}] \\ \mathrm{s.t.} \ g_i(\boldsymbol{x}) \leqslant 0, & i = 1, \cdots, m \end{cases} \tag{9.1}$$

式中，[lb，ub]为搜索空间；$f(\boldsymbol{x})$为目标函数；$g_i(\boldsymbol{x})$表示第 i 个不等式约束；m 为不等式约束的总数。假设 $f(\boldsymbol{x})$ 和 $g_i(\boldsymbol{x})$ 都是耗时的黑箱问题，一旦在未知点 $\boldsymbol{x}$ 上计算了目标函数 $f(\boldsymbol{x})$，就可以同时获得相应的约束 $g_i(\boldsymbol{x})$，$f(\boldsymbol{x})$ 和 $g_i(\boldsymbol{x})$ 是来自一个仿真模型的不同响应值。

这些依赖时间的黑箱仿真模型大多数无法提供明确的数学表达式，因此传统的基于梯度的数学方法失去了优势。群体智能(swarm intelligence, SI)和进化计算结合一些约束处理技术已被广泛用于解决黑箱约束问题[10]。Armani 等[11]和 Wright 等[12]提出了一种适用于约束优化的自适应公式，介绍了一种针对遗传算法的罚函数方法[13]，在改进的版本中，采用两阶段惩罚策略对违反约束的单体进行处理，可以减小问题的维数并使方法更具动态性和自适应性。Daneshyari 和 Yen[14]在文化框架(文化 CPSO)下开发了一种受约束的多群粒子群优化方法，其中使用了文化算法[15]中的许多概念来改进 PSO 的更新机制和种群通信能力。在文化 CPSO 中，对目标和约束的违反值进行了归一化，并建立了 V-F 空间以形成修改后的适应度公式用于粒子比较。Wang 和 Cai[16]在已有的 Cai-Wang(CW)算法的基础上，开发了多目标优化与差分进化结合(combining multi-objective optimization with differential evolution, CMODE)算法来解决约束优化问题。在 CMODE 中，目标和约束违反函数被引入两目标优化问题，以期望将目标值和约束违反的程度最小化。与文献[17]不同，CMODE 使用 DE[18]作为搜索器来减少调整参数的数量，并为不可行的结果提出了一种更有效的替换机制。此外，Yong 等[19]介绍了一种新的约束优化方法 FROFI，将目标函数信息纳入可行性规则中，以平衡约束和目标函数，协同利用新的替代机制和突变策略来产生有价值的后代并实现全局探索。

尽管 SI 和 EC 算法[20-22]可以有效地解决复杂的黑箱优化问题,但它们需要大量的函数计算次数,不适用于计算昂贵问题。因此,寻找一种高效的优化方法是非常必要的[23]。

Dong 等[24]开发了一种多代理辅助的全局优化算法 MGOSIC,其中分别使用 Kriging、RBF 和 PRS 来建立动态更新的代理模型,并提出了一种基于评分的加点准则来搜寻潜在样本点,对大多数代理模型上预测的更好样本点给予更高的分数。当前的大多数 SBO 方法是针对贵重的黑箱无约束问题设计的,不能直接用于贵重黑箱约束问题(EBCPs),正如 Haftka 等[25]所言,当涉及约束优化的自适应采样算法时,其技术水平就不那么先进了。Regis[26]在之前的研究基础上开发了一种受约束的局部度量的随机 RBF(ConstrLMSRBF)方法,该方法分别为目标函数和约束函数构建 RBF 模型。在候选点中,首先收集被预测为可行的点,如果在代理模型上所有候选点都不可行,则选择约束违反次数最少的点。尽管 ConstrLMSRBF 可以有效地处理某些 EBCPs,但它至少需要一个可行的点作为初始样本来驱动后续的优化循环,且有时一开始很难确定实际 EBCPs 的可行解。Liu 等[27]提出了一种改进的针对 EBCPs 的约束优化算法 eDIRECT-C,其中提出了一种使用 Voronoi 图[28]的 DIRECT 型[29]约束处理技术来分别处理可行和不可行的单元。尽管 eDIRECT-C 没有用户定义的参数并且可以有效地探索未知的可行区域,但是它需要更多的运行时间,因此不适用于大范围和多约束问题。Dong 等[30]开发了一种基于 Kriging 的约束优化方法,称为基于空间缩减的代理模型约束全局优化方法(SCGOSR),其中提出了一种多起点优化策略,以从 Kriging 的局部和全局空间中捕获有价值的点。在大多数基准算例中,SCGOSR 的性能均优于其他算法,但它过度依赖 Kriging 的预测准确性,即一旦 Kriging 在某些问题上具有较大的预测误差时,SCGOSR 将被 Kriging 错误地引导,并且性能较差。Wang 等[31]提出了一种针对 EBCPs 的全局和局部代理辅助 DE(GLoSADE)算法,该算法包括两个阶段,在全局阶段,DE 充当搜索器以生成潜在样本,并使用广义回归神经网络对这些点进行排序,从而实现全局探索;在局部阶段,结合 RBF 的内点法改善样本中的个体,最终加速收敛。GLoSADE 这类代理辅助进化算法[32-33]保留了元启发式算法的随机抽样机制,同时可以有效地利用代理模型的潜在信息,近年来备受关注[34-36]。

本章中,借助独特的基于教与学的优化(teaching learning based optimization, TLBO)框架[37]和 Kriging 的预测机制,提出了一种有效的代理辅助 SI 方法。因为 TLBO 包含两个生成新样本点的阶段,故而相应地提出两种由 Kriging 指导的采样策略,有效地平衡局部搜索和全局探索。在 Kriging 辅助教学阶段,充分利用当前最优解周围的邻域来加速收敛,并且将考虑可行性概率的约束 EI 函数定义为从学习者中选择潜在个体的预筛选工具。在 Kriging 辅助学习阶段,采用约束均方误差(MSE)函数来确定 Kriging 预测的不确定性,并对稀疏采样可行区域进行全局探索。通过对 TLBO 两个阶段进行联合搜索,新的 Kriging 辅助的教与学约束优化(Kriging-assisted teaching learning based optimization, KTLBO)算法可以有效地解决 EBCPs,其中 KTLBO 利用 Kriging 为目标和约束函数构造动态更新的代理模型,建立一种面向约束优化的数据管理策略,存档、排序和更新贵重样本。

9.1　教与学优化简介

TLBO 算法是由 Rao 等[37]提出的一种启发现象的方法,使用样本迭代来搜索全局最优解。TLBO 算法独特地模仿了知识在班级(人群)中的传播方式,班级中成员包括几个学习者和一个老师。老师为班级中知识水平最高者,可以指导学习者提高自己的知识,因此,该班级的整体知识水平最终与老师相当。同时,一个学习者也可以从其他学习者那里获得启发,形成正反馈。因此,TLBO 算法包括两个搜索阶段:教学和学习,详细步骤如图 9.1 所示。

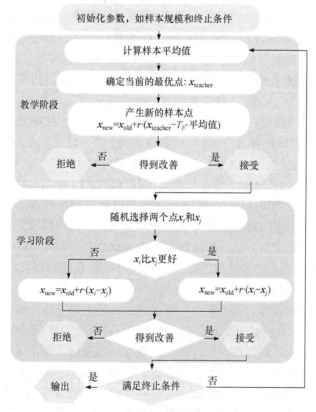

图 9.1　TLBO 算法步骤图

9.2 KTLBO 算法

对于 KTLBO，首先使用实验设计(DOE)来获得一组分布良好的点，这些点需要通过实际目标和约束函数进行评估。此后，采用这些贵重的样本分别构建目标和约束的代理模型，提出一种结合元启发式搜索机制和 Kriging 预测能力的新采样方法，以实现全局探索与局部开发的合理平衡。KTLBO 的每次迭代中，真实数据都需要进行评估、预处理、排序、代理建模和更新，从而对 Kriging 辅助的教学阶段获得的潜在候选点进行预筛选和可重复性检测。经过几次迭代，这些 Kriging 模型的预测性能逐渐增强，并且将获得真实可行区域或全局最优区域周围的潜在较优点。图 9.2 为 KTLBO 的总体流程。

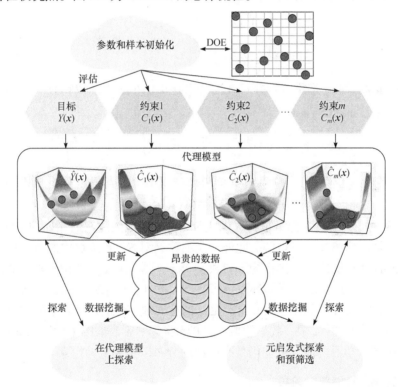

图 9.2 KTLBO 的总体流程

9.2.1 KTLBO 的初始化

在 KTLBO 的初始阶段，分别初始化和定义了一些基本参数，包括设计范围、设计变量和约束的数量，以及总体样本规模和初始采样点的数量。此后，使用拉丁超立方采样获得初始点集 $S=\{x^{(1)}, x^{(2)}, \cdots, x^{(N)}\}$ 及其对应的目标和约束值 $Y=\left\{y^{(1)},y^{(2)},\cdots,y^{(N)}\right\}$，$C=\left\{c^{(1)},c^{(2)},\cdots,c^{(N)}\right\}$。为了有效地处理约束问题中的贵重样本，下面提出一种罚函数方法。

$$F\left(x^{(j)},Y,C\right)=\begin{cases} \max(Y)+\sum_{i=1}^{m}\max\left[c_i\left(x^{(j)}\right),0\right], & \max_{1\leqslant i\leqslant m}\left\{\max\left[c_i\left(x^{(j)}\right),0\right]\right\}>0 \\ Y\left(x^{(j)}\right), & \max_{1\leqslant i\leqslant m}\left\{\max\left[c_i\left(x^{(j)}\right),0\right]\right\}=0 \\ \forall j=1,2,\cdots,N \end{cases} \quad (9.2)$$

式中，$x^{(j)}$为样本集合 S 中的第 j 个点；Y 为目标值集合；$\max(Y)$为最大目标函数值。假设有两个点 A 和 B，根据式(9.2)，易得如下结论。

(1) 如果 A 可行而 B 不可行，则 $F(A)$ 必须优于 $F(B)$。

$$\left. \begin{array}{l} Y(A)\leqslant\max(Y) \\ \sum_{i=1}^{m}\max\left[c_i(B),0\right]>0 \end{array} \right\}\Rightarrow F(A)<F(B) \quad (9.3)$$

(2) 如果 A 和 B 都不可行并且 A 的约束违反值小于 B，则 $F(A)$ 必须优于 $F(B)$。

$$\left. \begin{array}{l} \max(Y)=\max(Y) \\ \sum_{i=1}^{m}\max\left[c_i(A),0\right]<\sum_{i=1}^{m}\max\left[c_i(B),0\right] \end{array} \right\}\Rightarrow F(A)<F(B) \quad (9.4)$$

(3) 如果 A 和 B 都可行，并且 A 的目标函数值小于 B，则 $F(A)$ 必须优于 $F(B)$。

$$Y(A)<Y(B)\Rightarrow F(A)<F(B) \quad (9.5)$$

显然，如果 A 和 B 都不可行，则式(9.2)会更多地关注它们违反约束的情况，这将促进算法快速找到可行解。此外，罚函数 F 对 S、Y 和 C 中的所有样本进行排序，并选择有价值的个体作为人口成员 Pop。图 9.3 显示了初始阶段的数据结构和流程，并为后续的采样循环奠定了基础。此外，初始样本广泛分布在整个设计空间中，因此第一个种群 Pop 具有更好的空间填充性能。随着循环的继续和更多有价值个体的加入，在"教学阶段"的 Pop 将集中于当前的最优解以加速收敛，并且 Pop 在"学习阶段"可能仍具有广泛的分布以实现全局探索。

9.2.2 克里金辅助教学阶段

算法包括两个阶段：一个是 Kriging 辅助教学阶段(Kriging-assisted teaching phase, KATP)，该阶段充分利用了当前最优解周围的局部区域；另一个是 Kriging 辅助学习阶段(Kriging-assisted learning phase, KALP)，可以有效地搜索稀疏采样区域。在 KATP 中，首先需要在包含当前最优解 x_{best} 的局部区域中捕获预测局部最优解 x_{plo}。由于已经建立了用于目标和约束函数的 Kriging 模型，TLBO 被直接用作优化器来搜索代理模型，式(9.6)描述了对代理模型的探索过程。

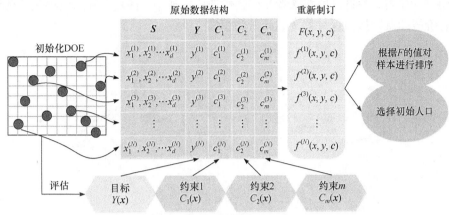

图 9.3　初始阶段的数据结构和流程

$$\begin{cases} \min \ \hat{Y}(\boldsymbol{x}) \\ \text{s.t.} \ \hat{C}_i(\boldsymbol{x}) \leqslant 0 \\ \boldsymbol{x} \in [\text{lb, ub}] \bigcap [\boldsymbol{x}_{\text{best}} - \xi, \boldsymbol{x}_{\text{best}} + \xi] \\ \xi = 0.1 \cdot (\text{ub} - \text{lb}), i = 1, 2, \cdots, m \end{cases} \tag{9.6}$$

式中，[lb, ub]为整个设计范围；$\hat{Y}(\boldsymbol{x})$ 为目标函数的 Kriging 模型；$\hat{C}_i(\boldsymbol{x})$ 为约束函数的 Kriging 模型。考虑到式(9.6)的约束，使用对比规则比较 TLBO 中的任意两个点，即如果预测点更好，则认为它是可行的或至少具有较低的约束违反值。式(9.7)解释了关于对比规则的细节，并将其用于选择 TLBO 中的老师和较优异的学习者。

$$\begin{cases} p_i \prec p_j, \hat{v}(p_i) = 0 \wedge \hat{v}(p_j) > 0 \\ p_i \prec p_j, \hat{v}(p_i) = \hat{v}(p_j) = 0 \wedge \hat{Y}(p_i) < \hat{Y}(p_j) \\ p_i \prec p_j, \hat{v}(p_i) > 0 \wedge \hat{v}(p_j) > \hat{v}(p_i) \\ i \neq j, \quad \forall i, j = 1, 2, \cdots, P \\ \hat{v}(x) = \sum_{i=1}^{m} \max \left(\hat{C}_i(x), 0 \right)^2 \end{cases} \tag{9.7}$$

式中，p_i 为一个总体中的预测点 1；p_j 为一个总体中的预测点 2；$\hat{v}$ 为违反约束；P 为 TLBO 中的人口数量；$\hat{Y}$ 为预测的目标函数；$\hat{C}_i$ 为第 i 个预测约束。经过大量的子代筛选之后，可以找到预测的最优点。

另一方面，来自 $\boldsymbol{S}$、$\boldsymbol{Y}$、$\boldsymbol{C}$ 中的贵重样本也开始产生新的个体，图 9.4 显示了

KATP 的数据结构和流程。在每次迭代时，Pop 都会根据元启发式教学机制生成 M 组新的位置，并将这些新来者归档到候选样本池中，使用预筛选策略从中选择最有价值的点，从而保持均衡的开发和探索。

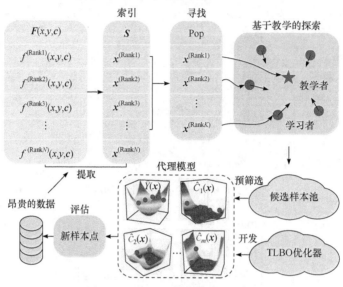

图 9.4　KATP 的数据结构和流程

如图 9.4 所示，通过式(9.2)对 Pop $=\{x^{(\text{Rank1})}, x^{(\text{Rank1})}, \cdots, x^{(\text{Rank}K)}\}$ 进行排序，然后从 S 中进行选择。基于 TLBO 的搜索机制，可以通过以下等式估算新位置。

$$\begin{cases} x_i^j = x^{(\text{Rank}i)} + r^j\left(x^{(\text{Rank1})} - T_F^j \cdot Q\right) \\ Q = \dfrac{1}{K} \cdot \sum_{i=1}^K x^{(\text{Rank}i)} \\ i = 1, 2, \cdots, K, \qquad j = 1, 2, \cdots, M \end{cases} \tag{9.8}$$

式中，x_i 为 $x^{(\text{Rank}i)}$ 生成的新位置；j 为第 j 个组；T_F 为{1, 2}的随机数；r 为[0, 1]的随机数；K 为 Pop 的大小；M 为分组的数量。最后，将 $K \times M$ 个新点存储到临时样本集中进行预筛选。

最大改善期望准则(EI)可以识别出平衡 Kriging 预测值和空间填充性能的潜在点，因此 KTLBO 利用 EI 从样本库中选择有价值的点，EI 策略见式(9.9)。

$$\begin{cases} I(x) = \max\left(y_{\text{best}} - Y(x), 0\right) \\ y_{\text{best}} = \min(Y) \end{cases} \tag{9.9}$$

$I(x)$ 表示目标函数 $Y(x)$ 相对于当前最优值 y_{best} 的改进。由于 $Y(x) \sim N\left(\hat{Y}(x), s^2(x)\right)$，$I(x)$ 是一个随机变量，其数学期望如式(9.10)所述。

$$E\left[I(\boldsymbol{x})\right] = \begin{cases} \left(y_{\text{best}} - \hat{Y}(\boldsymbol{x})\right)\varPhi\left(\dfrac{y_{\text{best}} - \hat{Y}(\boldsymbol{x})}{s(\boldsymbol{x})}\right) + \hat{s}(\boldsymbol{x})\phi\left(\dfrac{y_{\text{best}} - \hat{Y}(\boldsymbol{x})}{s(\boldsymbol{x})}\right), & s(\boldsymbol{x}) \neq 0 \\ 0, & s(\boldsymbol{x}) = 0 \end{cases}$$

(9.10)

此外，采用式(9.11)考虑 x 处的可行性。

$$\text{PF} = P\left[C \leqslant 0\right] = P\left[\frac{C - \hat{C}(\boldsymbol{x})}{s_{\text{c}}(\boldsymbol{x})} \leqslant -\frac{\hat{C}(\boldsymbol{x})}{s_{\text{c}}(\boldsymbol{x})}\right] = \varPhi\left(-\frac{\hat{C}(\boldsymbol{x})}{s_{\text{c}}(\boldsymbol{x})}\right)$$

(9.11)

其中，$C(\boldsymbol{x})$ 也服从正态分布 $N\left(\hat{C}(\boldsymbol{x}), s^2(\boldsymbol{x})\right)$。为了提高可读性，图 9.5 提供了 EI 策略的说明。

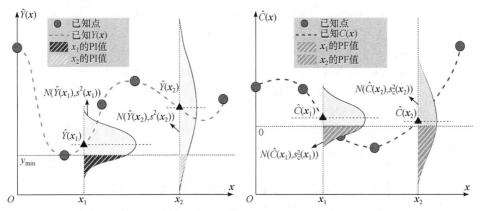

图 9.5　基于教学的预筛选理论图

对于具有 m 个约束的问题，最终的 EI 表达式可以表示为

$$E_{\text{c}}\left[I(\boldsymbol{x})\right] = E\left[I(\boldsymbol{x})\right] \times \prod_{i=1}^{m} P_i\left[c_i \leqslant 0\right]$$

(9.12)

显然，式(9.12)不仅考虑了新点对目标函数的潜在贡献，还考虑了其可行性。因此，式(9.12)被认为是找到每个组最大 EI 值的排序标准。

$$\begin{cases} \boldsymbol{x}_i^* = \underset{\boldsymbol{x} \in \boldsymbol{x}_i}{\operatorname{argmax}}\left(E_{\text{c}}\left[I(\boldsymbol{x})\right]\right) \\ \boldsymbol{x}_i = \left\{\boldsymbol{x}_i^1, \boldsymbol{x}_i^2, \cdots, \boldsymbol{x}_i^M\right\} \\ i = 1, 2, \cdots, K \end{cases}$$

(9.13)

最后，在未探索区域与 Kriging 已探索区域之间取得一组平衡的新样本点 $\{\boldsymbol{x}_i^*, \boldsymbol{x}_i^*, \cdots, \boldsymbol{x}_K^*\}$，并将这些选定的新点和评估预测的最优解 $\boldsymbol{x}_{\text{plo}}$ 保存到下次迭代的贵重样本集中。图 9.5 展示了基于教学的预筛选理论图。算法 9.1 中提供了 KATP 的详细伪代码。

算法 9.1　　Kriging 辅助教学阶段

输入：样本集 S, Y, C, F；约束的数目 m；设计变量的数目 d；人口 Pop; Pop 的
　　　数目 K；采样组的数目 M；

输出：更新样本集 S, Y, C, F

开始

(01)　　　KRG ← {KRG$_{obj}$，KRG$_{c1}$，KRG$_{cm}$}/*基于(S，Y)，(S，C)*建立 Kriging
　　　　　代理模型/；

(02)　　　x_{plo} ← 基于式(9.6)和式(9.7)由 TLBO 得到预测最优值；

(03)　　　Flag ← 检查样本集 S 的重复点/*用 K-nearest Neighbors*/；

(04)　　　If Flag = True /*True 意味着 x_{pbest} 没有重复*/

(05)　　　　　y_{pbest}, c_{pbest} ← 评估 x_{pbes} 的目标以及约束函数值；

(06)　　　　　S, Y, C ← S∪x_{pbest}, Y∪y_{pbest}, C∪c_{pbest}；

(07)　　　End If

(08)　　　Teacher ← 通过式(9.2)从 S 中识别最有价值的样本点；

(09)　　　Q ← 评估 Pop 中的平均排名；

(10)　　　For i from 1 to K

(11)　　　　　For j from 1 to M

(12)　　　　　　　x_t^j ← 通过式(9.6)~式(9.8)得到新点

(13)　　　　　End For

(14)　　　　　x_t^* ← 通过式(9.9)~式(9.13)找到最有价值的个体

(15)　　　　　Flag ← 检查样本集 S 的重复点/* K-nearest Neighbors */；

(16)　　　　　If Flag = True /*True 意味着 x_i^* 没有重复*/

(17)　　　　　　　y_i^*, c_i^* ← 评估 x_i^* 的目标以及约束函数值；

(18)　　　　　　　S, Y, C ← S∪x_i^*, Y∪y_i^*, C∪c_i^*；

(19)　　　　　End If

(20)　　　End For

(21)　　　F ← 基于式(9.2)更新罚函数值的集合

(22)　　　Return 更新样本集 S, Y, C, F

结束

9.2.3　克里金辅助学习阶段

在 KALP 中，首先使用 TLBO 从 Kriging 模型中获得预测的全局最优解 x_{pgo}，其中搜索范围已更改为全局设计空间[lb，ub]。此外，在 KALP 中，形成当前 Pop 的方式也与 KATP 不同，图 9.6 显示了 Kriging 辅助学习阶段的数据流。首先选择具有最优 F 值的点，然后从其余 N–1 个点中随机选择 K–1 个点，这种选择方

式使 Pop 中的样本更加多样化，分布更加广泛，从而促进了对未知区域的搜索。如图 9.6 所示，Pop 将使用 TLBO 的学习机制生成 M 组新点。

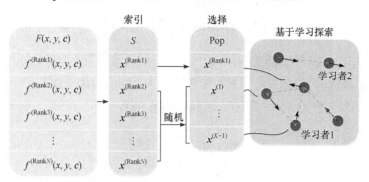

图 9.6　Kriging 辅助学习阶段的数据流

$$\begin{cases} \boldsymbol{x}_t^j = \boldsymbol{x}^{(t)} + r^j\left(\boldsymbol{x}^{(t)} - \boldsymbol{x}^{(s)}\right), & \boldsymbol{x}^{(t)} \prec \boldsymbol{x}^{(s)} \\ \boldsymbol{x}_t^j = \boldsymbol{x}^{(t)} + r^j\left(\boldsymbol{x}^{(s)} - \boldsymbol{x}^{(t)}\right), & \boldsymbol{x}^{(s)} \prec \boldsymbol{x}^{(t)} \\ \boldsymbol{x}^{(t)}, \boldsymbol{x}^{(s)} \in \text{Pop} = \left\{\boldsymbol{x}^{(1)}, \boldsymbol{x}^{(2)}, \cdots, \boldsymbol{x}^{(K)}\right\} \\ j = 1, 2, \cdots, M \end{cases} \tag{9.14}$$

式中，r 为$[0，1]$的随机数；K 为 Pop 的大小；M 为组数。同样，有 $K \times M$ 个新的点，它们被保存到临时样本集中进行预筛选。

如前所述，估计的 MSE $s^2(\boldsymbol{x})$可以反映设计空间的样本密度，即 MSE 值较大的点表示它位于稀疏采样区域，如图 9.7 所示。可以看出，当 MSE 为 0 时，$\boldsymbol{x}_1$ 和 $\boldsymbol{x}_2$ 相对较大，因此加入较大的 MSE 点可以增强算法的全局探索能力。

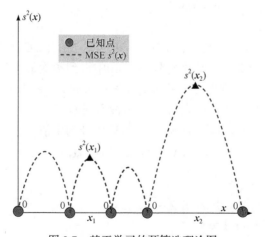

图 9.7　基于学习的预筛选理论图

对于约束问题,需要考虑点的可行性。因此,提出了一种结合 MSE 和式(9.11)所示可行性的预筛选方法,如下所示:

$$\mathrm{SP_c}(\boldsymbol{x}) = s(\boldsymbol{x}) \times \prod_{i=1}^{m} P_i [c_i \leqslant 0] \tag{9.15}$$

由式(9.15)可以看出,同时具有较大 $s(\boldsymbol{x})$ 值和较高可行性概率的点 x 将更具潜力。因此,式(9.15)被认为是找到每个组的最大 $\mathrm{SP_c}$ 值的排序标准。

$$\begin{cases} \boldsymbol{x}_t^* = \underset{x \in x_i}{\mathrm{argmax}} \left(\mathrm{SP_c}(\boldsymbol{x}) \right) \\ \boldsymbol{x}_t = \left\{ \boldsymbol{x}_t^1, \boldsymbol{x}_t^2, \cdots, \boldsymbol{x}_t^M \right\} \\ t = 1, 2, \cdots, K \end{cases} \tag{9.16}$$

与 KATP 相似,在稀疏采样区域采集一组新点 $\{\boldsymbol{x}_1^*, \boldsymbol{x}_2^*, \cdots, \boldsymbol{x}_K^*\}$,这些新点和当前 Kriging 模型中预测的最优解 x_{pgo} 将保存到贵重的样本集中。算法 9.2 中总结了有关 KALP 的伪代码。

算法 9.2　Kriging 辅助学习阶段

输入:约束数目 m; 设计变量数目 d; Pop 的大小 K; 采样组的数目 M; 样本集　S, Y, C, F

输出:更新样本集 S, Y, C, F

开始

(01)　　Pop(1) ← x^(Rank1) /*从 S 中寻找最优样本, 如图 9.6 所示*/

(02)　　T ← 获得 K–1 个随机整数, 范围从 2~N /*N 是在 S 中点的数目*/

(03)　　For i from 1 to K–1

(04)　　　　Pop(i) ← x^(RankT(i))

(05)　　End For

(06)　　KRG ← {KRG$_{obj}$, KRG$_{c1}$, KRG$_{cm}$} /*基于(S, Y), (S, C)建立 Kriging 模型*/;

(07)　　x$_{pgo}$ ← 用 TLBO 在设计范围[lb, ub]中得到预测最优解;

(08)　　Flag ← 检查样本集 S 中的重复性 /* K-nearest Neighbors */v

(09)　　If Flag = True /* True 意味着 x$_{pbest}$ 没有重复*/

(10)　　　　y$_{pbest}$, c$_{pbest}$ ← 评估 x$_{pbest}$ 中目标以及约束值;

(11)　　　　S, Y, C ← S∪x$_{pbest}$, Y∪y$_{pbest}$, C∪c$_{pbest}$;

(12)　　End If

(13)　　For t from 1 to K

(14)　　　　s ← 识别索引 s ∈ {1, 2, ⋯, K}, s ≠ t;

(15)　　　　For j from 1 to M

(16)　　　　　　$\boldsymbol{x}_t^j$ ← 通过式(9.14)获得新点

---

(17)	End For
(18)	x_t^* ← 根据式(9.15)和式(9.16)选择最有价值的个体
(19)	Flag ← 检查样本集 S 中的重复性/* K-nearest Neighbors */;
(20)	If Flag = True /* True 意味着 x_t^* 没有重复*/
(21)	y_t^*, c_t^* ← 评估 x_t^* 的目标以及约束值;
(22)	S, Y, C ← S∪x_t^*, Y∪y_t^*, C∪c_t^*;
(23)	End If
(24)	End For
(25)	F ← 更新基于式(9.2)设置的罚函数值
(26)	Return 更新样本集 S, Y, C, F

结束

9.2.4　KTLBO 的整体优化框架

图 9.8 给出了 KTLBO 的整体优化流程。图中不同的三个区域分别代表初始

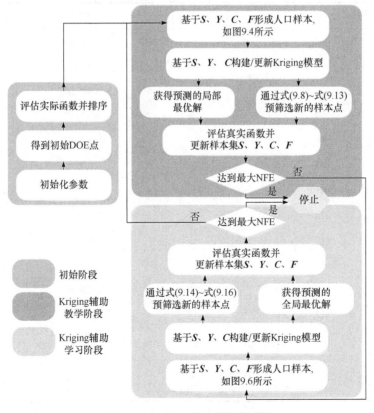

图 9.8　KTLBO 的整体优化流程

阶段、KATP 和 KALP，并清楚地显示了这三个阶段背后的逻辑。在初始阶段之后，将交替执行 KATP 和 KALP 以实现有效的全局优化，直到达到最大 NFE。

9.3　对比实验

本章将 KTLBO 与 6 种典型的算法 MSSR[38]、SCGOSR[30]、ConstrLMS RBF[26]、TLBO[37]、CMODE[16] 和 FROFI[19] 进行比较，其中 MSSR、SCGOSR 和 ConstrLMSRBF 是基于代理模型的优化算法，而 TLBO、CMODE 和 FROFI 是三种用于约束优化的元启发式算法。事实证明，MSSR、SCGOSR 和 ConstrLMSRBF 可以处理具有贵重目标和约束的黑箱优化问题，而 TLBO、CMODE 和 FROFI 在黑箱约束优化问题上表现出卓越的性能。为了验证 KTLBO 的性能，选择 18 个具有不同特征的基准算例，其具体信息在表 9.1 中列出。

表 9.1　18 个基准算例的具体特征

算例		dim	Noc	LI	NI	已知最优值	目标类型
	g01	13	9	9	0	−15.0000	二次
	g02	20	2	0	2	−0.8036	非线性
	g04	5	6	0	6	−30665.5387	二次
	g06	2	2	0	2	−6961.8139	三次
	g07	10	8	3	5	24.3062	二次
	g08	2	2	0	2	−0.0958	非线性
数学算例	g09	7	4	0	4	680.6301	多项式
(13 个 CEC2006	g10	8	6	3	3	7049.2480	线性
算例和 2 个常用	g12	3	1	0	1	−1.0000	二次
算例)	g16	5	38	4	34	−1.9052	非线性
	g18	9	13	0	13	−0.8660	二次
	g19	15	5	0	5	32.6556	非线性
	g24	2	2	0	2	−5.5080	线性
	GO	2	1	0	1	−0.9711	多项式
	SE	2	1	0	1	−1.1743	非线性

续表

算例		dim	Noc	LI	NI	已知最优值	目标类型
工程算例	TSD	3	4	1	3	0.01267	多项式
	SRD	7	11	4	7	2994.4711	多项式
	SCBD	10	11	5	6	62791	多项式

注：dim 为维度；Noc 为约束个数；LI 为线性不等式约束个数；NI 为非线性不等式约束个数。

在 18 个基准算例中，有 15 种使用广泛的数学算例，包括 13 个 CEC2006 算例[39]和 2 个常用的多峰算例 GO 和 SE[30]，以及 TSD、SRD 和 SCBD 3 个经典工程应用算例[30]，它们的设计维度 dim 从 2 到 20，约束个数 Noc 从 1 到 38。

考虑到基于代理的优化算法通常能够使用较少的 NFE 找到较优解，而元启发式算法则需要更多的 NFE，因此建立了两组实验。在第一组实验中，对 KTLBO、SCGOSR、MSSR 和 ConstrLMSRBF 进行比较，并将 NFE 设置为 200。在第二组实验中，对 KTLBO、TLBO、CMODE 和 FROFI 进行比较，并将 NFE 的最大值设置为 500。在每种情况下，所有算法均独立运行 20 次，统计结果汇总见表 9.2～表 9.5，其中 SR 表示在最大 NFE 之后找到可行解的成功率。值得注意的是，比较算法 MSSR、ConstrLMSRBF、SCGOSR、TLBO、CMODE 和 FROFI 均使用默认参数作为其最初的设定。对于 KTLBO，Pop K 的大小为 3，采样组 M 的数量为 10，DOE 样本的数量为 $2d+1$，其中 d 表示维数。此外，KTLBO 使用优化的拉丁超立方采样(OLHS)来获取其初始 DOE 样本。

表 9.2 统计了 13 个 CEC2006 算例的计算结果，可以看出 KTLBO 可以在所有情况下找到可行解，其 SR 始终为 100%。SCGOSR 在 g10 和 g18 上的性能不稳定，表现在其可能无法在 20 次运行内找到可行解。同时，MSSR 在求解 g01、g07、g10 和 g18 时存在困难，如在 20 次运行期间，MSSR 在 g01 成功两次。与其他算法相比，ConstrLMSRBF 较为特殊，因为它需要在初始样本集中至少有一个可行解来驱动后续循环，因此在 ConstrLMSRBF 的初始样本中补充了 KTLBO 的可行解，但是 ConstrLMSRBF 在 g04、g06、g10、g16 和 g18 的表现较差。

表 9.2　CEC2006 算例的计算结果(NFE = 200)

算例	项目	KTLBO	SCGOSR	MSSR	ConstrLMSRBF
g01	最优值	−15.000	−14.959	−3.000	−13.596
	中间值	−15.000	−11.944	−2.085	−9.439
	最差值	−15.000	−7.828	−1.169	−3.725

算例	项目	KTLBO	SCGOSR	MSSR	ConstrLMSRBF
g01	平均值	−15.000	−11.687	−2.085	−9.326
	标准差	0.000	1.880	1.294	3.148
	SR	100%	100%	10%	100%
g02	最优值	−0.398	−0.258	−0.335	−0.400
	中间值	−0.273	−0.203	−0.180	−0.286
	最差值	−0.159	−0.155	−0.151	−0.142
	平均值	−0.273	−0.209	−0.185	−0.288
	标准差	0.062	0.062	0.038	0.068
	SR	100%	100%	100%	100%
g04	最优值	−30665.539	−30665.539	−30665.537	—
	中间值	−30665.539	−30665.520	−30663.910	—
	最差值	−30665.538	−30562.619	−30617.768	—
	平均值	−30665.539	−30658.768	−30659.544	—
	标准差	0.000	23.235	11.123	—
	SR	100%	100%	100%	0%
g06	最优值	−6961.803	−6961.814	−6961.776	—
	中间值	−6961.784	−6961.804	−6957.937	—
	最差值	−6961.762	−6961.730	−6952.356	—
	平均值	−6961.784	−6961.795	−6958.198	—
	标准差	0.014	0.023	2.922	—
	SR	100%	100%	100%	0%
g07	最优值	24.376	24.309	31.539	32.402
	中间值	24.419	24.405	112.481	38.662
	最差值	24.507	30.139	217.320	42.044
	平均值	24.436	26.060	126.714	38.598
	标准差	0.044	2.372	66.111	2.389
	SR	100%	100%	50%	100%
g08	最优值	−0.096	−0.096	−0.096	−0.096
	中间值	−0.096	−0.096	−0.096	−0.094
	最差值	−0.090	−0.096	−0.096	−0.088
	平均值	−0.095	−0.096	−0.096	−0.093
	标准差	0.002	0.000	0.000	0.002
	SR	100%	100%	100%	100%

续表

算例	项目	KTLBO	SCGOSR	MSSR	ConstrLMSRBF
g09	最优值	682.635	683.524	830.918	736.743
	中间值	736.662	703.344	1313.413	908.523
	最差值	891.725	818.397	1903.922	1183.825
	平均值	744.492	714.327	1309.897	923.902
	标准差	52.052	34.229	297.661	122.212
	SR	100%	100%	100%	100%
g10	最优值	7051.015	7176.968	7050.922	—
	中间值	7061.990	11125.224	7051.715	—
	最差值	7108.000	14567.211	7052.509	—
	平均值	7064.030	10667.396	7051.715	—
	标准差	12.679	3106.373	1.123	—
	SR	100%	25%	10%	0%
g12	最优值	−1.000	−1.000	−1.000	−1.000
	中间值	−1.000	−0.997	−0.965	−1.000
	最差值	−1.000	−0.924	−0.822	−0.960
	平均值	−1.000	−0.991	−0.944	−0.994
	标准差	0.000	0.017	0.058	0.011
	SR	100%	100%	100%	100%
g16	最优值	−1.905	−1.905	−1.905	—
	中间值	−1.905	−1.905	−1.905	—
	最差值	−1.459	−1.820	−1.650	—
	平均值	−1.813	−1.895	−1.860	—
	标准差	0.156	0.024	0.075	—
	SR	100%	100%	100%	0%
g18	最优值	−0.866	−0.866	−0.859	−0.447
	中间值	−0.866	−0.608	−0.616	−0.355
	最差值	−0.864	−0.209	−0.239	−0.217
	平均值	−0.865	−0.584	−0.603	−0.343
	标准差	0.000	0.212	0.174	0.064
	SR	100%	90%	75%	95%

续表

算例	项目	KTLBO	SCGOSR	MSSR	ConstrLMSRBF
g19	最优值	37.951	297.193	301.434	232.529
	中间值	44.020	518.120	722.746	490.591
	最差值	73.471	986.840	1143.817	749.958
	平均值	45.731	592.086	710.173	514.584
	标准差	7.596	212.263	214.210	152.950
	SR	100%	100%	100%	100%
g24	最优值	−5.508	−5.508	−5.508	−4.054
	中间值	−5.508	−5.508	−5.507	−4.053
	最差值	−5.508	−5.507	−5.452	−4.049
	平均值	−5.508	−5.508	−5.499	−4.053
	标准差	0.000	0.000	0.017	0.001
	SR	100%	100%	100%	100%

　　由表 9.2 可知,在大多数情况下,KTLBO 获得的解更接近真正的全局最优值,同时 KTLBO 在 g01、g04、g07、g10、g12、g18、g19 和 g24 保持领先,而 SCGOSR 在 g06、g08、g09 和 g16 排名第一。对于 g06 和 g08,SCGOSR 优于 KTLBO,但结果相差无几。MSSR 在大多数情况下可以接近真正的全局最优值,但与 KTLBO 和 SCGOSR 相比,MSSR 的收敛能力相对较弱,如在 g04、g06、g07、g09、g18 和 g19,MSSR 最优值显然比 SCGOSR 和 KTLBO 差。在这四种算法中,ConstrLMSRBF 表现较差。从表 9.2 可以清楚地看出,ConstrLMSRBF 在 200 次计算内很难实现收敛,在某些情况下甚至找不到可行解。尽管 ConstrLMSRBF 性能不稳定,但有时效率要比 MSSR 高,如可以在 g01、g02、g07、g09、g12 和 g19 找到比 MSSR 更好的平均值和中间值,特别是对于 g02,由于 RBF 在高维问题上的出色能力,ConstrLMSRBF 优于其他三种算法。综上所述,这 13 种 CEC2006 算例中,KTLBO 比其他三种算法更具优势。表 9.3 统计了四种算法在低维情况 (GO、SE) 和工程算例中的对比结果。显然,KTLBO 仍然保持高效稳定,在 20 次的计算内 KTLBO 都能达到 SRD 和 SE 的真正全局最优值。此外,KTLBO 也很容易接近 SCBD、TSD 和 GO 的真正全局最优值。相反,在五个基准算例中,ConstrLMSRBF 的性能较差。SCGOSR 和 MSSR 具有相似的性能,而 SCGOSR 表现更好。由表 9.2 和表 9.3 得出了相同的结论,即 KTLBO 能够有效解决计算昂贵且受黑箱约束的优化问题。图 9.9 显示了 KTLBO 的迭代结果,该结果可以反映 KTLBO 在 20 次运行期间的平均表现,另外绘制了搜索期间内的历史数据。从图中可以看出,由 DOE 生成的响应值具有较大的波动,而由迭代过程生成的

点主要集中在可行或全局最优区域上, 如最初在 G7、G8 和 G10 没有找到可行的样本, 但是随着迭代的进行, 捕获了许多可行点。此外, KTLBO 由于全局探索机制, 可能可以搜索未知的不可行区域。尽管已确定了全局最优区域, 但 KTLBO 仍采样了一些与当前最优点相去甚远的不可行点。

表 9.3　GO、SE 和工程算例的计算结果(NFE = 200)

算例	项目	KTLBO	SCGOSR	MSSR	ConstrLMSRBF
SRD	最优值	2994.471	2994.471	2994.473	—
	中间值	2994.471	2994.536	2996.901	—
	最差值	2994.471	3009.420	3019.273	—
	平均值	2994.471	2995.991	3000.715	—
	标准差	0.000	3.805	7.896	—
	SR	100%	100%	100%	0%
SCBD	最优值	62791.528	62791.491	65798.689	—
	中间值	62791.688	67703.486	72331.571	—
	最差值	62792.069	77506.995	78398.626	—
	平均值	62791.734	68242.677	72793.390	—
	标准差	0.151	4160.120	5563.921	—
	SR	100%	100%	25%	0%
TSD	最优值	0.012666	0.012666	0.012665	—
	中间值	0.012681	0.012697	0.012665	—
	最差值	0.012792	0.012788	0.013306	—
	平均值	0.012691	0.012705	0.012697	—
	标准差	0.000030	0.000035	0.000143	—
	SR	100%	100%	100%	0%
GO	最优值	−0.971	−0.971	−0.971	−0.743
	中间值	−0.971	−0.971	−0.969	0.042
	最差值	−0.744	−0.871	−0.034	0.465
	平均值	−0.960	−0.938	−0.877	−0.076
	标准差	0.051	0.047	0.208	0.489
	SR	100%	100%	100%	100%

续表

算例	项目	KTLBO	SCGOSR	MSSR	ConstrLMSRBF
SE	最优值	−1.174	−1.174	−1.174	−1.172
	中间值	−1.174	−1.174	−1.174	−1.158
	最差值	−1.174	−1.174	−1.171	62.187
	平均值	−1.174	−1.174	−1.174	10.430
	标准差	0.000	0.000	0.001	22.570
	SR	100%	100%	100%	100%

KTLBO 保留了元启发式搜索机制，因此将其与三种著名的元启发式约束优化方法进行比较。表 9.4 和表 9.5 显示了这四种算法 500 次 NFE 的比较结果，可以看出 KTLBO 获得了更准确的结果，同时对于其他算例，KTLBO 基本上已经达到

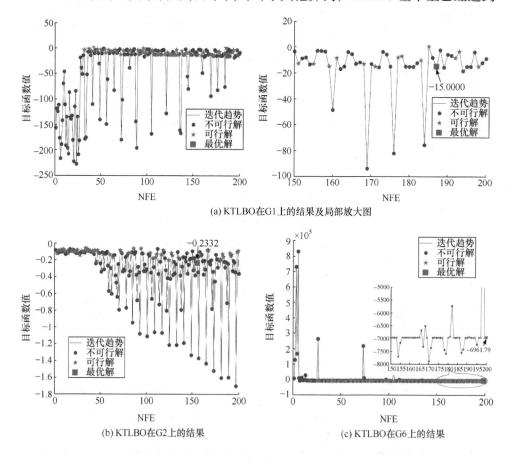

(a) KTLBO在G1上的结果及局部放大图

(b) KTLBO在G2上的结果

(c) KTLBO在G6上的结果

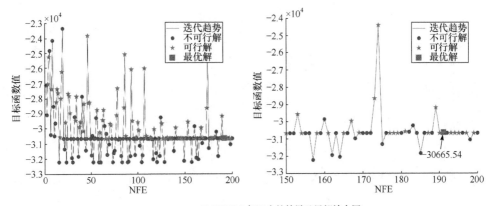

(d) KTLBO在G4上的结果及局部放大图

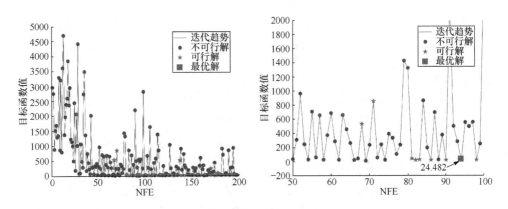

(e) KTLBO在G7上的结果及局部放大图

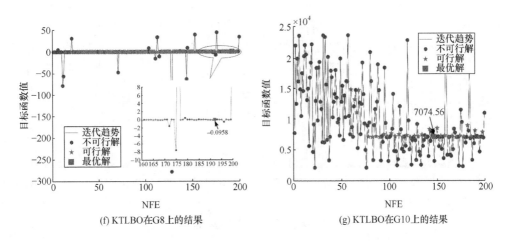

(f) KTLBO在G8上的结果　　　　　　　(g) KTLBO在G10上的结果

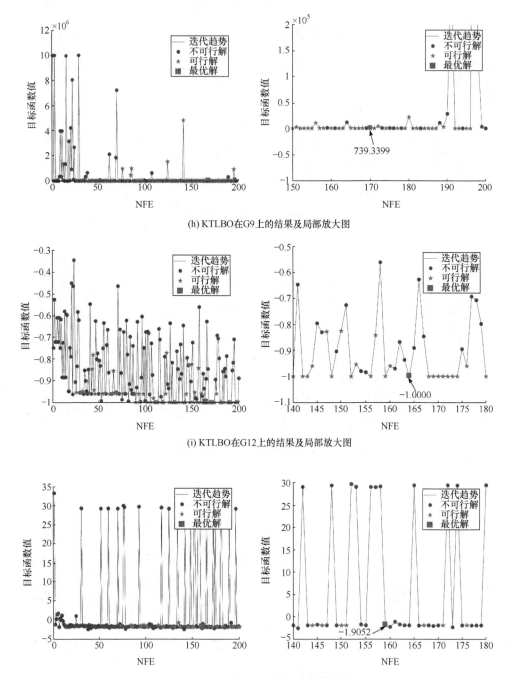

(h) KTLBO在G9上的结果及局部放大图

(i) KTLBO在G12上的结果及局部放大图

(j) KTLBO在G16上的结果及局部放大图

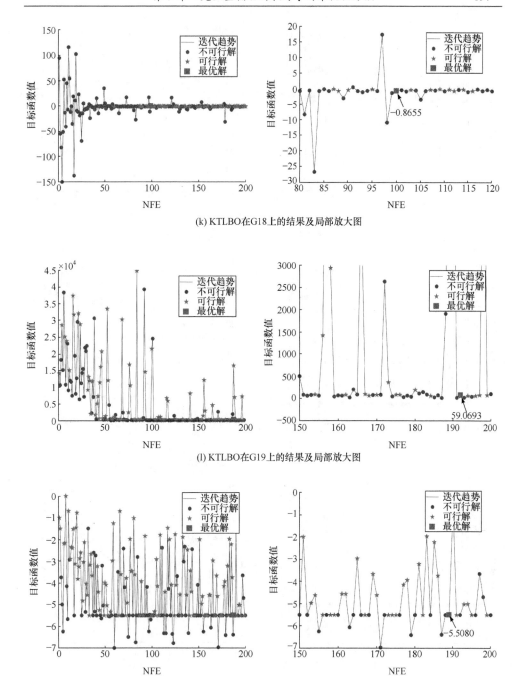

(k) KTLBO在G18上的结果及局部放大图

(l) KTLBO在G19上的结果及局部放大图

(m) KTLBO在G24上的结果及局部放大图

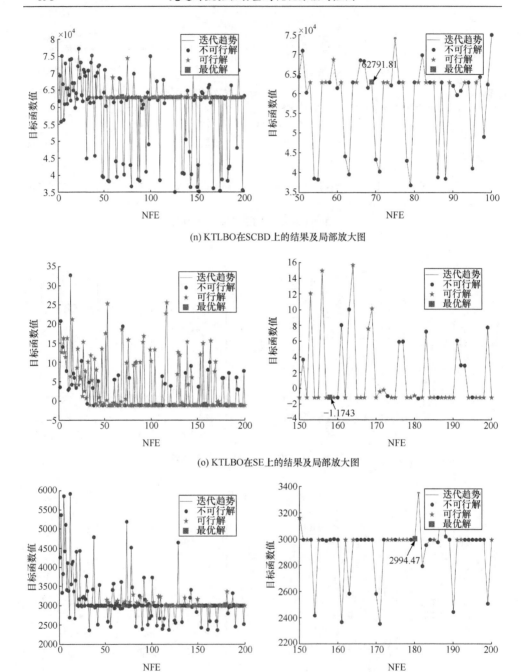

(n) KTLBO在SCBD上的结果及局部放大图

(o) KTLBO在SE上的结果及局部放大图

(p) KTLBO在SRD上的结果及局部放大图

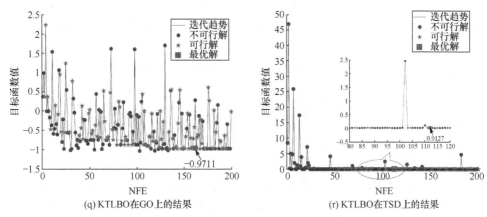

(q) KTLBO在GO上的结果　　　　　　　　(r) KTLBO在TSD上的结果

图 9.9　KTLBO 在 18 个案例中的迭代结果

了真正的全局最优。与其他三种算法相比，TLBO 的表现更为稳健，因为它在 20 次运行中找到可行解的可能性更高。在某些情况下，CMODE 和 FROFI 总是失败，如 FROFI 几乎无法处理 g01、g10 和 g18，而 CMODE 无法处理 g18。此外，CMODE 在 g01、g07 和 g10 具有较低的 SR。显然，CMODE 和 FROFI 需要更多的函数调用才能识别可行区域。相对而言，TLBO、CMODE 和 FROFI 在 g02、g04、g08、g09、g12 和 g24 具有更好的性能，因为这些情况具有较大的可行空间。根据表 9.2 和表 9.4 可知，大多数情况下，SBO 算法比元启发式算法需要的 NFE 更少。

表 9.4　CEC2006 算例的计算结果(NFE = 500)

算例	项目	KTLBO	TLBO	CMODE	FROFI
g01	最优值	−15.000	−9.041	−6.780	—
	中间值	−15.000	−6.668	−5.526	—
	最差值	−15.000	−3.124	−3.431	—
	平均值	−15.000	−6.409	−5.298	—
	标准差	0.000	1.842	1.231	—
	SR	100%	100%	30%	0%
g02	最优值	−0.443	−0.344	−0.346	−0.356
	中间值	−0.355	−0.267	−0.246	−0.245
	最差值	−0.289	−0.177	−0.182	−0.181
	平均值	−0.356	−0.268	−0.253	−0.257
	标准差	0.046	0.040	0.040	0.052
	SR	100%	100%	100%	100%

续表

算例	项目	KTLBO	TLBO	CMODE	FROFI
g04	最优值	−30665.539	−30657.709	−30577.162	−30422.543
	中间值	−30665.539	−30527.893	−30246.187	−30207.457
	最差值	−30665.539	−29624.622	−29630.264	−29922.280
	平均值	−30665.539	−30376.660	−30201.293	−30219.223
	标准差	0.000	322.562	255.884	116.434
	SR	100%	100%	100%	100%
g06	最优值	−6961.812	−6616.246	−6936.174	−6809.207
	中间值	−6961.799	−6123.592	−6598.398	−6439.650
	最差值	−6961.778	−2080.231	−1767.477	−4006.968
	平均值	−6961.798	−5283.219	−5660.160	−6145.102
	标准差	0.009	1614.756	1689.016	759.007
	SR	100%	60%	85%	95%
g07	最优值	24.335	147.721	158.689	48.267
	中间值	24.362	1000.305	315.775	107.470
	最差值	24.447	1549.875	707.693	325.735
	平均值	24.370	869.814	374.483	137.090
	标准差	0.030	473.553	237.994	77.036
	SR	100%	45%	20%	90%
g08	最优值	−0.096	−0.096	−0.096	−0.096
	中间值	−0.096	−0.096	−0.095	−0.096
	最差值	−0.096	−0.026	−0.029	−0.029
	平均值	−0.096	−0.092	−0.081	−0.092
	标准差	0.000	0.016	0.026	0.015
	SR	100%	100%	90%	100%
g09	最优值	680.646	692.552	700.421	702.259
	中间值	680.736	737.429	818.555	744.267
	最差值	681.581	829.155	1345.010	882.689
	平均值	680.826	742.725	888.289	759.905
	标准差	0.238	37.368	177.392	46.599
	SR	100%	100%	100%	100%

续表

算例	项目	KTLBO	TLBO	CMODE	FROFI
g10	最优值	7050.335	13413.760	12842.042	—
	中间值	7054.236	17768.095	13343.482	—
	最差值	7068.933	22506.365	14506.941	—
	平均值	7056.459	18159.266	13564.155	—
	标准差	4.772	2991.253	854.105	—
	SR	100%	45%	15%	0%
g12	最优值	−1.000	−0.999	−1.000	−1.000
	中间值	−1.000	−0.987	−1.000	−1.000
	最差值	−1.000	−0.908	−0.964	−1.000
	平均值	−1.000	−0.979	−0.997	−1.000
	标准差	0.000	0.022	0.008	0.000
	SR	100%	100%	100%	100%
g16	最优值	−1.905	−1.855	−1.879	−1.702
	中间值	−1.905	−1.542	−1.483	−1.437
	最差值	−1.723	−0.978	−1.167	−1.200
	平均值	−1.896	−1.508	−1.508	−1.429
	标准差	0.041	0.256	0.274	0.172
	SR	100%	85%	40%	40%
g18	最优值	−0.866	−0.652	—	—
	中间值	−0.866	−0.458	—	—
	最差值	−0.866	−0.271	—	—
	平均值	−0.866	−0.461	—	—
	标准差	0.000	0.110	—	—
	SR	100%	100%	0%	0%
g19	最优值	32.923	84.283	342.126	264.017
	中间值	33.682	248.502	783.799	583.579
	最差值	35.067	397.335	2081.047	1249.052
	平均值	33.760	235.149	851.530	601.482
	标准差	0.520	87.032	464.958	269.384
	SR	100%	100%	100%	55%

续表

算例	项目	KTLBO	TLBO	CMODE	FROFI
g24	最优值	−5.508	−5.507	−5.507	−5.492
	中间值	−5.508	−5.499	−5.490	−5.448
	最差值	−5.508	−5.377	−5.343	−5.292
	平均值	−5.508	−5.485	−5.472	−5.437
	标准差	0.000	0.035	0.045	0.048
	SR	100%	100%	100%	100%

从表 9.5 中不难发现，500 次 NFE 足以满足 KTLBO 搜寻全局最优解。此外，TLBO 在 SRD、SCBD、TSD 和 GO 始终具有较高的 SR，并且胜过 CMODE 和 FROFI。显然，元启发式算法可以直接用于计算昂贵黑箱优化问题，但是它们需要更多的计算次数来实现收敛。SBO 可以利用代理模型的预测信息来指导搜索，从而减少 NFE。但是，SBO 可能对代理模型的预测准确性更为敏感，一旦代理模型在某些情况下具有较差的预测性能，SBO 可能立即无效。因此，结合了元启发式搜索机制和 Kriging 预测信息的 KTLBO 可以确保可靠的采样过程，表 9.2～表 9.5 的结果显示了其强大的功能和 EBCP 的显著优势。

表 9.5　GO、SE 和工程算例的计算结果(NFE = 500)

算例	项目	KTLBO	TLBO	CMODE	FROFI
SRD	最优值	2994.471	3003.273	3025.246	3036.176
	中间值	2994.471	3052.253	3122.707	3109.041
	最差值	2994.471	5574.144	3899.410	3457.146
	平均值	2994.471	3333.409	3178.711	3122.580
	标准差	0.000	615.210	229.481	91.311
	SR	100%	100%	90%	100%
SCBD	最优值	62791.515	65966.042	67788.298	67238.418
	中间值	62791.584	73772.591	70641.883	73076.280
	最差值	62791.738	83818.265	74480.140	77374.617
	平均值	62791.598	73285.578	71485.513	72318.792
	标准差	0.061	4698.158	2055.834	3124.462
	SR	100%	90%	65%	55%

算例	项目	KTLBO	TLBO	CMODE	FROFI
TSD	最优值	0.012665	0.012735	0.012742	0.012965
	中间值	0.012667	0.013006	0.013769	0.014361
	最差值	0.012671	0.015140	0.230292	0.017988
	平均值	0.012667	0.013410	0.026247	0.014682
	标准差	0.000002	0.000830	0.049545	0.001374
	SR	100%	100%	95%	100%
GO	最优值	−0.971	−0.971	−0.971	−0.971
	中间值	−0.971	−0.968	−0.970	−0.968
	最差值	−0.971	−0.867	−0.811	−0.858
	平均值	−0.971	−0.947	−0.928	−0.941
	标准差	0.000	0.036	0.060	0.046
	SR	100%	100%	100%	100%
SE	最优值	−1.174	−1.174	−1.174	−1.172
	中间值	−1.174	−1.171	−1.173	−1.165
	最差值	−1.174	−0.102	−0.580	−1.149
	平均值	−1.174	−1.090	−1.128	−1.164
	标准差	0.000	0.245	0.140	0.006
	SR	100%	100%	100%	100%

9.4　工 程 应 用

近年来，在海洋工程领域中发挥重要作用的翼身融合水下滑翔机(blended-wing-body underwater gliders, BWBUG)受到了广泛的关注。在 BWBUG 中，压力壳是非常重要的部分，可以保护深海环境中贵重的测量仪器和设备。本章中，为了降低设计成本并增加 BWBUG 压力壳的内部空间体积，需要在提高其浮力质量比的同时满足应力和稳定性约束。图 9.10 给出了 BWBUG 的几何外形并定义了 10 个设计变量，包括 3 个厚度参数(t_1、t_2 和 t_3)，3 个半径参数(R_1、R_2 和 R_3)和 4 个尺寸参数(l_1、l_2、l_3 和 l_4)。

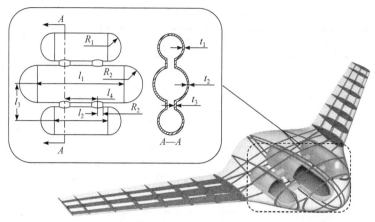

图 9.10　BWBUG 的压力壳示意图

具体的优化公式总结如下。

$$
\begin{cases}
\max \dfrac{B}{G}=\dfrac{\rho v\left(l_1,l_2,l_3,l_4,R_1,R_2,R_3,t_1,t_2,t_3\right)}{m\left(l_1,l_2,l_3,l_4,R_1,R_2,R_3,t_1,t_2,t_3\right)} \\[2mm]
\text{s.t.}\quad \sigma_{\max}\left(l_1,l_2,l_3,l_4,R_1,R_2,R_3,t_1,t_2,t_3\right)\leqslant \gamma\sigma_s \\[2mm]
\lambda P_j \leqslant P_{cr}\left(l_1,l_2,l_3,l_4,R_1,R_2,R_3,t_1,t_2,t_3\right) \\[2mm]
375\leqslant l_1\leqslant 390,\quad 225\leqslant l_2\leqslant 235,\quad 200\leqslant l_3\leqslant 210,\quad 150\leqslant l_4\leqslant 160 \\[2mm]
65\leqslant R_1\leqslant 85,\quad 80\leqslant R_2\leqslant 100,\quad 20\leqslant R_3\leqslant 30 \\[2mm]
5\leqslant t_1\leqslant 12,\quad 5\leqslant t_2\leqslant 12,\quad 5\leqslant t_3\leqslant 12
\end{cases}
\tag{9.17}
$$

式中，B 为浮力；G 为重力；ρ 为海水的密度；v 为整个压力壳的体积；m 为总质量。在第一个应力约束中，$\sigma_{\max}$ 为最大等效应力；σ_s 为屈服强度；γ 为安全系数。在第二个稳定性约束中，$P_j=10\mathrm{MPa}$ 为计算压力；P_{cr} 为屈曲临界载荷；λ 为一阶屈曲因子，将水深定义为 1000m，$\gamma=0.8$ 和 $\lambda=1.5$。由于将铝合金用于压力外壳，σ_s 定义为 280MPa。在式(9.17)中，有 3 个响应值 B/G、$\sigma_{\max}$ 和 P_{cr}，它们来自耗时的仿真，即一项模拟分析花费时间超过 5min。根据以上对比分析结果，SCGOSR 和 KTLBO 具有最佳性能，因此被工程应用。

　　KTLBO 和 SCGOSR 使用相同的 DOE 样本来驱动优化循环。经过 200 次仿真分析，KTLBO 找到了比 SCGOSR 更好的解。图 9.11 和图 9.12 显示了迭代结果。经过 100 次仿真分析后，KTLBO 开始收敛，而 SCGOSR 对仿真模型调用 90 次后陷入了局部最优区域。从表 9.6 和表 9.7 可以看出，采用最优的 DOE 样本，SCGOSR 改善了 21.89%，而 KTLBO 改善了 67.40%。此外，图 9.13～图 9.15 显示了 DOE、KTLBO 和 SCGOSR 的最优仿真结果。根据表 9.9 和图 9.13～图 9.15，很明显，KTLBO 已收敛到第二约束范围，而 SCGOSR 仍远离该约束范围，因此

KTLBO 更适合工程应用。

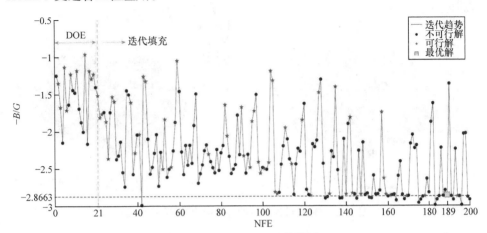

图 9.11　KTLBO 的迭代结果

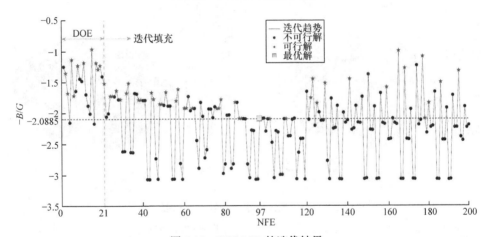

图 9.12　SCGOSR 的迭代结果

表 9.6　BWBUG 结构设计的最优解

项目	l_1	l_2	l_3	l_4	R_1	R_2	R_3	t_1	t_2	t_3
DOE-opt	388.50	225.50	207.00	158.00	82.00	83.00	28.00	5.70	10.25	8.15
KTLBO-opt	376.55	227.82	200.00	153.27	85.00	93.41	30.00	5.00	5.00	12.00
SCGOSR-opt	385.66	229.14	202.00	159.78	84.63	84.72	26.27	5.55	8.19	6.01

表 9.7　BWBUG 结构设计的最优响应值

项目	v/m^3	m/kg	B/G	$\sigma_{\max}$ / MPa	P_{cr} / MPa
DOE-opt	0.0203	13.9904	1.7134	198.2197	69.6338
KTLBO-opt	0.0257	10.4483	**2.8683**	213.0277	15.6479
SCGOSR-opt	0.0223	12.6554	2.0885	215.4628	63.1093

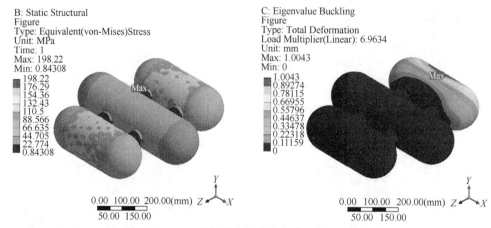

图 9.13　DOE 最优样本的等效应力和第一阶模态

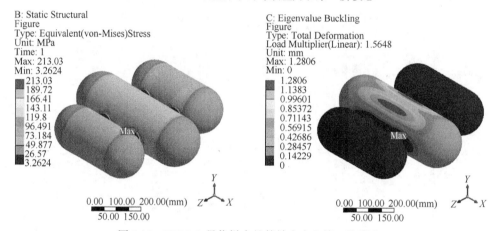

图 9.14　KTLBO 最优样本的等效应力和第一阶模态

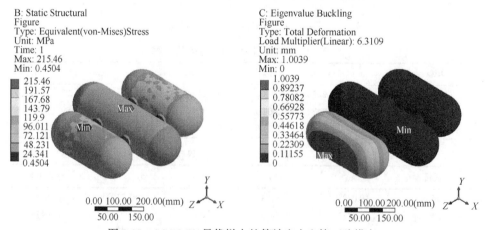

图 9.15　SCGOSR 最优样本的等效应力和第一阶模态

　　总之，KTLBO 不仅可以处理基准算例，而且可以有效地解决基于仿真的约束优化问题。尤其是，当仿真模型分析需要几小时或几天时，对仿真模型的调用将变得非常必要，而 KTLBO 只需要较少的 NFE 就能实现收敛，大大缩短了设计周期，并可得到令人满意的解。

9.5　本 章 小 结

　　本章中，提出了一种基于 Kriging 辅助 TLBO 方法解决计算昂贵的约束优化问题。根据 TLBO 两阶段的搜索模式，提出了两种 Kriging 辅助采样策略，这些策略既保留了 TLBO 的搜索机制，同时也可以合理地平衡代理模型的开发和未知区域的探索。在 Kriging 辅助教学阶段，充分利用当前最优解周围的邻域，并考虑将 EI 函数作为从学习者中挑选有价值的人的过滤器。在 Kriging 辅助学习阶段，提出了针对 Kriging 预测不确定性的 MSE 函数，以选择位于稀疏采样可行区域的学习者进行全局探索。根据初始 DOE 样本和新生成的贵重样本的罚函数值对它们进行迭代排序，并且不断更新老师和优异的学习者，直到算法识别出真正的全局最优为止。

参 考 文 献

[1] ORORBIA M E, CHHABRA J P S, WARN G P, et al. Increasing the discriminatory power of bounding models using problem-specific knowledge when viewing design as a sequential decision process[J]. Structural and Multidisciplinary Optimization, 2020, 62: 709-728.

[2] LI F, SHEN W, CAI X, et al. A fast surrogate-assisted particle swarm optimization algorithm for computationally expensive problems[J]. Applied Soft Computing, 2020, 92 :106303.

[3] DONG H, SONG B, WANG P, et al. Surrogate-based optimization with clustering-based space exploration for expensive multimodal problems[J]. Structural and Multidisciplinary Optimization, 2018, 57(4): 1553-1577.

[4] MIRANDA-VARELA M, MEZURA-MONTES E. Constraint-handling techniques in surrogate-assisted evolutionary optimization. An empirical study[J]. Applied Soft Computing, 2018, 73: 215-229.

[5] BAGHERI S, KONEN W, EMMERICH M, et al. Self-adjusting parameter control for surrogate-assisted constrained optimization under limited budgets[J]. Applied Soft Computing, 2017, 61: 377-393.

[6] LI E. An adaptive surrogate assisted differential evolutionary algorithm for high dimensional constrained problems[J]. Applied Soft Computing, 2019, 85: 105752.

[7] MÜLLER J, WOODBURY J D. GOSAC: Global optimization with surrogate approximation of constraints[J]. Journal of Global Optimization, 2017, 69: 117-136.

[8] AKBARI H, KAZEROONI A. KASRA: A Kriging-based adaptive space reduction algorithm for global optimization of computationally expensive black-box constrained problems[J]. Applied Soft Computing, 2020, 90: 106154.

[9] WU Y, YIN Q, JIE H, et al. A RBF-based constrained global optimization algorithm for problems with computationally expensive objective and constraints[J]. Structural and Multidisciplinary Optimization, 2018, 58: 1633-1655.

[10] MEZURA-MONTES E, COELLO C. Constraint-handling in nature-inspired numerical optimization: Past, present and future[J]. Swarm and Evolutionary Computation, 2011, 1(4): 173-194.

[11] ARMANI F R, WRIGHT J A. Self-adaptive fitness formulation for constrained optimization[J]. Evolutionary Computation IEEE Transactions on, 2003, 7(5): 445-455.

[12] WRIGHT J A, FARMANI R. Genetic algorithm: A fitness formulation for constrained minimization[C]. Proceedings of the 3rd Annual Conference on Genetic and Evolutionary Computation, San Francisco, CA, 2001: 725-732.

[13] GOLDBERG D E. Genetic algorithm in search[J]. Optimization and Machine Learning, Addison Wesley, 1989, 11(7): 2104-2116.

[14] DANESHYARI M, YEN G G. Constrained multiple-swarm particle swarm optimization within a cultural framework[J]. IEEE Transactions on Systems, Man, and Cybernetics- Part A: Systems and Humans, 2012, 42(11): 475-490.

[15] REYNOLDS R G. An introduction to cultural algorithms[C]. Proceedings of the third annual conference on evolutionary programming, River Edge, 1994, 24: 131-139.

[16] WANG Y, CAI Z. Combining multiobjective optimization with differential evolution to solve constrained optimization problems[J]. IEEE Transactions on Evolutionary Computation, 2012, 16(1): 117-134.

[17] CAI Z, WANG Y. A multiobjective optimization-based evolutionary algorithm for constrained optimization[J]. IEEE Transactions on Evolutionary Computation, 2006, 10(6): 658-675.

[18] PRICE K V, STORN R M, LAMPINEN J A. Differential evolution: A practical approach to global optimization[M]. Berlin, Heidelberg: Springer, 2006.

[19] YONG W, WANG B C, LI H X, et al. Incorporating objective function information into the feasibility rule for constrained evolutionary optimization[J]. IEEE Transactions on Cybernetics, 2016, 46(11-12): 2938-2952.

[20] KAR A K. Bio inspired computing–A review of algorithms and scope of applications[J]. Expert Systems with Applications, 2016, 59: 20-32.

[21] MAVROVOUNIOTIS M, LI C, YANG S. A survey of swarm intelligence for dynamic optimization: Algorithms and applications[J]. Swarm and Evolutionary Computation, 2017, 33: 1-17.

[22] XU C, MEI C, XU B, et al. Quadratic interpolation based teaching-learning-based optimization for chemical dynamic system optimization[J]. Knowledge-Based Systems, 2018, 145: 250-263.

[23] LIU B, ZHANG Q, GIELEN GE G. A Gaussian process surrogate model assisted evolutionary algorithm for medium scale expensive optimization problems[J]. IEEE Transactions on Evolutionary Computation, 2014, 18(2):180-192.

[24] DONG H, SUN S, SONG B, et al. Multi-surrogate-based global optimization using a score-based infill criterion[J]. Structural and Multidisciplinary Optimization, 2019, 59(2): 485-506.

[25] HAFTKA R T, VILLANUEVA D, CHAUDHURI A. Parallel surrogate-assisted global optimization with expensive functions–A survey[J]. Structural and Multidisciplinary Optimization, 2016, 54: 3-13.

[26] REGIS R G. Stochastic radial basis function algorithms for large-scale optimization involving expensive black-box objective and constraint functions[J]. Computers and Operations Research, 2011, 38(5): 837-853.

[27] LIU H, XU S, CHEN X, et al. Constrained global optimization via a DIRECT-type constraint-handling technique and an adaptive metamodeling strategy[J]. Structural and Multidisciplinary Optimization, 2016, 55: 155-177.

[28] JONES D R, PERTTUNEN C D, STUCKMAN B E. Lipschitzian optimization without the Lipschitz constant[J]. Journal of Optimization Theory and Applications, 1993, 79(1): 157-181.

[29] LIU H, XU S, WANG X, et al. A global optimization algorithm for simulation-based problems via the extended DIRECT scheme[J]. Engineering Optimization,2015, 47(11) :1441-1458.

[30] DONG H, SONG B, DONG Z, et al. SCGOSR: Surrogate-based constrained global optimization using space reduction[J]. Applied Soft Computing, 2018, 65: 462-477.

[31] WANG Y, YIN D Q, YANG S, et al. Global and local surrogate-assisted differential evolution for expensive constrained optimization problems with inequality constraints[J]. IEEE Transactions on Cybernetics, 2019, 49(5): 1642-1656.

[32] YU H, TAN Y, SUN C, et al. A generation-based optimal restart strategy for surrogate-assisted social learning particle swarm optimization[J]. Knowledge-Based Systems, 2019, 163: 14-25.

[33] FAN C, HOU B, ZHENG J, et al. A surrogate-assisted particle swarm optimization using ensemble learning for

expensive problems with small sample data sets[J]. Applied Soft Computing, 2020, 91: 106242.

[34] DONG H, LI C, SONG B, et al. Multi-surrogate-based differential evolution with multi-start exploration (MDEME) for computationally expensive optimization[J]. Advances in Engineering Software, 2018, 123: 62-76.

[35] TIAN J, SUN C, TAN Y, et al. Granularity-based surrogate-assisted particle swarm optimization for high-dimensional expensive optimization[J]. Knowledge-Based Systems, 2020, 187: 104815.

[36] CAI X, QIU H, GAO L, et al. An efficient surrogate-assisted particle swarm optimization algorithm for high-dimensional expensive problems[J]. Knowledge-Based Systems, 2019, 184: 104901.

[37] RAO R V, SAVSANI V J, Vakharia D P. Teaching–learning-based optimization: A novel method for constrained mechanical design optimization problems[J]. Computer Aided Design, 2011, 43(3): 303-315.

[38] DONG H, SONG B, DONG Z, et al. Multi-start space reduction (MSSR) surrogate-based global optimization method[J]. Structural and Multidisciplinary Optimization, 2016, 54(4): 907-926.

[39] YANG Z, QIU H, GAO L, et al. Surrogate-assisted classification-collaboration differential evolution for expensive constrained optimization problems[J]. Information Sciences, 2020, 508 :50-63.

第 10 章　克里金辅助的离散全局优化方法

随着计算机技术的飞速发展，高保真仿真已成为现代工业中必不可少的应用工具，可以有效减少设计预算并带来更高的经济效益[1-4]。同时，当精度要求不断提高时，计算仿真分析的成本可能会很高，从而导致优化设计困难[5-8]。此外，在许多实际应用，如管理、调度、物流、结构设计和模式识别等都会涉及离散域[9-11]和对仿真时间的要求[12]。因此，离散且计算昂贵的全局优化问题具有一定的挑战性，并且得到越来越多的关注。

对于离散优化问题，分支定界(branch and bound, BB)算法递归地划分解集并评估边界值[13]，可以找到这些离散值的最优值组合。例如，Demeulemeester 和 Herroelen[14]针对多个资源受限的项目进度安排采用了 BB 程序。Nakariyakul 和 Casasent[15]提出了自适应 BB 算法选择最优特征子集，并应用于模式识别。但是，BB 算法不适合计算昂贵的全局优化问题，因为它必须构造一个松弛的问题，其全局最优值必须通过确定下界来找到，尤其是对于多峰问题，这将引起大量贵重函数的调用。Mladenović 和 Hansen 提出的可变邻域搜索(variable neighborhood search, VNS)算法是实现全局组合优化问题的有效工具[16]。VNS 算法可以借助扰动系统探索可能的邻域结构，以识别局部最优，并已广泛应用于各个领域中，如人工智能、聚类分析、调度等[17-19]。但是 VNS 最初是为边界约束问题而开发的整数优化算法，不能直接用于非线性约束问题。网格自适应直接搜索(NOMAD)算法[20-21]被用于非平滑优化且计算昂贵的黑箱优化问题。NOMAD 算法是一种无导数优化方法，适用于连续、整数和混合设计领域。此外，NOMAD 算法还可处理非线性约束优化问题，并适用于大多数实际工程，但目前尚未有数值研究表明 NOMAD 可处理计算贵重的约束优化问题。同时，现有文献中还有另一种算法可处理离散黑箱全局优化问题，即群智能进化算法[22-24]。群智能进化算法受自然现象的启发，可以在每个周期内产生种群随机搜索的设计空间，但随着种群的更新和目标函数的多次评估，可以逐步获得有价值的解。离散的元启发式算法大多已应用于实际工程中。例如，Li 等[25]提出了一种离散粒子群优化(DPSO-PDM)算法，可用于复杂网络中的社区检测，且 DPSO-PDM 重新定义粒子速度和位置，并增加了进化运算，可避免在离散化过程中陷入局部最优。

代理模型辅助优化(SAO)[26-28]在基于仿真的工程应用中发挥着重要作用，因为它对计算代价贵重的问题相当有效。但是，现有文献大多强调了连续的方法，对离散的设计空间关注很少。Müller 等[29]提出了一种基于代理模型的全局优化 SO-MI 算法用于混合整数黑箱问题。对于受约束的问题，SO-MI 至少需要一个可行点来驱动算法，因此 SO-MI 很难以较小的可行域来解决约束问题。此外，Müller 等[30]引入了一种基于代理模型的SO-I算法用于解决贵重的非线性整数规划问题，从径向基函数和已知样本的距离两方面来综合评估一个潜在点。SO-I 在处理贵重的目标函数和约束问题方面显示出卓越的性能，如在水力发电和吞吐量最大化等实际工程应用方面。Liu 等[31]扩展了多起点空间缩减(multi-start space reduction, MSSR)[32]算法并将其用于混合设计变量的能源系统设计。在扩展的 MSSR 算法中，将备选样本近似为整数，然后执行仿真分析与循环，相比遗传算法 MSSR 更具有优势。同样，还有其他一些改进或扩展的 SAO 算法可解决离散/混合变量工程中计算代价贵重的问题[33-34]。但是，以上方法大多是针对特定类型实际问题(如二值、整数、单峰、多峰、边界约束)开发的，很少有文献介绍适用广泛的算法。

受 SO-I 启发，本章介绍了一种基于代理模型辅助的离散全局优化(Kriging-based discrete global optimization, KDGO)方法，用于解决计算贵重的黑箱问题。KDGO 利用 Kriging 建立黑箱问题的近似函数，并使用一种新的加点策略得到有价值的离散样本点。KDGO 采用了一种多起点的知识挖掘策略，包括优化、投影、采样和选择四个步骤。首先，多起点优化用来捕获连续设计空间内有潜力的样本；其次，这些样本被映射到一个预先定义好的矩阵中，同时采用一种适用于低维和高维空间的网格采样方法获取备选离散样本点；最后，联合使用最近邻搜索法(KNN)和 EI 加点准则更新 Kriging 并找到最有潜力的样本点，直到获得满意解。KDGO 主要用来解决各种离散问题包括二值、整数、非整数、单峰、多峰、等式和不等式约束问题。

10.1　离散优化构建

在不失一般性的前提下，下面将介绍本章关注的离散优化问题。

$$
\begin{cases}
\min f(\boldsymbol{x}) \\
\text{s.t. } g_i(\boldsymbol{x}) \leqslant 0, \quad \forall i = 1, \cdots, m \\
-\infty < x_k^l \leqslant x_k \leqslant x_k^u < \infty, \quad \forall k = 1, \cdots, d \\
x_k \in \Gamma_k \subset \mathbb{R}
\end{cases}
\tag{10.1}
$$

式中，$f(\boldsymbol{x})$ 为计算贵重的黑箱目标函数；$g_i(\boldsymbol{x})$ 为第 i 个贵重的黑箱约束函数；m 为约束个数；d 为设计变量；x_k 为第 k 个离散变量；Γ_k 为离散集。已知：如

果 $k_1 \neq k_2$ ，$\left|\varGamma_{k_1}\right|$ 可能与 $\left|\varGamma_{k_2}\right|$ 有所不同，同时假定 $\infty > \left|\varGamma_k\right| \geqslant 2, \forall k = 1, \cdots, d$ 。此外，还允许每个离散集 $\varGamma_k, \forall k = 1, \cdots, d$ 的值具有不均匀的分布。

为了更加直观的表现，图 10.1 中提供了 2 维插图，并介绍了三种具有不同特性的代表性情况。

均匀 $\left|\varGamma_1\right| = 5, \left|\varGamma_2\right| = 5$　　　　均匀 $\left|\varGamma_1\right| = 4, \left|\varGamma_2\right| = 3$　　　　不均匀 $\left|\varGamma_1\right| = 4, \left|\varGamma_2\right| = 5$

图 10.1　离散设计域

考虑所有可能的情况，包括均匀或不均匀的分布以及每个维度上相同或不同的离散集，创建矩阵 $\boldsymbol{D}$ 来保存这些离散值，作为后续基于代理优化的预处理步骤。

$$
\begin{cases}
\boldsymbol{D}_{M \times d}^{\text{Init}} = \begin{bmatrix} \infty & \infty & \infty & \cdots & \infty \\ \infty & \infty & \infty & \cdots & \infty \\ \vdots & \vdots & \vdots & & \vdots \\ \infty & \infty & \infty & \cdots & \infty \end{bmatrix} \Rightarrow \boldsymbol{D}_{M \times d} = \begin{bmatrix} r_1^1 & r_2^1 & \cdots & r_k^1 & \cdots & r_d^1 \\ r_1^2 & r_2^2 & \cdots & r_k^2 & \cdots & r_d^2 \\ \vdots & \vdots & & \vdots & & \vdots \\ \infty & \infty & \cdots & r_k^M & \cdots & \infty \end{bmatrix} \\
M = \max\left(\left|\varGamma_1\right|, \cdots, \left|\varGamma_d\right|\right), \quad r_k^i \in \varGamma_k, \quad \forall i = 1, \cdots, \left|\varGamma_k\right|, \quad \forall k = 1, \cdots, d
\end{cases}
\tag{10.2}
$$

式中，$\boldsymbol{D}_{M \times d}^{\text{Init}}$ 为分配有 $M \times d$ 个无穷大值的初始 $\boldsymbol{D}$ 矩阵。

将离散集 $\varGamma_k, \forall k = 1, \cdots, d$ 保存到初始矩阵 $\boldsymbol{D}$ 中。式(10.2)中，r_k^i 为 $\varGamma_k$ 的第 i 个元素；M 为这些离散集在不同维度上的最大尺度。在 Kriging 辅助的优化过程中，将从连续空间中选择新的样本投影到矩阵 $\boldsymbol{D}$ 中，以获得有价值的离散样本点。

10.1.1　多起点知识挖掘

如上所述，Kriging 可以建立一个连续的数学模型来预测原始离散问题的趋势。因此，对于连续优化问题的有效搜索或采样策略仍可用于从代理模型中挖掘有用的离散信息。常规的基于代理的采样策略将连续空间中最有价值的位置视为候选点，如最大改善期望准则(EI)或最小预测点(MP)。对于离散优化问题，可以将来自连续空间的这些新样本近似为离散集 $\varGamma$ 中的离散个体，以此驱动后续的优化。但是，优化搜索可能更关注离散集 $\varGamma$ 中两个离散值之间的差值，从而降低了优化效率，有时不会补充新的离散样本来更新代理模型，从而使程序陷入困境。因此，一种多起点知识挖掘方法被提出，用于捕获有价值的离散样本点。该方法涉及四个主要步骤：多起点优化、投影、网格采样和 EI 选择，具体见图 10.2～图 10.5。

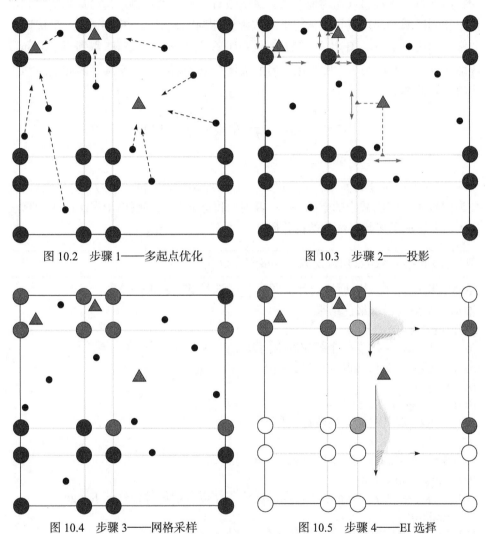

图 10.2　步骤 1——多起点优化　　　　图 10.3　步骤 2——投影

图 10.4　步骤 3——网格采样　　　　图 10.5　步骤 4——EI 选择

众所周知，Kriging 可以近似非线性问题，并生成多个预测的局部最优值。多起点优化可以识别这些潜在的局部位置，从而实现全局搜索。数学上，预测的局部最优解可以表示如下。

$$\begin{cases} \hat{f}\left(x_{\text{lo}}^i\right) \leqslant \hat{f}(x) \\ \forall x \in V_i\left(x_{\text{lo}}^i\right) \subset \Omega, \quad \forall i \in 1, \cdots, q \end{cases} \tag{10.3}$$

式中，$\hat{f}\left(\boldsymbol{x}_{\text{lo}}^{i}\right)$ 为第 i 个预测局部最优位置 $\boldsymbol{x}_{\text{lo}}^{i}$ 的 Kriging 值；V_i 为周围的第 i 个附近区域 $\boldsymbol{x}_{\text{lo}}^{i}$；$\varOmega$ 为变量范围；q 为局部最优位置的数量。获得 $\boldsymbol{x}_{\text{lo}}$ 的有效方法是分配一组起点，这些起点均匀地覆盖连续的设计空间，然后顺序运行局部优化。从位于相同区域的起点进行搜索可能会收敛到相同的最优解，换句话说，最优数量通常小于起点数量。图 10.2 清楚地显示 10 个起点(小圆点)将收敛到三个局部最优解 $\boldsymbol{x}_{\text{lo}}$ (三角形)。另外，使用包围当前最优结果的缩减空间来提高多起点启动优化的计算效率。

$$\begin{cases} \text{RS} = \left[\boldsymbol{x}_{\text{pbest}} - \dfrac{\text{dis}}{2}, \boldsymbol{x}_{\text{pbest}} + \dfrac{\text{dis}}{2} \right] \bigcap [a,b] \\ \text{dis} = \xi \cdot (b-a) \end{cases} \tag{10.4}$$

式中，RS 为当前最优解 $\boldsymbol{x}_{\text{pbest}}$ 的邻域；$[a,b]$ 为原始设计空间；ξ 为 0.1。当迭代次数为偶数时，使用减小的空间 RS；否则，将原始设计范围用于多次优化。算法 10.1(a)中显示了多起点优化的伪代码。

算法 10.1(a)：多起点知识挖掘——多起点优化

输入：Kriging 模型，原始设计空间[a, b]，迭代数目：iter

输出：预测的局部最优结果 x_{lo}

(01) If iter/2 $\in \mathbb{Z}$

(02)　　Range ← 建立一个缩减的空间 RS。

(03)　　h ← 定义起始点的数目，如 3。

(04) Else

(05)　　Range ← [a, b]

(06)　　h ← 定义起始点的数目，如 10。

(07) End if

(08) SP ← 使用 LHS 获得 Range 的 h 个起点。

(09) For i from 1 to h

(10)　　x_{lo} ← 在 Kriging 上运行局部优化程序以获取局部最优值 Range。

(11) End for

(12)　　x_{lo} ← 删除重复的解并保存 q 个局部最优解。

(13) Return x_{lo}

　　直观地看，$\boldsymbol{X}_{\text{lo}}$ 位于连续空间，不能直接作为候选离散样本。因此，建议使用投影的方法以获得有价值的离散样本。如式(10.2)所述，矩阵 $\boldsymbol{D}$ 包含离散集。将 $\boldsymbol{x}_{\text{lo}}^{i}$ 投影到 $\boldsymbol{D}$ 的每一列，然后在 $\varGamma_k, \forall k = 1, \cdots, d$ 中找到其最接近的上下离散值 $\text{lb}_{\text{lo}}^{i}$ 以及 $\text{ub}_{\text{lo}}^{i}$。此后，将 $\boldsymbol{D}$ 中每个 $\boldsymbol{x}_{\text{lo}}^{i}$ 的离散值$[\text{lb}_{\text{lo}}^{i}, \text{ub}_{\text{lo}}^{i}]$ 标识为网格采样的输入。

算法 10.1(b)描述了投影过程。

算法 10.1(b)：多起点知识挖掘——投影

输入：预测的局部最优解 $X_{lo} = \left\{ x_{lo}^1, x_{lo}^2, \cdots, x_{lo}^q \right\}$，D 矩阵

输出：离散边界值 $\left[lb_{lo}^1, lb_{lo}^2, \cdots, lb_{lo}^q \right]$，$\left[ub_{lo}^1, ub_{lo}^2, \cdots, ub_{lo}^q \right]$

(01) For i from 1 to q

(02)　　For k from 1 to d

(03)　　　　Index ← 使用 KNN 搜索在 D 的第 k 列 Γ_k 中找到最接近 $x_{lo}^i(k)$ 的个体索引。

(04)　　　　If $\Gamma_k^{index} > x_{lo}^i(k)$　　　　/*最近的离散值大于 $x_{lo}^i(k)$ */

(05)　　　　　　$lb_{lo}^i(k) \leftarrow \Gamma_k^{(index-1)}$；$ub_{lo}^i(k) \leftarrow \Gamma_k^{(index)}$.

(06)　　　　Else if $\Gamma_k^{index} > x_{lo}^i(k)$　　/*最近的离散值小于 $x_{lo}^i(k)$ */

(07)　　　　　　$lb_{lo}^i(k) \leftarrow \Gamma_k^{(index)}$；$ub_{lo}^i(k) \leftarrow \Gamma_k^{(index+1)}$.

(08)　　　　Else　　　　　　　　　　/*最近的离散值等于 $x_{lo}^i(k)$ */

(09)　　　　　　If Index =1

(10)　　　　　　　　$lb_{lo}^i(k) \leftarrow \Gamma_k^{(index)}$；$ub_{lo}^i(k) \leftarrow \Gamma_k^{(index+1)}$.

(11)　　　　　　Else

(12)　　　　　　　　$lb_{lo}^i(k) \leftarrow \Gamma_k^{(index-1)}$；$ub_{lo}^i(k) \leftarrow \Gamma_k^{(index)}$.

(13)　　　　　　End if

(14)　　　　End if

(15)　　End for

(16) End for

(17) Return $\left[lb_{lo}^1, lb_{lo}^2, \cdots, lb_{lo}^q \right]$，$\left[ub_{lo}^1, ub_{lo}^2, \cdots, ub_{lo}^q \right]$

图 10.2 和图 10.3 显示了二维空间中投影和网格采样过程，当所有有价值的离散网格样本一起收集时，删除重复点，并将 9 个大圆点标记为候选点集。值得注意的是，当网格采样数为 2^d，随着维数 d 的增大，网格采样数将急剧增加。因此，提出了一种基于概率的网格采样方法来获取高维($d>8$)候选样本，其数学表达式如(10.5)所示。

$$\begin{cases} P^i(k) = \dfrac{x_{lo}^i(k) - lb_{lo}^i(k)}{ub_{lo}^i(k) - lb_{lo}^i(k)} \\ c_j(k) = ub_{lo}^i(k), \quad R < P^i(k) \\ c_j(k) = lb_{lo}^i(k), \quad R \geqslant P^i(k) \\ \forall i = 1,2,\cdots,q, \quad \forall k = 1,2,\cdots,d, \quad \forall j = 1,2,\cdots,m \end{cases} \tag{10.5}$$

式中，$P^i(k)$ 为概率阈值；$x_{lo}^i(k)$ 为第 i 个局部最优解的第 k 维；$lb_{lo}^i(k)$ 为其对应的离散下界；$ub_{lo}^i(k)$ 为其对应的离散上界。此外，定义 $[0,1]$ 之间的随机变量 R 并与 $P^i(k)$ 比较以进行选择。选择的边界值 $lb_{lo}^i(k)$ 或 $ub_{lo}^i(k)$ 接近连续点 $x_{lo}^i(k)$ 的可能性更高，并且将选定的离散点保存在候选样本集 $C=\{c_1,c_2,\cdots,c_m\}$ 中。算法 10.1(c) 中总结了网格采样的伪代码。

算法 10.1(c)：多起点知识挖掘——网格采样

输入：离散边界值 $\left[lb_{lo}^1,lb_{lo}^2,\cdots,lb_{lo}^q\right],\left[ub_{lo}^1,ub_{lo}^2,\cdots,ub_{lo}^q\right]$，预测局部最优结果

$X_{lo}=\left\{x_{lo}^1,x_{lo}^2,\cdots,x_{lo}^q\right\}$，搜索区域 Range

输出：离散候选样本点 $C=\{c_1,c_2,\cdots,c_m\}$

(01) $C \leftarrow \varnothing$ 　/* 初始化候选样本点集*/

(02) If $d < 8$ 　/* 如果是低维问题*/

(03) 　 在 $\left[lb_{lo}^1,lb_{lo}^2,\cdots,lb_{lo}^q\right],\left[ub_{lo}^1,ub_{lo}^2,\cdots,ub_{lo}^q\right]$ 中删除重复的样本点。

(04) 　 For i from 1 to q

(05) 　　 Temp $\leftarrow$ 使用 $\left[lb_{lo}^i,ub_{lo}^i\right]$ 产生网格样本点。

(06) 　　 $C \leftarrow C \cup$ Temp 　/* 更新 C */

(07) 　 End for

(08) Else 　 /*如果是高维问题*/

(09) 　 For i from 1to q

(10) 　　 For j from 1 to m /* m 等于 100d */

(11) 　　　 For k from 1 to d

(12) 　　　　 Temp $\leftarrow$ 基于式(10.5)产生网格样本点。

(13) 　　　　 $C \leftarrow C \cup$ Temp 　/* 更新 C */

(14) 　　　 End for

(15) 　　 End for

(16) 　 End for

(17) End if

(18) $C \leftarrow$ 删除重复的网格样本点并更新 C.

(19) If C is $\varnothing$

(20) 　 $C \leftarrow$ 通过 LHS 在[a, b]中产生 10d 个四舍五入后的样本点

(21) End if

(22) Return $C=\{c_1,c_2,\cdots,c_m\}$

如图 10.5 所示，需要进一步挖掘才能从 C 获得最有价值的点(浅色圆点)。本章采用最近邻(k-nearest neighbors, KNN)搜索方法检查已知样本池 S 和候选点 C

的冲突，具体判断条件如式(10.6)所示。

$$
\begin{cases}
可行, \mathrm{KNN}\left(S,c_i\right) \neq 0 \\
不可行, \mathrm{KNN}\left(S,c_i\right) = 0 \\
\forall i = 1,\cdots,m
\end{cases}
\tag{10.6}
$$

式中，m 为候选点的数量；c_i 为第 i 个候选点。如果候选点不可行，则意味着它已经出现在贵重的样本池 S 中，因此不予考虑。此外，采用 EI 准则对其余可行点进行排序，并且选择具有较大 EI 值的前 n 个样本来更新 Kriging。根据 Kriging 的基本理论，可以将候选样本 c_i 视为具有均值 $\hat{y}_i(\boldsymbol{x})$ 和方差 $\hat{s}_i^2(\boldsymbol{x})$ 的随机变量 $Y_i(\boldsymbol{x})$。新的候选样本点超出样本池 S 中当前最优样本 y_{best} 的表述如下。

$$
I_i\left(\boldsymbol{x}\right) = \max\left[y_{\text{best}} - Y_i\left(\boldsymbol{x}\right), 0\right]
\tag{10.7}
$$

显然，$I_i(\boldsymbol{x})$ 是一个随机变量，其数学期望公式如下。

$$
\begin{cases}
\mathrm{EI}_i\left(\boldsymbol{x}\right) = \begin{cases} \left[y_{\text{best}} - \hat{y}_i\left(\boldsymbol{x}\right)\right]\Phi\left(\dfrac{y_{\text{best}} - \hat{y}_i\left(\boldsymbol{x}\right)}{\hat{s}_i\left(\boldsymbol{x}\right)}\right) + \hat{s}_i\left(\boldsymbol{x}\right)\phi\left(\dfrac{y_{\text{best}} - \hat{y}_i\left(\boldsymbol{x}\right)}{\hat{s}_i\left(\boldsymbol{x}\right)}\right), & \hat{s}_i\left(\boldsymbol{x}\right) \neq 0 \\ 0, & \hat{s}_i\left(\boldsymbol{x}\right) = 0 \end{cases} \\
\forall i = 1,2,\cdots,p \\
\mathrm{EI} = \left\{\mathrm{EI}_1 \geqslant \mathrm{EI}_2 \geqslant \cdots \geqslant \mathrm{EI}_n \geqslant \cdots \geqslant \mathrm{EI}_p\right\}
\end{cases}
\tag{10.8}
$$

式中，ϕ 为概率密度函数；Φ 为累积密度函数。更具体的说明如算法 10.1(d)伪代码所述。

算法 10.1(d)：多起点知识挖掘——EI 选择

输入：离散候选点 $C = \{c_1,c_2,\cdots,c_m\}$，贵重的采样池 S，Kriging 模型

输出：有价值的样本点 $PS = \{ps_1,ps_2,\cdots,ps_n\}$

(01) PS ← ∅   /* 初始化有价值样本点集*/

(02) $C = \{c_1,c_2,\cdots,c_p\}$ ← 更新候选样本集。

(03) For i from 1 to p

(04) EI_i ← 利用式(10.8)得到相应的 EI 值。

(05) End for

(06) PS ← 对 C 进行排序，并从 C 中并从中选择前 n 个有价值的样本

(07) Return $PS = \{ps_1,ps_2,\cdots,ps_n\}$

另外，当减小的空间用于加速多起点搜索时，有价值的样本集 PS 可能为空。一旦为空，LHS 将在原始设计空间中生成 $100d$ 个廉价点，并计算它们相应的 EI 值。选择具有最大 EI 值的点并将其近似为矩阵 $\boldsymbol{D}$ 中的离散值，从而使循环继续进行。

10.1.2　约束处理

本章还考虑了计算贵重的不等式约束问题，每个约束函数 $g_i(\boldsymbol{x})$ 由 Kriging 近似，并随着迭代的不断进行而更新。在多起点优化中，局部搜索需要满足以下约束条件。

$$\begin{cases} \hat{f}\left(\boldsymbol{x}_{\text{lo}}^i\right) \leqslant \hat{f}(\boldsymbol{x}) \\ \hat{g}_j\left(\boldsymbol{x}_{\text{lo}}^i\right) \leqslant 0, \quad \forall j \in 1, \cdots, m \\ \forall \boldsymbol{x} \in V_i\left(\boldsymbol{x}_{\text{lo}}^i\right) \subset \Omega, \quad \forall i \in 1, \cdots, q \end{cases} \tag{10.9}$$

式中，m 为约束的数量；q 为局部最优的数量。将每个样本的对应约束信息补充到贵重的样本池 $\boldsymbol{S}$ 中，并使用罚函数聚合目标和约束函数。

$$F(\boldsymbol{x}) = f(\boldsymbol{x}) + P \cdot \sum_{i=1}^{m} \max\left[g_i(\boldsymbol{x}), 0\right] \tag{10.10}$$

式中，P 为惩罚系数，具有较大的值 1e10。$F(\boldsymbol{x})$ 将替换成 $f(\boldsymbol{x})$，以识别当前的最优位置及式(10.4)和式(10.8)中的值。此外，对约束问题的 EI 准则也进行了如下修改。

$$\begin{cases} \text{EI}(\boldsymbol{x}) = \begin{cases} \left[F_{\text{best}} - \hat{f}_{\text{p}}(\boldsymbol{x})\right] \Phi\left(\dfrac{F_{\text{best}} - \hat{f}_{\text{p}}(\boldsymbol{x})}{\hat{s}(\boldsymbol{x})}\right) + \hat{s}(\boldsymbol{x}) \phi\left(\dfrac{F_{\text{best}} - \hat{f}_{\text{p}}(\boldsymbol{x})}{\hat{s}(\boldsymbol{x})}\right), & \hat{s}(\boldsymbol{x}) \neq 0 \\ 0, & \hat{s}(\boldsymbol{x}) = 0 \end{cases} \\ \hat{f}_{\text{p}}(\boldsymbol{x}) = \hat{f}(\boldsymbol{x}) + P \cdot \sum_{i=1}^{m} \max\left(\hat{g}_i(\boldsymbol{x}), 0\right), \quad \boldsymbol{x} \in \Omega \\ F_{\text{best}} = \min F(\boldsymbol{s}), \quad \boldsymbol{s} \in \boldsymbol{S} \end{cases}$$

$$\tag{10.11}$$

式中，$\hat{f}_{\text{p}}(\boldsymbol{x})$ 为预测目标和约束的罚函数；F_{best} 为样本池 $\boldsymbol{S}$ 中的当前最优值。

10.2　整体优化框架

本节提供了整体优化流程和 KDGO 的详细步骤，如图 10.6 所示。KDGO 主要包括两个过程：一个是初始化过程，另一个是提出的多起点知识挖掘过程。完整的 Kriging 辅助的离散全局优化算法 KDGO 总结如下，其中，(1)～(3)为初始化过程，(4)～(9)为多起点知识挖掘过程。

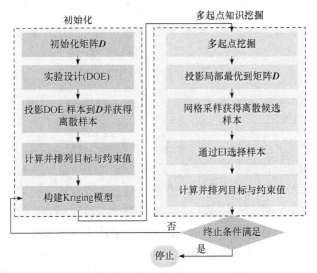

图 10.6　KDGO 的整体优化流程

(1) 实验设计。应用优化的拉丁超立方采样(OLHS)在整个设计空间产生初始的连续 DOE 样本点。

(2) 投影。这些初始样本将被投影到矩阵 $\boldsymbol{D}$ 中，并作为初始离散采样点。

(3) 建立初始代理模型。计算 DOE 样本的真实函数值，并将结果存储在样本集中。基于函数值的大小将样本进行排序。分别建立目标函数和约束函数的代理模型(对于非线性约束优化问题，贵重函数既包括目标也包括约束。如果一个样本点不满足真实的约束，响应值将在排列过程中增加一个较大的惩罚因子)。

(4) 多起点挖掘。通过多起点优化算法得到代理模型预测的所有局部最优点，$\boldsymbol{X}_{\mathrm{lo}} = \left\{ \boldsymbol{x}_{\mathrm{lo}}^1, \boldsymbol{x}_{\mathrm{lo}}^2, \cdots, \boldsymbol{x}_{\mathrm{lo}}^q \right\}$。

(5) 投影。通过将这些局部最优点投影，从矩阵 $\boldsymbol{D}$ 中得到局部最优点对应的最近边界 $\left\lceil \mathrm{lb}_{\mathrm{lo}}^1, \mathrm{lb}_{\mathrm{lo}}^2, \cdots, \mathrm{lb}_{\mathrm{lo}}^q \right\rceil, \left\lceil \mathrm{ub}_{\mathrm{lo}}^1, \mathrm{ub}_{\mathrm{lo}}^2, \cdots, \mathrm{ub}_{\mathrm{lo}}^q \right\rceil$。

(6) 网格采样。通过网格采样算法，利用上述局部最优点处的最近邻边界产生新的离散网格点作为候选的采样点 $\boldsymbol{C} = \left\{ c_1, c_2, \cdots, c_p \right\}$。

(7) 选择。通过对候选采样点进行最大改善期望值评估和排序，选择前 n 个最大 EI 值处的点作为有价值的点 PS(如果 PS 为空集，通过 LHS 在原始设计空间中生成 $100d$ 个廉价点，并计算它们相应的 EI 值。选择具有最大 EI 值的点并将其近似为矩阵 $\boldsymbol{D}$ 中的离散值)。

(8) 更新代理模型。对有价值点集 PS 进行函数评估和排序，更新 Kriging 代理模型。

(9) 判断是否达到最大计算次数，若达到，迭代停止，否则，继续知识挖掘优化循环过程。

10.3　算　例　测　试

10.3.1　数学算例测试

为了充分验证 KDGO 的能力，本章使用了 20 个具有不同特征的代表性基准算例进行测试，其中包括 5 个约束问题、8 个不等式约束问题和 7 个黑箱工程应用问题。所有这些数学函数都被视为黑箱模型，这意味着仅提取输入和输出数据即可完成优化搜索。表 10.1 显示了这些测试算例的特定信息，其中 dim 表示设计变量的维度。LO、UMO、MMO 和 BBO 分别表示线性、单峰、多峰和黑箱目标值，而 LC 和 NLC 分别为线性约束和非线性约束。在工程应用中，H1p1、H1p2、H1p3、H2p1、H2p2 和 H2p3 是关于水力发电优化设计的 6 个子问题。由于大型水力发电站使用不同型号的发电机，其应用目标是在一天之内使 5 种类型的发电机组的水力发电功率输出最大化。此外，TP 为吞吐量最大化的应用问题，其中总缓冲区的大小和服务速率受到限制。TP 的目标是在具有 12 个工作站的流线中最大化平均输出速率，这将生成 11 个有关缓冲区存储的变量和 12 个有关服务速率的变量。

表 10.1　有关测试算例的特定信息

类型	编号	算例	dim	设计空间	描述
约束问题	1	CF	8	$[-10, 10]^8$	UMO
	2	Nvs	10	$[3, 9]^{10}$	UMO
	3	Anvs	10	$[3, 99]^{10}$	MMO
	4	Rast01	12	$[-1, 3]^{12}$	MMO
	5	Rast02	12	$[-10, 30]^{12}$	MMO
不等式约束问题	6	G6	2	$[13, 100] \times [0, 100]$	MMO, 2NLC
	7	Ex	5	$[0, 10]^3 \times [0, 1]^2$	LO, 2NLC, 3LC
	8	G4	5	$[78, 102] \times [33, 45] \times [27, 45]^3$	UMO, 6NLC
	9	Aex	5	$[0, 10]^3 \times [0, 1]^2$	LO, 3LC
	10	G9	7	$[-10, 10]^7$	UMO, 4NLC
	11	G1	13	$[0, 1]^{10} \times [0, 100]^3$	MMO, 9LC

续表

类型	编号	案例	dim	设计空间	描述
不等式约束问题	12	G1m	13	$[0, 100]^{13}$	MMO, 9LC
	13	Hmi	16	$[0, 1]^{16}$	MMO, 7NLC
工程应用	14	H1p1	5	$[0, 10]^5$	BBO, 1NLC
	15	H1p2	5	$[0, 10]^5$	BBO, 1NLC
	16	H1p3	5	$[0, 10]^5$	BBO, 1NLC
	17	H2p1	5	$[0, 10]^5$	BBO, 2NLC
	18	H2p2	5	$[0, 10]^5$	BBO, 2NLC
	19	H2p3	5	$[0, 10]^5$	BBO, 2NLC
	20	TP	23	$[1, 20]^{23}$	BBO, 2LC

使用基于网格自适应直接搜索的非平滑优化(NOMAD)、SO-I、局部 SO-I、SO-MI 和可变邻域搜索的 6 种算法(包括遗传算法)来证明 KDGO 的强大能力。其中表 10.2~表 10.4 中显示的 6 种算法的比较结果均引自 Müller 等[29-30]。使用相同的终止标准，即算法在 400 次函数评估后停止，并且在表 10.2~表 10.4 中记录了 30 次运行后最优值的平均值和平均值的标准误差(standard errors of the means, SEM)。同时，对于不等式约束问题将采用两种不同的 VNS 算法。VNS-i 使用了与 SO-I 类似的策略，该策略将约束违反函数最小化以找到第一个可行点，而 VNS-ii 直接使用 SO-I 来找到可行解作为起点。此外，表 10.2~表 10.4 列出了所有算法的排名，#NF 表示无法获得可行解的运行次数。NF 是确定算法性能的第一标准，Mean 和 SEM 分别作为第二和第三标准。如果算法 A 的 NF 值小于算法 B，则表明 A 优于 B；如果 A 和 B 的 NF 值相同，并且 A 的均值小于 B，则表明 A 优于 B；如果 NF 和 A、B 的平均值均相同，则具有较小 SEM 的算法更优。

表 10.2 提供了边界约束情况下的比较结果。对于两个单峰问题 CF 和 Nvs，除 CF 上的 GA 外，所有算法都可以在 400 个函数评估中找到全局最优解。此外，KDGO 是唯一在 Anvs 上找到全局最优值的算法，SO-I、local-SO-I、SO-MI 和 NOMAD 陷入了局部最优区域。Rast02 是 Rast01 的扩展版本，具有较大的设计空间，增加了 GA、NOMAD 和 VNS-i/VNS-ii 的搜索难度。

表 10.2　边界约束算例的比较结果

算例	算法	#NF	均值(SEM)	排名
CF	KDGO	0	**0.00** (0.00)	1
	GA	0	2.72 (0.95)	7
	SO-I	0	**0.00** (0.00)	1
	local-SO-I	0	**0.00** (0.00)	1
	SO-MI	0	**0.00** (0.00)	1
	NOMAD	0	**0.00** (0.00)	1
	VNS-i/ VNS-ii	0	**0.00** (0.00)	1
Nvs	KDGO	0	**−43.13** (0.00)	1
	GA	0	**−43.13** (0.00)	1
	SO-I	0	**−43.13** (0.00)	1
	local-SO-I	0	**−43.13** (0.00)	1
	SO-MI	0	**−43.13** (0.00)	1
	NOMAD	0	**−43.13** (0.00)	1
	VNS-i/VNS-ii	0	**−43.13** (0.00)	1
Anvs	KDGO	0	**−9591.72** (0.00)	1
	GA	0	−9289.87 (81.24)	6
	SO-I	0	−9591.72 (0.00)	1
	local-SO-I	0	−9591.72 (0.00)	1
	SO-MI	0	−9591.72 (0.00)	1
	NOMAD	0	−9591.72 (0.00)	1
	VNS-i/VNS-ii	0	−5448.97 (358.19)	7
Rast01	KDGO	0	**−12.00** (0.00)	1
	GA	0	−10.87 (0.19)	6
	SO-I	0	**−12.00** (0.00)	1
	local-SO-I	0	−10.03 (0.77)	7
	SO-MI	0	**−12.00** (0.00)	1
	NOMAD	0	**−12.00** (0.00)	1
	VNS-i/VNS-ii	0	**−12.00** (0.00)	1
Rast02	KDGO	0	**−12.00** (0.00)	1
	GA	0	33.83 (4.52)	7
	SO-I	0	**−12.00** (0.00)	1
	local-SO-I	0	**−12.00** (0.00)	1
	SO-MI	0	**−12.00** (0.00)	1
	NOMAD	0	−10.67 (1.33)	5
	VNS-i/VNS-ii	0	16.47 (22.67)	6

对于不等式约束问题，NF 是评估这些算法性能的重要指标。表 10.3 提供了

不等式约束算例的比较结果。例如，局部 SO-I、NOMAD 和 VNS-i 在 G6 上的排名较差，因为它们经常卡在不可行区域中。尤其是 NOMAD 在 G6 上没有一次成功，因此获得排名 8。与 Aex 相比，Ex 具有两个非线性约束。但是在大多数算法上 Ex 可以找到令人满意的解，而在 Aex 上却很难。VNS-i 和 VNS-ii 使用不同的方式来寻找可行解，因此它们具有不同的搜索效率。直观上看，VNS-ii 比 VNS-i 更好，因为 VNS-i 在 Ex 和 Aex 上始终具有较大的 NF 值。此外，G4 具有较大的可行空间比，因此在这 8 种算法上都能成功识别出可行区域并接近全局最优值。可以看出 KDGO 在 G4 上的平均最优值为−30456.91，并且比其他平均值好得多。KDGO 在 G9 上排名第 1，而 SO-I 的表现也令人满意。但是，VNS-i、VNS-ii 和 NOMAD 在 G9 上的性能非常差，其平均值远远大于 1000。尽管 GA 有时可能无法获得可行解，但它具有更好的全局探测能力，并且始终可以获得可接受的结果。例如，GA 在 G9 上的平均值为 896.53，远优于 local-SO-I。

表 10.3　不等式约束算例的比较结果

算例	算法	#NF	均值(SEM)	排名
G6	KDGO	0	**−3971.00 (0.00)**	1
	GA	2	−3971.00 (0.00)	5
	SO-I	0	**−3971.00 (0.00)**	1
	local-SO-I	19	−3971.00 (0.00)	7
	SO-MI	0	**−3971.00 (0.00)**	1
	NOMAD	30	—	8
	VNS-i	14	−3971.00 (0.00)	6
	VNS-ii	0	**−3971.00 (0.00)**	1
Ex	KDGO	0	**0.00 (0.00)**	1
	GA	0	0.72 (0.14)	7
	SO-I	0	**0.00 (0.00)**	1
	local-SO-I	0	**0.00 (0.00)**	1
	SO-MI	0	**0.00 (0.00)**	1
	NOMAD	0	**0.00 (0.00)**	1
	VNS-i	10	0.00 (0.00)	8
	VNS-ii	0	0.03 (0.03)	6
G4	KDGO	0	**−30456.91 (2.76)**	1
	GA	0	−30073.77 (43.30)	5
	SO-I	0	−30303.66 (31.17)	2
	local-SO-I	0	−29069.70 (106.61)	8
	SO-MI	0	−30075.73 (53.15)	4
	NOMAD	0	−30192.67 (35.29)	3
	VNS-i	0	−29574.12 (92.80)	6
	VNS-ii	0	−29486.62 (68.83)	7

续表

算例	算法	#NF	均值(SEM)	排名
Aex	KDGO	0	**−8.00** (0.00)	1
	GA	0	−7.10 (0.16)	5
	SO-I	0	**−8.00** (0.00)	1
	local-SO-I	0	−6.88 (0.21)	6
	SO-MI	0	**−8.00** (0.00)	1
	NOMAD	8	−8.00 (0.00)	7
	VNS-i	16	−7.75 (0.11)	8
	VNS-ii	0	−7.93 (0.04)	4
G9	KDGO	0	**744.80** (8.93)	1
	GA	0	896.53 (29.21)	4
	SO-I	0	771.40 (14.97)	2
	local-SO-I	0	997.10 (246.89)	5
	SO-MI	0	812.17 (12.46)	3
	NOMAD	0	1770.50 (462.58)	6
	VNS-i	4	8906.35 (6161.61)	8
	VNS-ii	0	2097.17 (1367.02)	7
G1	KDGO	0	−14.57 (0.15)	2
	GA	0	−6.07 (0.59)	6
	SO-I	0	**−14.83** (0.10)	1
	local-SO-I	0	−12.00 (0.00)	4
	SO-MI	0	−12.00 (0.32)	5
	NOMAD	0	−5.97 (0.03)	7
	VNS-i	30	—	8
	VNS-ii	0	−14.37 (0.24)	3
G1m	KDGO	0	**−50197.70** (1.34)	1
	GA	1	−40105.07 (3175.53)	7
	SO-I	0	−40687.10 (3145.90)	5
	local-SO-I	0	−42185.67 (1966.68)	4
	SO-MI	0	−50024.17 (36.40)	2
	NOMAD	0	−48363.03 (1197.02)	3
	VNS-i	30	—	8
	VNS-ii	0	−35687.03 (3252.89)	6
Hmi	KDGO	0	**13.20** (0.14)	1
	GA	8	17.73 (0.86)	3
	SO-I	14	14.00 (0.68)	7
	local-SO-I	8	20.96 (3.11)	4
	SO-MI	14	13.50 (0.50)	6

续表

算例	算法	#NF	均值(SEM)	排名
	NOMAD	22	13.00 (0.00)	8
Hmi	VNS-i	4	13.73 (0.44)	2
	VNS-ii	14	13.00 (0.00)	5

G1m 是 G1 的扩展版本，具有更大的搜索空间。SO-I 在 G1 上的表现优于其他算法，并获得平均最优值–14.83。相对而言，KDGO 可以找到 22 次真正的全局最优值–15，并且还可以获得令人满意的平均值–14.57。KDGO 是唯一可以在 G1m 上获得小于–50000 的平均结果的方法。此外，根据统计结果，KDGO 在 G1m 上 21 次找到全局最优值–50200，表现出其较强的鲁棒性。对于 Hmi 算例，除 KDGO 之外的所有算法都未能成功找到全局最优值，这是因为 Hmi 为具有高维和 7 个非线性约束的二元问题。但是，KDGO 可以准确地找到 28 次全局最优值，并获得令人满意的平均值 13.20，再次证明了其高效性。

对于受约束的工程算例，除 VNS-i 之外的所有算法都可以轻松找到可行解，但是它们具有不同的收敛能力。KDGO 和 SO-I 始终可以在 H1p1 上找到全局最优值 758.25。此外，KDGO 在 H1p2、H2p1、H2p2 和 H2p3 上始终保持第 1，而 SO-I 在大多数情况下紧跟 KDGO。根据表 10.4 的结果可以发现，KDGO 不仅具有较好的均值，而且具有较小的 SEM，说明其稳定性佳。对于 H1p3 算例，NOMAD 算法性能最佳，而 SO-MI 也取得了不错的结果。

表 10.4　工程应用算例的比较结果

算例	算法	#NF	均值(SEM)	排名
	KDGO	0	**758.25 (0.00)**	1
	GA	0	735.34 (6.75)	7
	SO-I	0	**758.25 (0.00)**	1
H1p1	local-SO-I	0	681.38 (10.25)	8
	SO-MI	0	754.38 (0.88)	4
	NOMAD	0	744.00 (0.96)	6
	VNS-i	0	753.83 (1.54)	5
	VNS-ii	0	755.04 (1.12)	3
	KDGO	0	**2021.67 (0.22)**	1
	GA	0	2008.83 (4.68)	5
H1p2	SO-I	0	2020.67 (1.33)	2
	local-SO-I	0	1835.14 (24.94)	8
	SO-MI	0	2015.46 (1.51)	3

续表

算例	算法	#NF	均值(SEM)	排名
H1p2	NOMAD	0	2003.83 (5.01)	7
	VNS-i	0	2010.83 (3.81)	4
	VNS-ii	0	2006.46 (6.91)	6
H1p3	KDGO	0	4116.39 (4.31)	3
	GA	0	4108.84 (4.49)	5
	SO-I	0	4114.63 (2.50)	4
	local-SO-I	0	3890.61 (20.74)	8
	SO-MI	0	4117.98 (2.58)	2
	NOMAD	0	**4125.75** (12.06)	1
	VNS-i	0	4075.42 (10.44)	7
	VNS-ii	0	4099.17 (6.69)	6
H2p1	KDGO	0	**1679.05** (1.91)	1
	GA	0	1560.36 (25.96)	6
	SO-I	0	1677.17 (2.10)	2
	local-SO-I	0	1443.12 (46.42)	7
	SO-MI	0	1657.08 (3.75)	4
	NOMAD	0	1626.18 (19.64)	5
	VNS-i	4	1653.65 (13.92)	8
	VNS-ii	0	1671.50 (2.92)	3
H2p2	KDGO	0	**4124.70** (7.08)	1
	GA	0	4016.17 (23.14)	5
	SO-I	0	4097.40 (11.86)	2
	local-SO-I	0	3668.60 (50.60)	7
	SO-MI	0	4095.50 (6.96)	3
	NOMAD	0	3899.40 (25.57)	6
	VNS-i	2	4000.93 (28.66)	8
	VNS-ii	0	4070.83 (16.29)	4
H2p3	KDGO	0	**8302.33** (7.99)	1
	GA	0	8220.67 (22.22)	4
	SO-I	0	8299.00 (12.84)	2
	local-SO-I	0	7550.17 (73.20)	8
	SO-MI	0	8253.17 (9.62)	3

算例	算法	#NF	均值(SEM)	排名
H2p3	NOMAD	0	8122.33 (32.05)	5
	VNS-i	0	8055.83 (49.83)	6
	VNS-ii	0	7996.33 (64.34)	7
TP	KDGO	0	**4.18** (0.19)	1
	GA	0	3.10 (0.17)	4
	SO-I	0	3.15 (0.20)	3
	local-SO-I	0	2.07 (0.22)	6
	SO-MI	0	3.82 (0.13)	2
	NOMAD	0	0.89 (0.06)	7
	VNS-i	26	1.74 (0.39)	8
	VNS-ii	0	2.52 (0.20)	5

从表 10.1 中可以看出，TP 是一个高维算例，通常需要较多的计算次数来探索设计空间。经过 30 次测试后，KDGO 获得了最大的平均值 4.18，比 SO-MI 提高了 9%。在 20 个测试算例中，KDGO 获得 18 个排名 1，1 个排名 2 和 1 个排名 3；SO-I 获得 9 个排名 1、7 个排名 2 和 1 个排名 3；SO-MI 获得 7 个排名 1，4 个排名 2 和 4 个排名 3。总而言之，KDGO 不仅可以处理数学基准算例，而且还具有出色的解决实际工程应用问题的能力。综合表 10.2～表 10.4 中的结果，可以得出 KDGO 具有卓越的性能。

10.3.2 工程算例测试

本节将 KDGO 应用于翼身融合水下滑翔机的骨架结构优化。当 BWBUG 从水中升起时，由于重力的作用，会在骨架结构处产生应力集中。为了在满足应力和变形约束的情况下获得最小的应力，即最轻的质量，具体设计参数和优化公式总结如下。

图 10.7 展示了翼身融合水下滑翔机的骨架结构示意图，其显示了 10 个设计变量，包括 4 个厚度参数 t_1、t_2、t_3 和 t_4，6 个相对位置参数 l_1、l_2、l_3、l_4、l_5 和 l_6。此外，骨架横梁和纵梁的数量分别为 4 和 2，机翼中的横梁和纵梁的数量分别为 3 和 5。本节设计的 BWBUG 外形展长为 3000mm，弦长为 1000mm，总重力为 1500N(其中浮力材料的密度为 500kg/m³，占用体积为 0.11m³，材料质量为 55kg，即重力为 550N)。

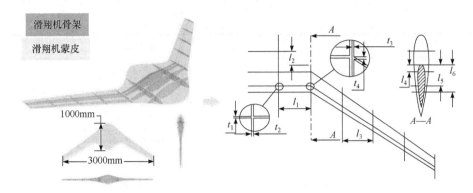

图 10.7　翼身融合水下滑翔机的骨架结构示意图

$$
\begin{cases}
\min W_{\text{skeleton}} \\
\text{s.t.} \quad \sigma_{\max} \leqslant \sigma_s / \gamma \\
\quad\quad d_{\max} \leqslant 50\text{mm} \\
\quad\quad \left.\begin{array}{l} 4 \leqslant t_1 \leqslant 10 \\ 4 \leqslant t_2 \leqslant 10 \\ 3 \leqslant t_3 \leqslant 7 \\ 3 \leqslant t_4 \leqslant 7 \end{array}\right\} \Rightarrow \text{步长为}0.05 \\
\quad\quad \left.\begin{array}{l} 255 \leqslant l_1 \leqslant 345 \\ 50 \leqslant l_2 \leqslant 120 \\ 250 \leqslant l_3 \leqslant 320 \end{array}\right\} \Rightarrow \text{步长为}0.5 \\
\quad\quad \left.\begin{array}{l} 0.10 \leqslant l_4 \leqslant 0.35 \\ 0.45 \leqslant l_5 \leqslant 0.55 \\ 0.65 \leqslant l_6 \leqslant 0.90 \end{array}\right\} \Rightarrow \text{步长为}0.01
\end{cases}
\tag{10.12}
$$

式中，W_{skeleton} 为骨架结构质量；$\sigma_{\max}$ 为最大等效应力；σ_s 为拉伸/压缩屈服强度；γ 为安全系数；$d_{\max}$ 为最大总变形。BWBUG 的结构材料为铝合金，密度为 2770kg/m^3，杨氏模量为 71000MPa，泊松比为 0.33，安全系数为 1.6，σ_s 为 280MPa。利用有限元软件进行分析模拟，图 10.8 给出了具体的网格划分示意图。

图 10.9 详细地显示了 KDGO 的迭代过程。从图 10.9 可以看出，DOE 阶段的初始样本在设计空间中均匀分散，有效的样本填充策略使 KDGO 能够快速找到可行区域。经过多次迭代后，搜索的重点区域变换到变形约束的边界。可以清楚的看出，KDGO 在 80 次计算后开始收敛，在 88 次计算后确定最优值。

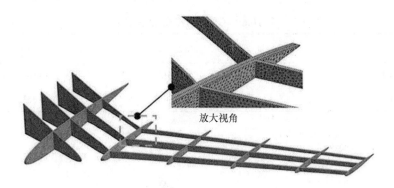

图 10.8   翼身融合水下滑翔机的骨架网格划分示意图

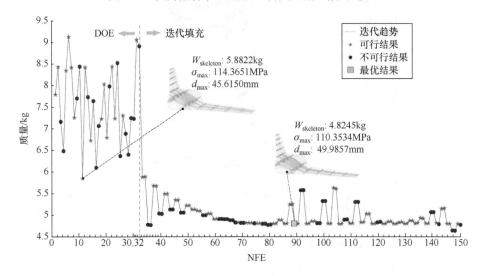

图 10.9   KDGO 迭代过程图

此外，表 10.5 和表 10.6 总结了不同阶段(DOE 阶段和 Final 阶段)获得的最优值，其中，DOE-opt 表示在 DOE 之后获得的最优值，Final-opt 表示最终的最优值。结果表明，经过优化后，最终质量减轻了 18%。图 10.10 和图 10.11 进一步描述了 BWBUG 的等效应力和总变形量。总之，KDGO 不仅能处理复杂的数学问题，而且能有效地处理实际工程应用问题。

表 10.5   不同阶段的最优值(一)

项目	t_1	t_2	t_3	t_4	l_1	l_2	l_3	l_4	l_5	l_6
DOE-opt	5.15	4	5.2	6.75	278	72.5	263.5	0.15	0.47	0.77
Final-opt	4	4	3	4.7	255	120	250	0.17	0.51	0.65

表 10.6　不同阶段的最优值(二)

项目	$W_{skeleton}$ / kg	d_{max} / mm	σ_{max} / MPa
DOE-opt	5.8822	45.6150	114.3651
Final-opt	4.8245	49.9857	110.3534

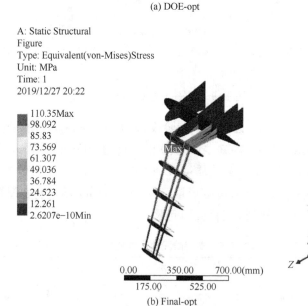

图 10.10　等效应力

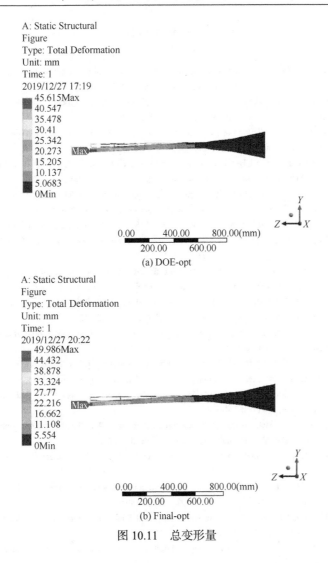

图 10.11　总变形量

10.4　本 章 小 结

　　本章介绍了一种针对离散变量的基于代理模型的全局优化方法——KDGO，该方法利用 Kriging 模型组织已有数据并进行预测，以减少贵重目标与约束函数的调用次数。KDGO 方法中，候选样本点经过多起点优化、投影、网格采样、EI 选择四个步骤产生，并经过反复迭代确定全局最优区域，最大的优点是能够解决广泛的离散问题，包括二值型、整数型、离散数集黑箱等问题。此外，通过在多种工程问题中的应用，展现出其强大的稳定性。

参 考 文 献

[1] ZHOU Q, RONG Y, SHAO X, et al. Optimization of laser brazing onto galvanized steel based on ensemble of metamodels[J]. Journal of Intelligent Manufacturing, 2018, 29(7): 1417-1431.

[2] JIANG C, WANG D, QIU H, et al. An active failure-pursuing Kriging modeling method for time-dependent reliability analysis[J]. Mechanical Systems and Singal Processing, 2019, 129: 112-129.

[3] DONG H, SONG B, WANG P. Kriging-based optimization design for a new style shell with black box constraints[J]. Journal of Algorithms and Computational Technology, 2017, 11(3): 234-245.

[4] WHITE D A, ARRIGHI W J, KUDO J, et al. Multiscale topology optimization using neural network surrogate models[J]. Computer Methods in Applied Mechanics and Engineering, 2019, 346: 1118-1135.

[5] LIU H, ONG Y S, CAI J. A survey of adaptive sampling for global meta-modeling in support of simulation-based complex engineering design[J]. Structural and Multidisciplinary Optimization, 2018, 57(1): 393-416.

[6] SHOJAEEFARD M H, HOSSEINI S E, ZARE J. CFD Simulation and pareto-based multi-objective shape optimization of the centrifugal pump inducer applying GMDH neural network, modified NSGA-II, and TOPSIS[J]. Structural and Multidisciplinary Optimization, 2019, 60(4): 1509-1525.

[7] DONG H, LI C, SONG B, et al. Multi-surrogate-based differential evolution with multi-start exploration (MDEME) for computationally expensive optimization[J]. Advances in Engineering Software, 123: 62-76.

[8] STANDER N, VENTER G, KAMPER M J. High fidelity multidisciplinary design optimization of an electromagnetic device[J]. Structural and Multidisciplinary Optimization, 2016, 53(5): 1113-1127.

[9] LAWLER L. A procedure for computing the k best solutions to discrete optimization problems and its application to the shortest path problem[J]. Management Science, 1972, 18(7): 401-405.

[10] SAYADI M K, HAFEZALKOTOB A, NAINI S G J. Firefly-inspired algorithm for discrete optimization problems: An application to manufacturing cell formation[J]. Journal of Manufacturing Systems, 2013, 32(1): 78-84.

[11] EKEL P, NETO F. Algorithms of discrete optimization and their application to problems with fuzzy coefficients[J]. Information Science, 2006, 176 (19): 2846-2868.

[12] DEDE T. Application of teaching-learning-based-optimization algorithm for the discrete optimization of truss structures[J]. Ksce Journal of Civil Engineering, 2014, 18(6): 1759-1767.

[13] LAND A H, DOIG A G. An automatic method of solving discrete programming problems[J]. Econometrica, 1960, 28: 497-520.

[14] DEMEULEMEESTER E, HERROELEN W. A branch-and-bound procedure for the multiple resource-constrained project scheduling problem[J]. Manage Science, 1992, 38(12): 1803-1818.

[15] NAKARIYAKUL S, CASASENT D P. Adaptive branch and bound algorithm for selecting optimal features[J]. Pattern Recognition Letters, 2007, 28(12): 1415-1427.

[16] MLADENOVIĆ N, HANSEN P. Variable neighborhood search[J]. Computers and Operations Research, 1997, 24(11): 1097-1100.

[17] ADIBI M A, ZANDIEH M, AMIRI M. Multi-objective scheduling of dynamic job shop using variable neighborhood search[J]. Expert Systems with Applications, 2010, 37(1): 282-287.

[18] KYTÖJOKI J, NUORTIO T, BRÄYSY O, et al. An efficient variable neighborhood search heuristic for very large scale vehicle routing problems[J]. Computers and Operations Research, 2007, 34(9): 2743-2757.

[19] POLACEK M, HARTL R F, DOERNER K, et al. A variable neighborhood search for the multi depot vehicle routing problem with time windows[J]. Journal of Heuristics, 2004, 10 (6): 613-627.

[20] ABRAMSON M A, AUDET C, CHRISSIS J, et al. Mesh adaptive direct search algorithms for mixed variable optimization[J]. Optimization Letters, 2009, 3(1): 35-47.

[21] ABRAMSON A, AUDET C, COUTURE G, et al. The NOMAD Project[CP/OL]. 2011, Software available at http://www.gerad.ca/nomad.

[22] ANGHINOLFI D, PAOLUCCI M. A new discrete particle swarm optimization approach for the single-machine total

weighted tardiness scheduling problem with sequence-dependent setup times[J]. European Journal of Operational Research, 2009, 193(1): 73-85.

[23] SZ A, CKML A, HCK B, et al. Swarm intelligence applied in green logistics: A literature review[J]. Engineering Applications of Artificial Intelligence, 2015, 37: 154-169.

[24] GUENDOUZ M, AMINE A, HAMOU R M. A discrete modified fireworks algorithm for community detection in complex networks[J]. Applied Intelligence, 2017, 46(2): 373-385.

[25] LI X, WU X, XU S, et al. A novel complex network community detection approach using discrete particle swarm optimization with particle diversity and mutation[J]. Applied Soft Computing, 2019, 81: 105476.

[26] DONG H, SONG B, DONG Z, et al. SCGOSR: Surrogate-based constrained global optimization using space reduction[J]. Applied Soft Computing, 2018, 65: 462-477.

[27] ZHOU Q, WU J, XUE T, et al. A two-stage adaptive multi-fidelity surrogate model-assisted multi-objective genetic algorithm for computationally expensive problems[J]. Engineering with Optimization, 2021, 37(1): 623-639.

[28] SHI R, LIU L, LONG T, et al. Multi-fidelity modeling and adaptive co-Kriging-based optimization for all-electric geostationary orbit satellite systems[J]. Journal of Mechanical Design, 2020, 142 (2).

[29] MÜLLER, SHOEMAKÉR C A, PICHE R. SO-MI: A surrogate model algorithm for computationally expensive nonlinear mixed-integer black-box global optimization problems[J]. Computers and Operations Research, 2013, 40(5): 1383-1400.

[30] MÜLLER J, SHOEMAKÉR C A, PICHE R. SO-I: A surrogate model algorithm for expensive nonlinear integer programming problems including global optimization applications[J]. Journal of Global Optimization, 2014, 59(4): 865-889.

[31] LIU J, DONG H, JIN T, et al. Optimization of hybrid energy storage systems for vehicles with dynamic on-off power loads using a nested formulation[J]. Energies, 2018, 11(10): 2699.

[32] DONG H, SONG B, DONG Z, et al. Multi-start space reduction (MSSR)surrogate-based global optimization method[J]. Structural and Multidisciplinary Optimization, 2016, 54(4): 907-926.

[33] HOLMSTRM K, QUTTINEH N H, EDVALL M M. An adaptive radial basis algorithm (ARBF) for expensive black-box mixed-integer constrained global optimization[J]. Optimization and Engineering, 2008, 9(4): 311-339.

[34] RASHID K, AMBANI S, CETINKAYA E. An adaptive multiquadric radial basis function method for expensive black-box mixed-integer nonlinear constrained optimization[J]. Engineering Optimization, 2013, 45(2): 185-206.

第 11 章　代理模型辅助的高维全局优化方法

在预测搜索最优解时，通常使用近似方法来构建代理模型，用于替代计算代价贵重的模拟计算，从而显著减少贵重函数的计算次数[1-2]。在优化搜索过程中存在两种方式的代理模型。第一种是直接离线优化方法[3-5]，其核心思想是使用一组分布较好的贵重样本点来建立足够准确的代理模型，然后对代理模型进行后续的进化计算和群体智能搜索，而无需对贵重的目标函数进行额外计算采样。但是，使用少量样本很难获得全局准确的代理模型，尤其是当优化问题是多峰或高维时。第二种是动态或在线优化方法[6-10]，其核心思想是先构建一个粗略的代理模型，并按照某些填充策略在每个周期的搜索中自适应地补充其他贵重样本，但如何制订填充策略，以及如何平衡未知区域的探索和当前模型的开发是在线优化的关键点[11]。

现有的搜索方法虽然可以充分利用代理模型的预测信息，并在低维($d<10$)问题上表现良好，但是在高维($d\geqslant10$)计算代价贵重的优化问题中遇到了挑战。一个原因是高维问题具有更大的探索空间和更多的局部最优解，导致全局优化搜索困难；另一个原因是当前的逼近技术在寻找高维问题时会产生较大的误差，错误地引导了搜索方向并浪费了大量的采样计算次数。过度依赖代理模型会使搜索方法效率低下，甚至无法解决高维优化问题[12-13]。

代理模型辅助的进化计算(surrogate-assisted EC, SAEC)或群体智能算法(SI algorithms, SIA)[14-18]与上述方法不同。尽管 SAEC/SIA 仍需要智能填充新样本点来更新个体和种群，但是这些方法保留了元启发式的特征，使 SAEC/SIA 更适合于高维且计算代价贵重的全局优化。SAEC/SIA 中代理模型的管理方法可以分为基于代(generation)、基于个体(individual)和基于种群(population)三种。在基于代的方法中，一些代的样本点是使用代理模型生成的，而其他点通过评估每一代个体的贵重适应度/目标函数值来生成。在基于种群的方法中，每个子种群都有其代理模型，一些子种群可以使用代理模型进行适应度评估，以降低计算成本。Lim 等[19]采用由几个不同的代理模型组成的集合模型来减小预测误差，并应用多项式响应面获得具有较少局部最小值的平滑函数，并在每个个体的附近选择用于构建代理模型的训练数据，而初始个体逐渐被来自代理模型更优的解替代。Liu 等[20]开发了一种高斯过程辅助的中尺度进化算法(GPEME)用于具有 20~50 个设计变量的贵重优化问题，GPEME 算法利用高斯过程(GP)来构建代理模型，并自适应地协调代理模型来利用和搜索。此外，Sammon 映射用于减小设计空间维度，以便 GP 在低维空间中生成更准确的代理模型。Regis[21]引入了针对 30~36 维问题的基于 RBF 的粒子群优化算法，其中 RBF 用于识别每个种群中的最优个体，而当前的最优个体需要通过附近的试验点来重新定义。Sun 等[22]提出了基于代理模型辅助的协同群优化(surrogate-assisted cooperative swarm optimization, SA-COSO)方法，以解决 50~100 维的贵重计算优化问题，其中代理模型辅助 PSO 和基于社会学习的 PSO(social learning-based PSO, SL-PSO)方法用于全局最优搜索。同时在 SA-COSO 中，还提出了适应度估计策略辅助 PSO 搜索以产生更有价值的点。此外，Yu 等[23]开发了一种基于代理模型辅助的分层 PSO(surrogate-assisted hierarchical PSO, SHPSO)算法，该算法结合了 PSO 和 SL-PSO 来增强全局和局部搜索，并且 SHPSO 在 30 维、50 维和 100 维的情况下表现优异。2019 年，Wang 等[24]介绍了一种新的基于进化采样的辅助优化(evolutionary sampling assisted optimization, ESAO)算法，该算法建立两个代理模型分别进行全局和局部搜索，将贵重的样本点用于构建全局模型，同时用几个更好的样本点构建局部模型，ESAO 在 20~200 维的基准算例测试中显示了出色的性能。

　　本章提出了一种新的搜索方法，利用 RBF 来辅助灰狼优化算法[25]解决多维计算代价贵重的黑箱问题，称为代理模型辅助的灰狼全局优化(surrogate-assisted grey wolf optimization, SAGWO)算法。SAGWO 包括三个阶段：初始探索、RBF 辅助的元启发式探索以及对 RBF 模型的知识挖掘。在初始探索中，通过实验设计产生一组分布较好的采样点粗略近似高维的设计空间，并依次定义原始的狼群和首领。此外，RBF 模型的知识挖掘结合了 GWO 的全局搜索和最优区域附近的多起点搜索。在 RBF 辅助的元启发式探索中，RBF 的预测信息用于指导每次迭代过程中产生的狼群首领，而狼群的位置随着狼群首领动态变化，因此平衡了全局探索和局部挖掘。

11.1　灰狼优化算法

　　灰狼优化算法是由 Mirjalili 等在 2014 年提出的，受到了广泛的关注，并已成功工程应用。例如，Sánchez 等[26]提出了一种用于模块化颗粒神经网络(MGNN)的灰狼优化器，并将其应用于人脸识别。与其他算法相比，GWO 优化器可以有效地找到 MGNN 的最佳架构参数。Rodríguez 等[27]在 GWO 搜索过程中提出了 5 个变换算子，通过大量的测试，证明了模糊层算子可以大幅提高 GWO 的性能。此外，Majumder 和 Eldho[28]利用人工神经网络(ANN)建立了地下水流动和溶质输运的代理模型，对比研究表明，GWO 可以成功地识别 ANN 模型的最优解，并且具有更好的收敛性和稳定性。近年来，如何改进 GWO 以及如何应用 GWO 解决特定的问题成为研究的热点。由于 GWO 的高效率和强大的稳定性，SAGWO 期望从 GWO 的搜索机制中获得支持，以解决高维贵重的黑箱优化问题。

GWO 是受自然启发的全局优化算法，以数学的方式描述了灰狼的社会等级和狩猎机制。在灰狼优化算法中，狼群主要包括四个等级：最优解 Alpha(α)、优解 Beta(β)、次优解 Delta(δ)及其他候选解 Omega(ω)。其中，Alpha、Beta 和 Delta 将指导 Omega 在全局最优解中搜寻。通常，灰狼会在攻击前跟踪并包围猎物，该方法的一般公式总结如下：

$$D = \left| C \cdot X_{\mathrm{p}}(t) - X(t) \right| \tag{11.1}$$

$$X(t+1) = X_{\mathrm{p}}(t) - A \cdot D \tag{11.2}$$

$$A = 2a \cdot r_1 - a, \quad C = 2 \cdot r_2 \tag{11.3}$$

式中，$X_{\mathrm{p}}(t)$ 为当前迭代灰狼的位置；r_1 和 r_2 为随机向量；a 为变量在迭代过程中从 2 线性减少到 0；A 为用于平衡全局探索的随机因子；C 为用于平衡局部勘测的随机因子。为了数学上模拟狩猎行为，所有狼在 Alpha、Beta 和 Delta 的指导下更新其位置。公式如下：

$$\begin{cases} D_\alpha = \left| C_1 \cdot X_\alpha(t) - X(t) \right| \\ D_\beta = \left| C_2 \cdot X_\beta(t) - X(t) \right| \\ D_\delta = \left| C_3 \cdot X_\delta(t) - X(t) \right| \end{cases} \tag{11.4}$$

$$\begin{cases} X_1 = X_\alpha - A_1 \cdot (D_\alpha) \\ X_2 = X_\beta - A_2 \cdot (D_\beta) \\ X_3 = X_\delta - A_3 \cdot (D_\delta) \end{cases} \tag{11.5}$$

$$X(t+1) = \frac{X_1 + X_2 + X_3}{3} \tag{11.6}$$

式中，$X(t)$ 为当前迭代灰狼的位置；$X(t+1)$ 为下一次迭代的新位置；X_1 为 Alpha 更新位置；X_2 为 Beta 更新位置；X_3 为 Delta 更新位置。在式(11.4)和式(11.5)中，C_i 和 A_i ($i=1, 2, 3$)为独立的随机因子。

11.2　代理模型辅助的灰狼优化算法

代理模型辅助的 EC 和 SI 算法在处理高维并且计算昂贵的优化问题方面显示

出了卓越的能力，而 GWO 是一种广泛使用的高效群体智能全局优化算法。该算法用 RBF 建立代理模型，因为 RBF 具有简单结构和非常有效的高维问题模型构建机制，以辅助 GWO 算法中的搜索。关于 RBF 的具体介绍和表达式见第 6 章。新提出的 SAGWO 算法在优化循环中结合了 RBF 和 GWO，以探索高维设计空间，如图 11.1 所示。

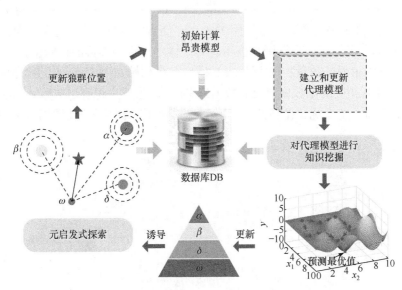

图 11.1　代理模型辅助的灰狼优化算法流程图

完整的代理模型辅助的灰狼全局优化算法(SAGWO)步骤如算法 11.1 所示。

算法 11.1　代理模型辅助的灰狼全局优化算法

---

(01) 试验设计：采用拉丁超立方采样(LHS)，在设计空间中产生 m 个灰狼位置 S，评估初始样本点的函数响应值 Y，将其存储在数据库 DB 中；

(02) 初始化狼群：根据 Y 大小对 S 进行排序，选择前 n 个狼作为初始狼群 WP$_{init}$；

(03) 初步知识挖掘 RBF 模型：通过数据库 DB 中初始样本点训练 RBF 模型，从 RBF 代理模型中获得预测的最优解，并将其保存到 DB 中；

(04) 从 WP$_{init}$ 生成当前三只最好的狼 Alpha、Beta、Delta；

(05) 迭代次数 ← 1；

(06) 循环重复

(07) 　运行代理模型的辅助的元启发式探索；

(08) 　运行对代理模型的知识挖掘；

(09) 　更新 Alpha、Beta、Delta；

---

(10)　　　基于函数值对数据库 DB 样本点进行排序找到当前最优解对应的样本
　　　　　点 Best;

(11)　　　迭代次数 ← 迭代次数+1;

(12)　直到收敛准则满足

(13)　返回最优解

在算法 11.1 中,创建了数据库 DB 来存储贵重的样本点。最初,使用 LHS
生成 2(d+1)个采样点,根据函数值将前 n 个样本点选为狼群的初始位置,其中 d
为维度,n 为狼群的数量。对线性 RBF 模型进行初始知识挖掘,以获得预测的最
优解,并计算相应的函数值以更新数据库 DB。从狼群中识别出初始 Alpha、Beta
和 Delta 之后,整个优化循环开始,图 11.2 显示了在初始化过程中生成第一个狼
群。

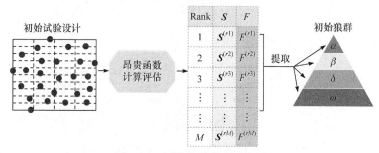

图 11.2　初始狼群产生示意图

11.2.1　代理模型辅助的元启发式探索

假设存在一个经验丰富的狼,它来自其他狼群,或者受到更聪明的生物的特殊
训练。这只经验丰富的狼可能会更好地引导其他狼捕猎。如前面的讨论,RBF 可
以在每个循环迭代中收集狼群的狩猎数据,并提供近似的预测,以生成"有经验的
狼"。从算法 11.1 和图 11.1 中可以清楚地看出,数据库 DB 中包含两种信息:狼群
的迭代位置和 RBF 的预测样本。找到有经验的狼群领导者的一种方法是从 DB 中
选择有价值的样本点来更新 Alpha、Beta 和 Delta,如式(11.7)所示。

$$
\begin{cases}
X_\alpha(t+1) = \arg\min_{x} f(x), x \in \{\mathrm{WP} \cup S_{\mathrm{rbf}}\} \\
X_\beta(t+1) = \arg\min_{x} f(x), x \in \{\mathrm{WP} \cup S_{\mathrm{rbf}} - X_\alpha(t+1)\} \\
X_\delta(t+1) = \arg\min_{x} f(x), x \in \{\mathrm{WP} \cup S_{\mathrm{rbf}} - X_\alpha(t+1) - X_\beta(t+1)\} \\
\mathrm{WP} = \bigcup_{i=1}^{t} \mathrm{WP}(i), \ S_{\mathrm{rbf}} = \bigcup_{j=1}^{t} S_{\mathrm{rbf}}(j)
\end{cases} \quad (11.7)
$$

式中，$\boldsymbol{X}_\alpha(t+1)$ 为更新的 Alpha；$\boldsymbol{X}_\beta(t+1)$ 为更新的 Beta；$\boldsymbol{X}_\delta(t+1)$ 为更新的 Delta；WP(i) 为第 i 次迭代中狼群的位置；$\boldsymbol{S}_{\text{rbf}}(j)$ 为第 j 次迭代中来自 RBF 的预测样本；$f(\boldsymbol{x})$ 为目标函数。从式(11.7)中很容易看出，狼群的新领导者拥有更多的知识，这些知识不仅来自狼群的经验，而且来自 RBF 的预测。通过式(11.7)获得狼群领导者后，将连续使用式(11.4)～式(11.6)更新整个狼群。图 11.3 描述了有关元启发式探索的数据流程图。

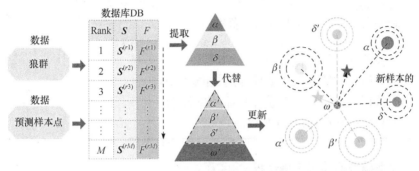

图 11.3　元启发式探索数据流程图

此外，还提供了另一种融合灰狼捕猎经验和 RBF 预测的方法(称为 SAGWO_M)并进行比较。这里，Alpha、Beta 和 Delta 使用原始方式进行更新，而 DB 中的当前最优解用于指导其他搜索，公式如下：

$$\boldsymbol{X}_{\text{Best}}(t) = \arg\min_x f(\boldsymbol{x}), \boldsymbol{x} \in \left\{ \text{WP} \bigcup \boldsymbol{S}_{\text{rbf}} \right\} \tag{11.8}$$

$$\boldsymbol{D}_{\text{Best}} = \left| \boldsymbol{C}_4 \cdot \boldsymbol{X}_{\text{Best}}(t) - \boldsymbol{X}(t) \right| \tag{11.9}$$

$$\boldsymbol{X}_4 = \boldsymbol{X}_{\text{Best}} - \boldsymbol{A}_4 \cdot (\boldsymbol{D}_{\text{Best}}) \tag{11.10}$$

$$\boldsymbol{X}(t+1) = \frac{\boldsymbol{X}_1 + \boldsymbol{X}_2 + \boldsymbol{X}_3 + \boldsymbol{X}_4}{4} \tag{11.11}$$

式中，$\boldsymbol{X}_{\text{Best}}(t)$ 为当前最优解；$\boldsymbol{C}_4$ 为独立的随机因子；$\boldsymbol{A}_4$ 为独立的随机因子。为了说明 SAGWO 的搜索过程，算法 11.2 中列出了搜索步骤。值得注意的是，SAGWO 和 SAGWO_M 具有相同的优化流程，只是使用了不同的方程得到下一次迭代样本点和狼群领导者。

算法 11.2　代理模型辅助的元启发式探索

(01) 根据式(11.7)更新 Alpha、Beta 和 Delta

(02) for i←1 到 n(n 表示狼群数量)

(03)　　　　for j ← 1 到 dim(dim 表示维度)

(04)　　　　　使用式(11.4)~式(11.6);

(05)　　　　　在第 j 维上，基于第 i 头狼和 Alpha 生成 X_1

(06)　　　　　在第 j 维上，基于第 i 头狼和 Beta 生成 X_2

(07)　　　　　在第 j 维上，基于第 i 头狼和 Beta 生成 X_3

(08)　　　　　通过 X_1、X_2、X_3 更新第 j 个维度的第 i 头狼的位置[式(11.6)]

(09)　　　　end for

(10)　　　确保第 i 头狼的位置在原始范围内

(11) end for

(12) 评估狼群新位置的函数值

(13) 把狼群所有位置和函数值保存到数据库 DB

(14) 使用数据库 DB 中的样本点更新 RBF 模型

(15) 返回数据库和更新的 RBF 模型

11.2.2　代理模型的知识挖掘过程

通常，很难建立全局准确的代理模型，但是在局部置信域中进行准确的预测较为容易。因此，采用当前最优解周围的小部分区域进行预测，如式(11.12)所示：

$$\begin{cases} \boldsymbol{L}_b = \max\left[\left(\mathrm{Best}_{\mathrm{pos}} - w \cdot (\boldsymbol{U}_b - \boldsymbol{L}_b)\right), \boldsymbol{L}_b\right] \\ \boldsymbol{U}_b = \min\left[\left(\mathrm{Best}_{\mathrm{pos}} + w \cdot (\boldsymbol{U}_b - \boldsymbol{L}_b)\right), \boldsymbol{U}_b\right] \\ \mathrm{Local\_region} = \begin{bmatrix} \boldsymbol{L}_b \\ \boldsymbol{U}_b \end{bmatrix} \end{cases} \tag{11.12}$$

式中，$\mathrm{Best}_{\mathrm{pos}}$ 为当前最优解；$\boldsymbol{L}_b$ 为原始设计空间的上边界；$\boldsymbol{U}_b$ 为原始设计空间的下边界；w 为比例因子。为了从 RBF 模型中获得有用的知识，采用了全局优化和多起点局部优化的组合搜索。全局优化器用于分别在原始空间和置信域区间中获得预测的最优解 $\mathrm{Gbest}_{\mathrm{global}}$ 和 $\mathrm{Gbest}_{\mathrm{local}}$。在局部区域通过多起点优化过程来捕获预测的局部最优解 $\mathrm{Lbest}_{\mathrm{local}}$。在 SAGWO 算法中，将灰狼优化算法用作全局优化器，并将序列二次规划(SQP)用作局部优化器。在多起点优化中，使用 LHS 在定义的区域上生成多个起点，然后使用这些起点进行局部优化。从 RBF 获得预测局部最优解后，将使用分隔距离来避免所获得的点过于接近已知样本。

在图 11.4 中，使用一维示例以图形方式展示了多起点优化搜索的过程。多起点优化过程可以找到代理模型的多个局部最优点，但是无法确定哪些适合保留。为了提取有代表性的局部最优解，消除冗余点，并避免增加函数计算次数，将式(11.13)中给出的定义距离用于迭代过程中，以选择有价值的最优解。

$$\text{Dist} = \varepsilon \cdot \sqrt{\sum_{i=1}^{\text{dim}} \left(\boldsymbol{U}_b(i) - \boldsymbol{L}_b(i) \right)^2} \tag{11.13}$$

式中，dim 为维度；ε 为缩尺系数。

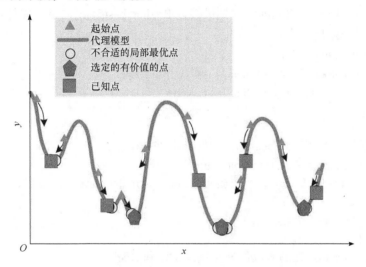

图 11.4　多起点优化搜索示意图

算法 11.3 提供了用于知识挖掘搜索过程的伪代码。

算法 11.3　代理模型的知识挖掘

---

(01) $\text{Best}_{\text{pos}} \leftarrow$ 从数据库 DB 获取当前最优解；

(02) $\text{Gbest}_{\text{global}} \leftarrow$ 搜索原始空间，通过全局优化器从 RBF 获得预测的最优解；

(03) 评估 $\text{Gbest}_{\text{global}}$ 的函数值并且更新数据库 DB 和 RBF 代理模型；

(04) $\text{Local\_region} \leftarrow$ 根据式(11.12)创建局部搜索区域；

(05) $\text{Gbest}_{\text{local}} \leftarrow$ 搜索局部区域 Local_region，通过全局优化器从 RBF 获得预测的最优解；

(06) 评估 $\text{Gbest}_{\text{local}}$ 的函数值并且更新数据库 DB 和 RBF 代理模型；

(07) $\text{Dist} \leftarrow$ 根据式(11.13)定义间距；

(08) $\text{Start\_point} \leftarrow$ 通过拉丁超立方采样在 Local_region 产生 M 个起点；

(09) for i $\leftarrow$ 1 到 M

(10)　$\text{Predict\_best}_{\text{local}}(i) \leftarrow$ 在第 i 个起点 Start_point(i)处,调用局部优化器从 RBF 代理模型在置信域 Local_region 中获取第 i 个局部最优解；

(11) end for

---

(12) Temp ← 定义一个临时变量 Temp，该变量最初等于 DB 中的采样点；

(13) $\text{Local}_{\text{Predict}} \leftarrow \varnothing$；

(14) for i ← 1 到 M

(15) 　　Min_Dist ← 从 Temp 中找到最接近 $\text{Predict\_best}_{\text{local}}(i)$ 的点，并计算它们间的最小距离；

(16) 　　if Min_Dist > Dist

(17) 　　　　$\text{Local}_{\text{Predict}} \leftarrow \text{Local}_{\text{Predict}} \bigcup \text{Predict\_best}_{\text{local}}(i)$；

(18) 　　　　$\text{Temp} \leftarrow \text{Temp} \bigcup \text{Predict\_best}_{\text{local}}(i)$；

(19) 　　end if

(20) end for

(21) 根据其 RBF 值对 $\text{Local}_{\text{Predict}}$ 中的样本进行排序；

(22) if $|\text{Local}_{\text{Predict}}| >$ Local_sample_num

(23) $\text{Lbest}_{\text{local}} \leftarrow$ 从 $\text{Local}_{\text{Predict}}$ 中选择前 Local_sample_num 个样本点；

(24) else

(25) 　　$\text{Lbest}_{\text{local}} \leftarrow \text{Local}_{\text{Predict}}$；

(26) end if

(27) 评估 $\text{Lbest}_{\text{local}}$ 处的函数值并且更新 DB 和 RBF；

(28) 返回 DB 更新 RBF 模型

知识挖掘过程包括全局搜索和局部搜索。在全局搜索(算法 11.3，第 2、3 行)中获取 $\text{Gbest}_{\text{global}}$，在局部搜索(算法 11.3，第 4~24 行)中获取 $\text{Gbest}_{\text{local}}$ 和 $\text{Lbest}_{\text{local}}$ 以优化 RBF 模型。具体而言，算法 11.3 的第 7~18 行描述了多起点优化的机制，第 19~23 行说明了如何选择有价值的样本点。在该过程中将缩放因子 w 定义为 0.05，在第 16 和 17 行将缩放系数 ε 设置为 1e-5。最后将所有有价值的信息返回数据库 DB 进行 RBF 模型更新。

11.2.3　代理模型辅助的灰狼优化算法整体框架

前面的部分讨论了 SAGWO 算法的三个要素，即初始探索、RBF 辅助的元启发式探索和基于 RBF 的知识挖掘，而存储所有贵重样本点的数据库 DB 连接了这三个部分。

初始探索：确定了初始参数，并对原始 RBF 模型进行了初始全局搜索。RBF 辅助的元启发式探索：为 SAGWO 提供了有效的探索能力。基于 RBF 的知识挖掘：充分利用 RBF 指导元启发式探索，并实现探索与开发之间的平衡。RBF 辅助的灰狼全局优化算法的流程图如图 11.5 所示。

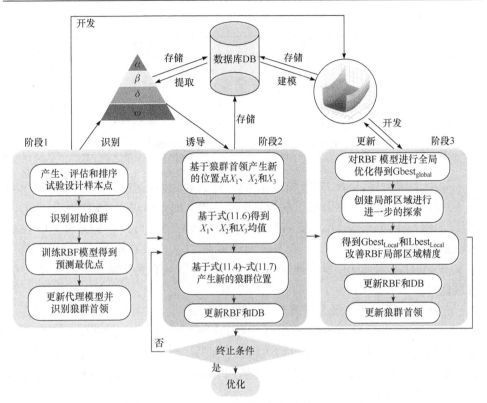

图 11.5　RBF 辅助的灰狼全局优化算法流程图

11.3　算 例 测 试

　　SAGWO 算法使用了 21 个基准测试算例进行测试，这些测试算例中有 30
维、50 维和 100 维的设计变量，经常被用于评估计算代价高昂的高维搜索，如
表 11.1 所示，包括 7 个具有不同特性的代表性函数。此外，还比较了 SAGWO
算法与其他 3 组性能好的全局优化算法的搜索效率和鲁棒性。第一组包括 EC
和 SI 算法，分别为遗传算法(GA)、差分进化(DE)算法和 GWO 算法。第二组为
SAEC/SIAs，分别为 GPEME(2014)、SA-COSO(2017)、SHPSO(2018)和 ESAO(2019)。
最后一组为不同搜索过程的 SAGWO 方法，包括 SAGWO_M、SAGWO_G 和
RBFGWO。

表 11.1　基准测试算例

编号	算例	特性	全局最优值
F1	Ellipsoid	单峰	0
F2	Rosenbrock	狭窄峡谷多峰	0

续表

编号	算例	特性	全局最优值
F3	Ackley	多峰	0
F4	Griewank	多峰	0
F5	Shifted Rotated Rastrigin	非常复杂的多峰	−330
F6	Rotated hybrid composition	非常复杂的多峰	120
F7	Rotated hybrid composition	狭窄峡谷的复杂多峰	10

如 11.1 节所述，SAGWO 和 SAGWO_M 具有相同的搜索策略，但 SAGWO 使用式(11.4)~式(11.7)更新狼群领导者和新位置，而 SAGWO_M 使用式(11.4)、式(11.5)和式(11.8)~式(11.11)更新狼群领导者和新位置。此外，SAGWO_G 在初始探索时没有对 RBF 模型进行知识挖掘，算法 11.3 也没有使用局部搜索策略，而 RBFGWO 不包含元启发式搜索，只使用 GWO 算法在每个循环中从 RBF 中生成最优解。

在测试运行期间，最大函数计算次数为 1000 次，并将 GA、DE、GWO、SAGWO、SAGWO_M 和 SAGWO_G 的种群规模设定为 10。在 SAGWO 算法中，多起点优化中的起始点数(算法 11.3 中的 M)和采样数(算法 11.3 中的局部采样数)分别定义为 5 和 2。此外，灰狼优化器使用 Mirjalili 等[25]的默认参数，并建议种群规模为 20，代数定为 500。

对 20 个独立运行的结果进行计算统计和排名，在统计表中，"≈"表示两组结果无显著性差异，"+"表示 SAGWO 相对较好，"−"表示 SAGWO 较差。由于 GPEME、SA-COSO 和 SHPSO 的统计结果来源于参考文献，因此用"*"表示无法提供其 W-t 检验结果。

表 11.2 给出了 10 种可用于 30 维测试算例的算法，并进行统计优化排名，其中排名是根据结果的平均值来确定的，通过 W-t 检验结果比较算法性能；同时图 11.6 显示了算法在不同迭代次数下的收敛性。由表 11.2 可以看出，SAGWO 在 F1、F3、F4 和 F5 上的表现优于其他算法，并在 F1 和 F3 上表现更为出色，在 1000 次 NFE 后接近全局最优解。SAGWO 算法虽然在 F6 和 F7 上的性能不如 SHPSO，但也取得了令人满意的结果。ESAO 在 F2 和 F7 上表现最好，SAGWO 在这两种情况下表现相似。W-t 检验结果表明，SAGWO 和 SAGWO_M 在 F6 上的性能相似，而 SAGWO 在 F7 上的表现优于其他。对于单一的元启发式算法，GWO 在 F1~F4 上的性能优于 GA 和 DE，而 GA 在 F5、F6 和 F7 上的表现更好。对于 SAEC/SIAs，ESAO 和 SHPSO 在大多数测试算例中表现出了出色的性能，但 SAGWO 的表现优于其他测试算例。

表 11.2　30 维测试算例统计结果

函数	算法	最优值	最差值	平均值	标准差	排名	W-t
F1	ESAO	8.6562e−05	2.7820e−01	2.7470e−02	6.9640e−02	4	*
	SHPSO	4.4782e−02	7.2024e−01	2.1199e−01	1.5229e−01	7	*
	GPEME	1.5500e−02	1.6470e−01	7.6200e−02	4.0100e−02	5	*
	GA	1.7420e+02	5.0388e+02	2.8109e+02	8.9302e+01	10	+
	DE	1.2174e+02	3.3717e+02	2.1891e+02	5.8507e+01	9	+
	GWO	4.1835e−02	3.6898e−01	1.6522e−01	9.0830e−02	6	+
	RBFGWO	6.2568e+00	1.0768e+02	2.6374e+01	2.4171e+01	8	+
	SAGWO	9.8207e−06	3.3038e−04	**6.5846e−05**	7.5113e−05	1	
	SAGWO_M	2.0920e−05	6.0433e−04	2.3151e−04	1.7282e−04	2	+
	SAGWO_G	2.8334e−04	5.4808e−03	2.1042e−03	1.5143e−03	3	+
F2	ESAO	2.2158e+01	2.9404e+01	**2.5036e+01**	1.5701e+00	1	*
	SHPSO	2.7726e+01	2.9290e+01	2.8566e+01	4.0441e−01	5	*
	GPEME	2.6262e+01	8.8233e+01	4.6177e+01	2.5520e+01	7	*
	GA	3.7213e+02	1.1200e+03	6.5968e+02	2.0312e+02	10	+
	DE	2.0792e+02	5.5223e+02	3.7956e+02	1.1401e+02	9	+
	GWO	2.8257e+01	3.0637e+01	2.9461e+01	6.9142e−01	6	+
	RBFGWO	8.9374e+01	1.7144e+02	1.2920e+02	2.5974e+01	8	+
	SAGWO	2.6790e+01	2.8826e+01	2.8297e+01	5.1705e−01	2	
	SAGWO_M	2.7340e+01	2.8889e+01	2.8454e+01	4.4128e−01	3	≈
	SAGWO_G	2.7493e+01	3.0209e+01	2.8510e+01	6.4083e−01	4	≈
F3	ESAO	7.8000e−02	3.9096e+00	2.5213e+00	8.3960e−01	6	*
	SHPSO	5.6091e−01	2.9574e+00	1.4418e+00	7.7404e−01	4	*
	GPEME	1.9491e+00	4.9640e+00	3.0105e+00	9.2500e−01	7	*
	GA	1.2686e+01	1.6785e+01	1.4571e+01	1.1448e+00	10	+
	DE	1.1868e+01	1.6831e+01	1.4546e+01	1.3243e+00	9	+
	GWO	9.4736e−01	3.3947e+00	1.8725e+00	6.8009e−01	5	+
	RBFGWO	5.1997e−01	7.9820e+00	4.2738e+00	2.6978e+00	8	+
	SAGWO	7.9048e−14	2.4603e−13	**1.4371e−13**	4.1280e−14	1	
	SAGWO_M	7.1114e−08	1.2881e−05	3.1803e−06	3.6527e−06	2	+
	SAGWO_G	2.1652e−07	9.0396e−05	1.6106e−05	2.1110e−05	3	+
F4	ESAO	7.8600e−01	1.0221e+00	9.5340e−01	5.0370e−02	5	*
	SHPSO	7.0609e−01	1.0275e+00	9.2053e−01	8.8062e−02	4	*
	GPEME	7.3680e−01	1.0761e+00	9.9690e−01	1.0800e−01	6	*
	GA	3.2320e+01	9.6362e+01	6.3395e+01	1.9597e+01	9	+
	DE	4.3282e+01	1.3185e+02	7.1151e+01	2.3785e+01	10	+
	GWO	7.4976e−01	1.2102e+00	1.0177e+00	9.5911e−02	7	+
	RBFGWO	1.9313e+00	9.9980辅0+00	3.8270e+00	1.8501e+00	8	+
	SAGWO	1.3153e−06	1.3466e−01	**1.5756e−02**	3.1977e−02	1	
	SAGWO_M	5.9291e−05	1.7021e−01	2.7857e−02	4.4472e−02	3	+
	SAGWO_G	2.5690e−04	5.8268e−02	1.6397e−02	1.7899e−02	2	+
F5	ESAO	−3.5780e+01	9.0332e+01	6.3250e+00	2.6477e+01	7	*
	SHPSO	−1.3297e+02	−5.9993e+01	−9.2830e+01	2.2544e+01	4	*
	GPEME	−5.7068e+01	1.8033e+01	−2.1861e+01	3.6449e+01	6	*
	GA	−7.1404e+01	1.4600e+02	1.7739e+01	5.9584e+01	8	+
	DE	8.5727e+01	3.3614e+02	1.7987e+02	6.3066e+01	10	+
	GWO	−3.7374e+01	1.4639e+02	5.3641e+01	5.6215e+01	9	+
	RBFGWO	−1.5782e+02	−5.2813e+01	−9.6542e+01	2.5925e+01	3	+
	SAGWO	−1.7600e+02	−5.8706e+01	**−1.2881e+02**	3.0823e+01	1	
	SAGWO_M	−1.5603e+02	−4.6490e+01	−1.1389e+02	2.5695e+01	2	≈
	SAGWO_G	−1.2844e+02	−2.7194e+01	−7.1915e+01	2.5471e+01	5	+

续表

函数	算法	最优值	最差值	平均值	标准差	排名	W-t
F6	SHPSO	3.2715e+02	6.4948e+02	4.6433e+02	8.5125e+01	2	*
	GPEME	—	—	—	—	-	*
	GA	4.4815e+02	1.1268e+03	5.9053e+02	1.6047e+02	5	+
	DE	5.7205e+02	9.7630e+02	7.0275e+02	9.9422e+01	8	+
	GWO	3.9666e+02	7.8791e+02	6.2881e+02	1.2028e+02	6	+
	RBFGWO	4.1579e+02	8.0178e+02	6.3440e+02	1.2117e+02	7	+
	SAGWO	3.4843e+02	6.7579e+02	4.8985e+02	1.2882e+02	3	
	SAGWO_M	3.5066e+02	6.6762e+02	**4.3004e+02**	7.4478e+01	1	≈
	SAGWO_G	3.7243e+02	7.1133e+02	5.1102e+02	1.1015e+02	4	≈
F7	ESAO	9.2335e+02	9.5389e+02	**9.3167e+02**	8.9417e+00	1	*
	SHPSO	9.2248e+02	9.6363e+02	9.3961e+02	9.0177e+00	2	*
	GPEME	9.3316e+02	9.9286e+02	9.5859e+02	2.5695e+01	3	*
	GA	9.8180e+02	1.2008e+03	1.0565e+03	5.5053e+01	7	+
	DE	1.0485e+03	1.2358e+03	1.1345e+03	4.9333e+01	9	+
	GWO	1.0118e+03	1.1926e+03	1.1048e+03	4.6367e+01	8	+
	RBFGWO	1.1028e+03	1.2123e+03	1.1541e+03	3.1691e+01	10	+
	SAGWO	9.4251e+02	1.0158e+03	9.7323e+02	1.8469e+01	4	
	SAGWO_M	8.8750e+02	1.0190e+03	9.8662e+02	2.9923e+00	5	+
	SAGWO_G	9.6278e+02	1.1059e+03	1.0407e+03	3.9036e+01	6	+

　　RBFGWO 的测试结果表明单纯的代理模型并不能产生令人满意的结果，但基于 RBF 的元启发式探索与知识挖掘结合可以产生一种更高效、鲁棒性更强的全局优化方法。通过对 SAGWO 和 SAGWO_G 的比较，表明引入局部搜索可以提高搜索效率。

　　总之，对 30 维标准算例的测试结果表明，SAEC/SIAs 可以在 1000 次函数评估中获得更好的结果，而 SAGWO 在所有测试算例中均表现出最好的性能。同时，从图 11.6 也可以看出 SAGWO、SAGWO_M 和 SAGWO_G 的收敛速度更快。其中 (a)、(b)、(c)、(f)、(g)图的纵坐标经过 ln 转化。

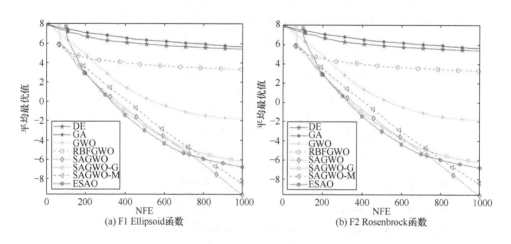

(a) F1 Ellipsoid函数　　　　　　　(b) F2 Rosenbrock函数

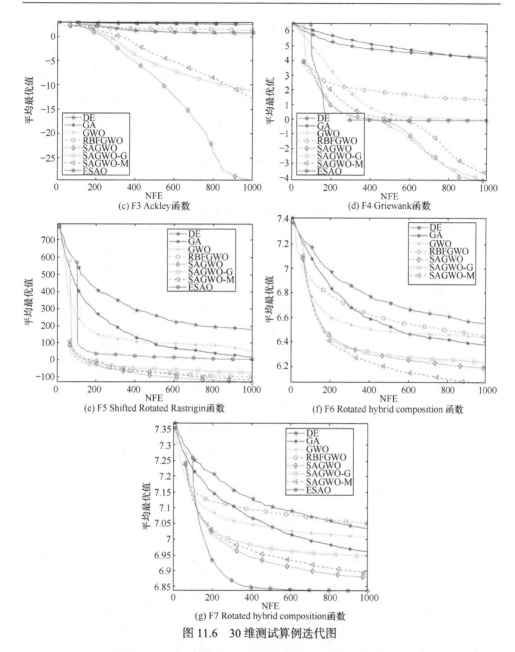

图 11.6　30 维测试算例迭代图

表 11.3 给出了 11 种可用于 50 维测试算例的算法，并进行优化结果统计，图 11.7 为算法在不同迭代次数下的收敛性(纵坐标经 ln 转化)。在第一组算法中，GA、DE 和 GWO 表现出较差的性能，可能需要更多的函数评估才能接近全局最优。在 SAEC/SIAs 中，ESAO 和 SHPSO 分别在 F2、F6 和 F7 上表现最好，搜索

效率最高，而 RBFGWO 在大多数情况下的收敛速度较慢。另一方面，SAGWO 在 F1、F3 和 F4 上表现出了优异的性能，并且 SAGWO 在 7 个算例中都取得了满意的结果。虽然 SAGWO 在 F6 和 F7 排名第二和第三，但它的结果更接近于最小值。同时，尽管 SAGWO_M 在 F1 和 F3 表现较差，但 SAGWO_M 总体表现出很好的性能。SAGWO 和 SAGWO_G 的结果也表明，算法 11.3 中引入的局部搜索策略对提高搜索效率起着重要作用。如图 11.7 所示，SAGWO、SAGWO_M 和 SAGWO_G 的迭代曲线下降得更快。根据 W-t 检验结果，SAGWO 很好地解决了 50 维的问题。

表 11.3 50 维测试算例统计结果

函数	算法	最优值	最差值	平均值	标准差	排名	W-t
F1	ESAO	1.6460e−01	2.2644e+00	7.3950e−01	5.5490e−01	4	*
	SA-COSO	—	—	5.1475e+01	1.6246e+01	8	*
	SHPSO	—	—	4.0281e+00	2.0599e+00	6	*
	GPEME	1.3407e+02	3.7256e+02	2.2108e+02	8.1612e+01	9	*
	GA	9.3344e+02	2.2346e+03	1.5104e+03	2.8574e+02	11	+
	DE	6.0249e+02	1.4331e+03	1.0032e+03	2.2722e+02	10	+
	GWO	1.5149e+00	6.0444e+00	3.4329e+00	1.1829e+00	5	+
	RBFGWO	5.8383e+00	3.1042e+01	1.3503e+01	5.9945e+00	7	+
	SAGWO	6.8653e−04	1.5296e−02	**4.0117e−03**	3.5801e−03	1	
	SAGWO_M	9.1396e−04	3.9234e−02	1.0930e−02	9.5852e−03	2	+
	SAGWO_G	1.3819e−02	1.5799e−01	5.0418e−02	3.7407e−02	3	+
F2	ESAO	4.3122e+01	4.9249e+01	**4.7391e+01**	1.7118e+00	1	*
	SA-COSO	—	—	2.5258e+02	4.0744e+01	8	*
	SHPSO	—	—	5.0800e+00	3.0305e+00	5	*
	GPEME	1.7235e+02	4.0142e+02	2.5828e+02	8.0188e+01	9	*
	GA	1.0121e+03	2.4886e+03	1.7525e+03	3.7181e+02	11	+
	DE	5.8820e+02	1.5955e+03	9.7703e+02	3.0630e+02	10	+
	GWO	5.0603e+01	6.5986e+01	5.5470e+01	4.5469e+00	6	+
	RBFGWO	1.1727e+02	1.6160e+02	1.3764e+02	1.3016e+01	7	+
	SAGWO	4.8349e+01	4.9936e+01	4.9055e+01	4.4925e−01	4	
	SAGWO_M	4.8011e+01	4.9356e+01	4.8813e+01	3.3765e−01	2	≈
	SAGWO_G	4.8368e+01	5.0528e+01	4.8983e+01	4.4391e−01	3	≈
F3	ESAO	1.0571e+00	2.4326e+00	1.4311e+00	2.4910e−01	5	*
	SA-COSO	—	—	8.9318e+00	1.0668e+00	8	*
	SHPSO	—	—	1.8389e+00	5.6370e−01	6	*
	GPEME	9.2524e+00	1.4934e+01	1.3233e+01	1.5846e+00	9	*
	GA	1.5595e+01	1.9068e+01	1.7102e+01	7.6469e−01	11	+
	DE	1.4801e+01	1.7466e+01	1.5737e+01	6.7673e−01	10	+
	GWO	2.6962e+00	3.9506e+00	3.5012e+00	3.0424e−01	7	+
	RBFGWO	4.3642e−10	6.8794e+00	1.3882e+00	2.5183e−01	4	+
	SAGWO	2.0735e−11	5.6329e−11	**4.0079e−11**	1.0122e−11	1	
	SAGWO_M	7.3469e−10	2.2275e−05	2.7050e−06	5.7588e−06	3	+
	SAGWO_G	1.3714e−09	3.1482e−06	5.2386e−07	9.7825e−07	2	+

续表

函数	算法	最优值	最差值	平均值	标准差	排名	W-t
F4	ESAO	8.5180e−01	1.0207e+00	9.4040e−01	4.2090e−02	4	*
	SA-COSO	—	—	6.0062e+00	1.1043e+00	8	*
	SHPSO	—	—	9.4521e−01	6.1404e−02	5	*
	GPEME	2.2546e+01	6.4977e+01	3.6646e+01	1.3176e+01	9	*
	GA	1.5005e+02	2.7782e+02	2.1681e+02	2.8582e+01	11	+
	DE	1.0250e+02	2.3169e+02	1.6610e+02	3.6249e+01	10	+
	GWO	1.2701e+00	3.5371e+00	1.7563e+00	5.3188e−01	6	+
	RBFGWO	1.6733e+00	4.1050e+00	2.4182e+00	7.3815e−01	7	+
	SAGWO	3.4783e−05	2.2988e−01	**2.5573e−02**	5.8155e−02	1	
	SAGWO_M	1.9460e−03	7.6486e−01	9.2928e−02	1.6997e−01	2	+
	SAGWO_G	7.1163e−03	7.6487e−01	2.7410e−01	2.4844e−01	3	+
F5	ESAO	1.1625e+02	2.8909e+02	1.9861e+02	4.5825e+01	5	*
	SA-COSO	—	—	1.9716e+02	3.0599e+01	4	*
	SHPSO	—	—	1.3442e+02	3.2256e+01	3	*
	GPEME	—	—	—	—	—	*
	GA	2.9296e+02	5.6739e+02	4.3421e+02	7.6263e+01	9	+
	DE	5.9319e+02	9.4458e+02	7.7043e+02	1.1676e+02	10	+
	GWO	2.5640e+02	5.6726e+02	4.0821e+02	8.6890e+01	8	+
	RBFGWO	1.8959e+02	3.2630e+02	2.5815e+02	3.2843e+01	7	+
	SAGWO	−1.6634e+01	1.6151e+02	**9.8391e+01**	4.6901e+01	1	
	SAGWO_M	3.4501e+01	1.8412e+02	1.0542e+02	3.8417e+01	2	≈
	SAGWO_G	1.1560e+02	2.5694e+02	2.0888e+02	3.2617e+01	6	+
F6	SA-COSO	—	—	1.0809e+03	3.2859e+01	9	*
	SHPSO	—	—	**4.7438e+02**	4.2029e+01	1	*
	GPEME	—	—	—	—	—	*
	GA	5.5945e+02	7.2480e+02	6.5803e+02	5.0251e+01	5	+
	DE	6.4938e+02	1.0490e+03	8.8082e+02	1.1662e+02	8	+
	GWO	5.7645e+02	1.0145e+03	7.3131e+02	1.1967e+02	7	+
	RBFGWO	5.5029e+02	8.2425e+02	6.6000e+02	6.6359e+01	6	+
	SAGWO	4.3018e+02	5.6424e+02	5.0206e+02	4.5251e+01	2	
	SAGWO_M	3.9391e+02	6.0399e+02	5.1080e+02	6.0870e+01	3	≈
	SAGWO_G	5.0321e+02	7.5871e+02	5.8543e+02	5.7061e+01	4	+
F7	ESAO	9.4099e+02	1.0499e+03	**9.7532e+02**	3.7110e+01	1	*
	SA-COSO	—	—	—	—	—	*
	SHPSO	—	—	9.9660e+02	2.2145e+01	2	*
	GPEME	—	—	—	—	—	*
	GA	1.0730e+03	1.2872e+03	1.1593e+03	5.2797e+01	7	+
	DE	1.1714e+03	1.3582e+03	1.2741e+03	4.9794e+01	9	+
	GWO	1.1087e+03	1.2296e+03	1.1723e+03	3.4390e+01	8	+
	RBFGWO	9.1022e+02	1.2186e+03	1.1583e+03	8.2127e+01	6	+
	SAGWO	9.1000e+02	1.1320e+03	1.0441e+03	4.0828e+01	3	
	SAGWO_M	1.0251e+03	1.0917e+03	1.0610e+03	1.5866e+01	4	+
	SAGWO_G	1.0940e+03	1.1889e+03	1.1369e+03	2.2134e+01	5	+

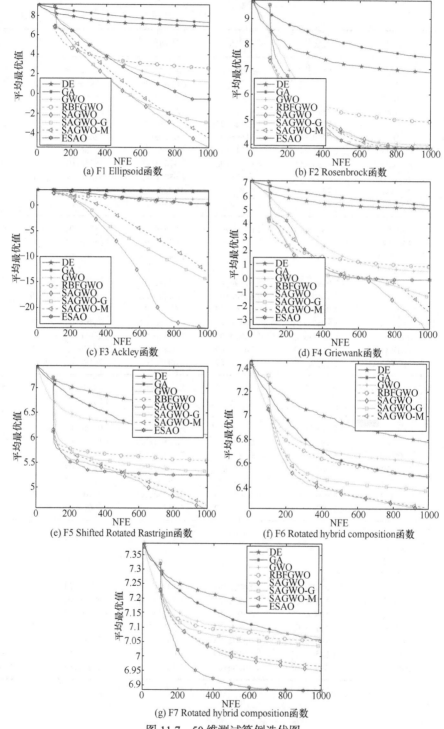

(a) F1 Ellipsoid函数

(b) F2 Rosenbrock函数

(c) F3 Ackley函数

(d) F4 Griewank函数

(e) F5 Shifted Rotated Rastrigin函数

(f) F6 Rotated hybrid composition函数

(g) F7 Rotated hybrid composition函数

图 11.7　50维测试算例迭代图

表 11.4 给出了 10 种可用于 100 维测试算例的算法，并进行优化结果统计，图 11.8 显示了算法在不同迭代次数下的收敛性(纵坐标经 ln 转化)。与 DE 和 GA 相比，GWO 在 F1~F4 和 F7 表现出优异的性能，但 GA 在 F5 和 F6 表现更好。同时，SAEC/SIAs 在 100 维问题上使用较少的函数评估次数即可获得满意的结果。对于 F6，SHPSO 和 SAGWO 的结果非常接近。然而，在其他算例中，SAGWO 的表现比 SHPSO 好。同样，ESAO 在 F5 上的表现优于 SAGWO，但考虑到其整体表现，SAGWO 更为稳健。可以看出在这些测试中，SAGWO_M 和 SAGWO_G 并不会总是像 SAGWO 一样有效，但是可在某些情况下显示出优势。例如，SAGWO_M 在 F7 排名第一，SAGWO_G 在 F2 排名第一。此外，W-t 检验结果显示，SAGWO 能更好地解决 100 维的优化问题。

表 11.4 100 维测试函数统计结果

函数	算法	最优值	最差值	平均值	标准差	排名	W-t
F1	ESAO	1.1023e+03	1.5388e+03	1.2829e+03	1.3439e+02	8	*
	SA-COSO	—	—	1.0332e+03	3.1718e+02	7	*
	SHPSO	—	—	7.6106e+01	2.1447e+01	5	*
	GA	9.6266e+03	1.3324e+04	1.1443e+04	1.1186e+03	10	+
	DE	4.3560e+03	7.7354e+03	5.9378e+03	9.7446e+02	9	+
	GWO	7.8078e+01	2.4459e+02	1.4172e+02	4.7117e+01	6	+
	RBFGWO	9.9654e+00	2.8113e+01	1.4063e+01	4.0008e+00	4	+
	SAGWO	1.6621e−02	3.7119e−01	**1.3996e−01**	9.6807e−02	1	
	SAGWO_M	2.5521e−01	1.4308e+00	6.4491e−01	2.7070e−01	2	+
	SAGWO_G	5.7410e−01	2.1091e+00	1.3740e+00	5.4002e−01	3	+
F2	ESAO	5.2120e+02	6.7324e+02	5.7884e+02	4.4767e+01	7	*
	SA-COSO	—	—	2.7142e+03	1.1702e+02	8	*
	SHPSO	—	—	1.6559e+02	2.6366e+01	4	*
	GA	6.1550e+03	9.6522e+03	8.1846e+03	1.0429e+03	10	+
	DE	1.7335e+03	4.1449e+03	2.9532e+03	5.8400e+02	9	+
	GWO	1.3736e+02	3.5146e+02	2.0982e+02	5.7589e+01	6	+
	RBFGWO	1.5642e+02	2.0095e+02	1.7642e+02	1.2410e+01	5	+
	SAGWO	1.0490e+02	1.4481e+02	1.2338e+02	1.1021e+01	3	
	SAGWO_M	1.0097e+02	1.3276e+02	1.0981e+02	7.6818e+00	2	−
	SAGWO_G	1.0000e+02	1.0658e+02	**1.0228e+02**	1.8874e+00	1	−
F3	ESAO	9.9664e+00	1.0732e+01	1.0364e+01	2.1130e−01	7	*
	SA-COSO	—	—	1.5756e+01	5.0245e−01	8	*
	SHPSO	—	—	4.1134e+00	5.9247e−01	5	*
	GA	1.8575e+01	1.9567e+01	1.9114e+01	2.5621e−01	10	+
	DE	1.5880e+01	1.7640e+01	1.6727e+01	5.0897e−01	9	+
	GWO	4.8145e+00	7.5527e+00	5.7254e+00	6.6842e−01	6	+
	RBFGWO	3.7299e−07	7.1981e−07	5.6679e−07	8.1550e−08	2	
	SAGWO	3.0570e−08	7.4842e−08	**5.4035e−08**	1.2163e−08	1	
	SAGWO_M	1.6243e−07	1.8590e−06	6.1486e−07	3.8472e−07	3	+
	SAGWO_G	5.2082e−07	1.1662e−06	7.7398e−07	1.9042e−07	4	+

续表

函数	算法	最优值	最差值	平均值	标准差	排名	W-t
F4	ESAO	4.7346e+01	6.9225e+01	5.7342e+01	5.8387e+00	7	*
	SA-COSO	—	—	6.3353e+01	1.9021e+01	8	*
	SHPSO	—	—	1.0704e+00	2.0485e−02	4	*
	GA	6.8970e+02	1.0325e+03	8.6827e+02	1.0941e+02	10	+
	DE	3.3230e+02	5.2619e+02	4.1035e+02	5.3397e+01	9	+
	GWO	6.0071e+00	1.7320e+01	1.1922e+01	2.7013e+00	6	+
	RBFGWO	1.3520e+00	1.9886e+00	1.5518e+00	1.5690e−01	5	+
	SAGWO	2.0766e−04	2.2883e−01	**2.3993e−02**	5.1906e−02	1	
	SAGWO_M	4.1044e−01	1.0941e+00	8.8984e−01	1.9976e−01	2	+
	SAGWO_G	9.7929e−01	1.0898e+00	1.0394e+00	3.6336e−02	3	+
F5	ESAO	6.6263e+02	7.5881e+02	**7.1347e+02**	2.6454e+01	1	*
	SA-COSO	—	—	1.2731e+03	1.1719e+02	7	*
	SHPSO	—	—	8.0173e+02	7.2252e+01	3	*
	GA	1.3010e+03	2.0001e+03	1.6525e+03	1.7493e+02	8	+
	DE	1.7739e+03	2.3571e+03	2.0889e+03	1.3163e+02	10	+
	GWO	1.5030e+03	2.0142e+03	1.7658e+03	1.2086e+02	9	+
	RBFGWO	1.0018e+03	1.2626e+03	1.1238e+03	6.4233e+01	6	+
	SAGWO	6.7665e+02	9.1895e+02	8.0016e+02	7.9265e+01	2	
	SAGWO_M	7.0889e+02	1.2225e+03	8.9599e+02	1.1499e+02	4	+
	SAGWO_G	9.8444e+02	1.2294e+03	1.0976e+03	6.0589e+01	5	+
F6	SA-COSO	—	—	1.3657e+03	3.0867e+01	9	*
	SHPSO	—	—	**5.1619e+02**	3.2060e+01	1	*
	GA	6.4216e+02	8.5115e+02	7.0946e+02	5.2281e+01	6	+
	DE	8.7437e+02	1.2478e+03	1.0626e+03	9.1659e+01	8	+
	GWO	6.9914e+02	1.0099e+03	8.3791e+02	7.8673e+01	7	+
	RBFGWO	6.5325e+02	7.6724e+02	6.9796e+02	3.3667e+01	5	+
	SAGWO	4.8201e+02	5.5528e+02	5.1866e+02	2.0540e+01	2	
	SAGWO_M	4.7606e+02	6.3633e+02	5.4038e+02	3.6162e+01	3	+
	SAGWO_G	5.5642e+02	6.6950e+02	6.1328e+02	2.7442e+01	4	+
F7	ESAO	1.3218e+03	1.4271e+03	1.3724e+03	2.7539e+01	4	*
	SA-COSO	—	—	—	—	—	*
	SHPSO	—	—	1.4198e+03	3.8238e+01	6	*
	GA	1.3964e+03	1.5606e+03	1.4760e+03	4.1399e+01	9	+
	DE	1.4037e+03	1.4734e+03	1.4400e+03	2.1206e+01	8	+
	GWO	1.3729e+03	1.4896e+03	1.4306e+03	2.9696e+01	7	+
	RBFGWO	1.3339e+03	1.4079e+03	1.3761e+03	2.2113e+01	5	≈
	SAGWO	9.1015e+02	1.4372e+03	1.3500e+03	1.0747e+02	2	
	SAGWO_M	9.4134e+02	1.4302e+03	**1.3326e+03**	1.1856e+02	1	≈
	SAGWO_G	1.3236e+03	1.4273e+03	1.3634e+03	2.2508e+01	3	≈

　　表 11.5 和表 11.6 总结了全局优化算法在 21 个测试算例上的性能。可以看出，SAGWO 算法最常获得第一名(排名 1)，其平均排名为 1.8095；SAGWO_M 算法的平均排名为 2.5238，略落后于 SAGWO、SAGWO_G、SHPSO 和 ESAO 的平均排名；仅使用知识挖掘的搜索方法，如 RBFGWO，或只采用元启发式探索的搜索方法，如 GA、DE 和 GWO，获得的平均排名较差。在这些测试算例中，SAGWO 的性能大大优于 GPEME 和 SA_COSO。随着问题维数的增加，GPEME 的性能下

降，但 RBFGWO 的性能一直都很好。SHPSO、GWO、SAGWO、SAGWO_M 和 SAGWO_G 在三组算例中均表现稳定。

表 11.5　算法排名结果汇总

算法	测试数	总排名	排名 1 的数	平均排名
ESAO	18	78	5	4.3333
SA-COSO	12	92	0	7.6667
SHPSO	21	84	2	4.0000
GPEME	10	70	0	7.0000
GA	21	187	0	8.9048
DE	21	193	0	9.1905
GWO	21	141	0	6.7143
RBFGWO	21	128	0	6.0952
SAGWO	21	38	11	1.8095
SAGWO_M	21	53	2	2.5238
SAGWO_G	21	76	1	3.6190

表 11.6　算法在不同维数算例排名结果汇总

算法	在 30 维的平均排名	在 50 维的平均排名	在 100 维的平均排名
ESAO	4.0000	3.3333	5.6667
SA-COSO	—	7.5000	7.8333
SHPSO	4.0000	4.0000	4.0000
GPEME	5.6667	9.0000	—
GA	8.4286	9.2857	9.0000
DE	9.1429	9.5714	8.8571
GWO	6.7143	6.7143	6.7143
RBFGWO	7.4286	6.2857	4.5714
SAGWO	1.8571	1.8571	1.7143
SAGWO_M	2.5714	2.5714	2.4286
SAGWO_G	3.8571	3.7143	3.2857

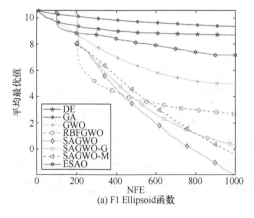

(a) F1 Ellipsoid函数

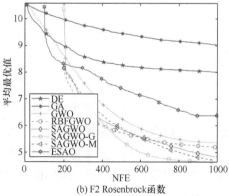

(b) F2 Rosenbrock函数

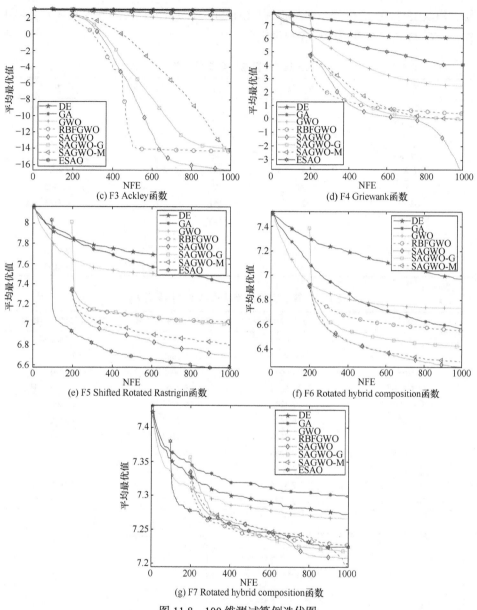

图 11.8　100 维测试算例迭代图

在 SAGWO 中，计算所消耗的时间主要包括初始探索、代理模型建立、函数评估、全局搜索和局部搜索五部分，在标准算例 Ellipsoid 上对这些算法所需的计算时间进行了比较，并采用不同的函数计算次数对 9 个算例在不同维度上进行研究。所有算法都在有 2 个 2.40GHz 处理器和 32GB RAM 的计算机上进行测试，

表 11.7 总结了 20 次运算的平均计算时间。传统的元启发式算法 GA、DE 和 GWO 比基于代理模型的 RBFGWO、SAGWO、SAGWO_M 和 SAGWO_G 所需的计算时间短，而且当维数和 NFE 增大时，GA、DE 和 GWO 所需的计算时间仍然较低。相反，基于代理模型的算法受到 NFE 和维数两个因素的较大影响。因为较高的维数和较大的 NFE 将大大增加代理建模和代理模型优化搜索的时间。在基于代理模型的算法中，SAGWO 具有与 SAGWO_M 相似的性能，但是 SAGWO_G 所需的计算时间最少，同时 RBFGWO 占用的计算时间最多。与 SAGWO 相比，SAGWO_G 缺少增加计算复杂度的初始搜索和局部搜索，因此运算速度更快。另外，RBFGWO 利用 RBF 来捕获每个周期的新样本，需要对代理模型进行更多的调用。因此，RBFGWO 运行速度较慢，对维数和 NFE 更敏感。在这些实验中，函数求值的计算时间可以忽略，因为数学表达式运行一次所需的时间少于 1e–2s。然而，对于一个实际贵重的问题，所需的时间可能是几分钟、几小时甚至几天。对于耗时的工程问题，算法本身的运行时间可以忽略不计，总的计算成本主要来自 NFE。

表 11.7　不同算法平均计算时间汇总

参数		计算时间/s						
dim	NFE	GA	DE	GWO	RBFGWO	SAGWO	SAGWO_G	SAGWO_M
	300	0.555	0.043	0.013	91.34	27.67	9.02	28.73
30	600	0.508	0.038	0.014	311.23	87.78	31.28	89.97
	1000	0.644	0.063	0.018	821.56	226.72	87.78	233.53
	300	0.648	0.020	0.007	115.54	54.83	11.01	54.20
50	600	0.804	0.042	0.013	436.74	175.06	43.92	180.05
	1000	0.975	0.075	0.022	1166.65	428.46	120.80	443.99
	300	1.267	0.023	0.010	112.49	80.15	10.89	74.52
100	600	1.515	0.047	0.019	660.65	420.17	66.54	419.12
	1000	1.876	0.078	0.033	1912.84	1099.27	195.49	1125.28

综上所述,本章提出的 SAGWO 算法在 21 个基准测试算例上都表现出较高的搜索效率和良好的鲁棒性，能够解决高维、计算昂贵、黑箱全局优化问题。

11.4　本　章　小　结

本章提出了一种新的基于 RBF 辅助的元启发式算法，即代理模型辅助的灰狼优化(SAGWO)算法，用于求解高维、计算代价贵重的黑箱全局优化问题。该算法将搜索过程分为初始探索、RBF 辅助的元启发式探索和基于 RBF 的知识挖掘三个阶段。在初始探索中，生成一组 DOE 样本并将其存储在数据库 DB 中，以获取设计空间的整体特征。在此基础上，从数据库中选择适应度函数值较好的初始狼群，并识别出狼群领导者。在 RBF 辅助的元启发式探索中，利用 RBF 的经验来辅助狼群领导者的产生，以引导整个狼群探索设计空间。在基于 RBF 的知识挖掘中，RBF 模型是动态更新的，并通过一个由全局优化搜索和多起点优化搜索组成的优化过程达到对 RBF 模型的充分利用。同时，在当前最优解的周围建立了一个小区域，用于局部搜索以加快收敛速度。将该算法与四种最具代表性的代理辅助进化算法进行比较研究，验证新 SAGWO 算法的性能。在设计变量为30~100 维的 21 个测试算例上的对比分析表明，SAGWO 具有优越的计算效率和鲁棒性，可以直接用罚函数法求解计算昂贵的约束问题。然而，当代价约束的数目增多时，SAGWO 可能很难用罚函数找到可行解。在未来的研究工作中，扩展SAGWO 的性能来解决具有多个贵重不等式约束的高维优化问题是工程优化领域的一大挑战。例如，将 SAGWO 用于全参数翼身水下滑翔机的大规模智能电网设计和外形优化。

参 考 文 献

[1] FORRESTER A I J, KEANE A J. Recent advances in surrogate-based optimization[J]. Progress in Aerospace Sciences, 2009, 45(1-3): 50-79.

[2] DONG H, SONG B, DONG Z, et al. Multi-start space reduction (MSSR) surrogate-based global optimization method[J]. Structural and Multidisciplinary Optimization, 2017, 54(4): 907-926.

[3] GUO Z, SONG L, PARK C, et al. Analysis of dataset selection for multi-fidelity surrogates for a turbine problem[J]. Structural and Multidisciplinary Optimization, 2018, 57(6): 2127-2142.

[4] GOEL T, HAFTKA R T, SHYY W, et al. Ensemble of surrogates[J]. Structural and Multidisciplinary Optimization, 2007, 33(3): 199-216.

[5] HAJIKOLAEI K H, WANG G G. High dimensional model representation with principal component analysis[J]. Journal of Mechanical Design, 2014, 136(1) :011003.

[6] DONG H, SONG B, WANG P, et al. Hybrid surrogate-based optimization using space reduction (HSOSR) for expensive black-box functions[J]. Applied Soft Computing, 2018, 64: 641- 655.

[7] REGIS R G, SHOEMAKER C A. A quasi-multistart framework for global optimization of expensive functions using response surface models[J]. Journal of Global Optimization, 2013, 56(4): 1719-1753.

[8] LIU J, SONG W P, HAN Z H, et al. Efficient aerodynamic shape optimization of transonic wings using a parallel infilling strategy and surrogate models[J]. Structural and Multidisciplinary Optimization, 2017, 55(3): 925-943.

[9] MÜLLER J, WOODBURY J D. GOSAC: global optimization with surrogate approximation of constraints[J]. Journal of Global Optimization, 2017, 1-20.

[10] LONG T, WU D, GUO X, et al. Efficient adaptive response surface method using intelligent space exploration strategy[J]. Structural and Multidisciplinary Optimization, 2015, 51(6): 1335-1362.

[11] HAFTKA R T, VILLANUEVA D, CHAUDHURI. Parallel surrogate-assisted global optimization with expensive functions–a survey[J]. Structural and Multidisciplinary Optimization, 2016, 54(1): 3-13.

[12] SHAN S, WANG G G. Survey of modeling and optimization strategies to solve high-dimensional design problems with computationally-expensive black-box functions[J]. Structural and Multidisciplinary Optimization, 2010, 41(2): 219-241.

[13] DONG H, SONG B, WANG P, et al. Surrogate-based optimization with clustering-based space exploration for expensive multimodal problems[J]. Structural and Multidisciplinary Optimization, 2018, 57(4): 1553-1577.

[14] JIN Y. Surrogate-assisted evolutionary computation: Recent advances and future challenges[J]. Swarm and Evolutionary Computation, 2011, 1(2): 61-70.

[15] CAI X, GAO L, LI F. Sequential approximation optimization assisted particle swarm optimization for expensive problems[J]. Applied Soft Computing, 2019, 83: 105659.

[16] CAI X, GAO L, LI X, et al. Surrogate-guided differential evolution algorithm for high dimensional expensive problems[J]. Swarm and Evolutionary Computation, 2019, 48: 288-311.

[17] LI F, CAI X, GAO L, et al. A surrogate-assisted multiswarm optimization algorithm for high-dimensional computationally expensive problems[J]. IEEE Transactions on Cybernetics, 2020, 99: 1-13.

[18] PARK J, KIM K Y. Meta-modeling using generalized regression neural network and particle swarm optimization[J]. Applied Soft Computing, 2017, 51: 354-369.

[19] LIM D, JIN Y, ONG Y S, et al. Generalizing surrogate-assisted evolutionary computation[J]. IEEE Transactions on Evolutionary Computation, 2010,14(3):329-355.

[20] LIU B, ZHANG Q, GIELEN G G E. A Gaussian process surrogate model assisted evolutionary algorithm for medium scale expensive optimization problems[J]. IEEE Transactions on Evolutionary Computation, 2014, 18(2): 180-192.

[21] REGIS R G. Particle swarm with radial basis function surrogates for expensive black-box optimization[J]. Journal of Computational Science, 2014, 5(1): 12-23.

[22] SUN C, JIN Y, CHENG R, et al. Surrogate-assisted cooperative swarm optimization of high-dimensional expensive problems[J]. IEEE Transactions on Evolutionary Computation, 2017, 21(4): 644-660.

[23] YU H, TAN Y, ZENG J, et al. Surrogate-assisted hierarchical particle swarm optimization[J]. Information Sciences, 2018, 454: 59-72.

[24] WANG X, WANG G G, SONG B, et al. A novel evolutionary sampling assisted optimization Method for high dimensional expensive problems[J]. IEEE Transactions on Evolutionary Computation, 2019, 23(99): 815-827.

[25] SM A, SMM B, AI A. Grey wolf optimizer[J]. Advances in Engineering Software, 2014,69: 46-61.

[26] SÁNCHEZ D, MELIN P, CASTILLO O. A grey wolf optimizer for modular granular neural networks for human recognition[J]. Computational Intelligence and Neuroscience, 2017, 2017: 1-26.

[27] RODRÍGUEZ L, CASTILLO O, SORIA J, et al. A fuzzy hierarchical operator in the grey wolf optimizer algorithm[J]. Applied Soft Computing, 2017, 57: 315-328.

[28] MAJUMDER P, ELDHO T I. Artificial neural network and grey wolf optimizer based surrogate simulation-optimization model for groundwater remediation[J]. Water Resources Management, 2020, 34(2): 763-783.